地球概论

龙晓泳　主编

科学出版社
北京

内 容 简 介

本书以地球为观测视角，系统介绍了天文学的基本方法、基本理论及基本应用，重点阐释了地球的宇宙环境及其地理意义。本书共包括三篇十章。第一篇天文学的基本方法，包括星空区划、天体跟踪、天文观测；第二篇天文学的基本理论，包括恒星与星系、太阳与太阳系、月球与地月系、地球；第三篇天文学的基本应用，包括天象演化、观象授时、历法制定。本书理论与实践并重，强调现代天文学思想演进与中国传统天文学的贡献，是一本面向应用的、具有中国特色的基础天文学教材。

本书可作为普通高等院校地理科学、地球科学专业的地球概论及普通天文学课程的教材，也可供中学地理教师、小学科学教师以及广大天文爱好者参考。

图书在版编目（CIP）数据

地球概论 / 龙晓泳主编. -- 北京 : 科学出版社, 2024. 11. --ISBN 978-7-03-080496-9

Ⅰ. P

中国国家版本馆 CIP 数据核字第 2024AL5957 号

责任编辑：郑欣虹 / 责任校对：杨　赛
责任印制：张　伟 / 封面设计：迷底书装

科学出版社 出版
北京东黄城根北街16号
邮政编码：100717
http：//www.sciencep.com
北京天宇星印刷厂印刷
科学出版社发行　各地新华书店经销
*
2024年11月第　一　版　开本：787×1092　1/16
2024年11月第一次印刷　印张：16 1/4
字数：413 000
定价：59.00元
（如有印装质量问题，我社负责调换）

前　言

天文学是研究天体的科学，与数学、物理学、化学、生物学、地球科学并称为六大基础自然学科。天文学从诞生之初就为人类社会提供定位、授时和编历服务。明代顾炎武《日知录》中的“三代以上，人人皆知天文”描述了中国古代天文知识的普及程度。时至今日，天文学已形成含天体测量学、天体力学和天体物理学的完整学科体系，其应用已经渗透到人类生产生活的方方面面。近年来，我国“嫦娥工程”“人造太阳”“郭守敬望远镜”“FAST射电望远镜”“量子卫星”等天文工程的顺利实施，激发了人们探索宇宙的热情，也让人们深切感受到基础科学在科技发展中的引领作用。因此，加强天文学的普及教育，继承中国古代优秀的天文学成果，为大众建立正确的宇宙观和世界观，是天文学科发展的需要，也是国家创新发展的需要。

我国天文学普及教育通常并入基础教育中的“科学”与“地理”课程中，地理师范生成为基层天文学普及的主力军，“仰以观于天文，俯以察于地理”是地理师范生空间认知能力的基本要求。“地球概论”课程是面向地理师范专业的先行天文学课程，旨在明确地球的宇宙环境及其地理意义，为中小学天文学普及教育提供理论和技术指导，同时为后续测绘学、地质学、气候学、水文学以及城乡规划等课程的学习奠定基础。然而，高等院校地理师范专业多为“文理兼收”型专业，天文学教学通常面临文科生数理功底薄弱和理科生地理基础薄弱的双重矛盾。鉴于“地球概论”课程在地理师范课程体系中的特殊地位，全国高等师范院校定期开展课程教学研讨会，并组织编写了面向师范生的基础天文学教材，其中以华东师范大学金祖孟与福建师范大学余明老师组织编写的《地球概论》教材为代表。西南大学地理科学学院自建院以来，一直重视地理师范生天文学实践能力的培养。20世纪80年代，陈平章教授编写了《星空观测原理与方法》，翻译了天文学科普著作《星星之友》；彭清玲与何劲耘老师也分别主编和参编了不同时期的《地球概论》教材。2017年，以建设西南大学“地球概论”（“普通天文学”）慕课课程为契机，课程组决定将多年的教学经验集结成册。本书结合地理师范生的学科背景和工作实践，按学科认知逻辑划分为天文学基本方法、基本理论和基本应用，注重方法和应用。同时，考虑到中国古代天文学对基础天文学的重要贡献，将中国古代星空区划、天文观测、仪器制造及历法制定等成果融入课程体系中，以期成为一本“面向大众，贴近生活”的中国化的基础天文学教材。

本书的编写凝聚了西南大学地理科学学院建院以来“地球概论”课程组的集体智慧。为保证教材的体系统一，教材编写组以2004年以来“地球概论”专业课、“星空观测”通选课以及“地球概论”在线课程的课件与教案为基础，开展了为期三年的资料分类搜集工作，具体编写分工如下：绪论与第二章天体跟踪，龙晓泳；第一章星空区划，孟宗梅；第三章天文观测，郝丁凡；第四章恒星与星系，孙昕梦；第五章太阳与太阳系，陈佳仪；第六章月球与地月系，李婷婷；第七章地球，周玉君、郭怡；第八章天象演化，龙晓泳；第九章观象授时，任君蕊；第十章历法制定，刘馨然；附录部分，龙晓泳、朱彰；实验部分，冯暘、延京津；软件部分，赖昶霖、邓婷婷。国际与中国天文学史部分由孙丛和李金钊辅助完成；

图件的绘制由龙晓泳、詹丽君、赵精虹、王学芳、尹赛丹、汪鹿晨、杨玉辉、缪娜辅助完成，封面照片由戴建峰老师提供。全书由龙晓泳主编与统稿。本书配备有在线课程（https://www.xueyinonline.com/detail/246081724），加入班级后可浏览相关课程资源，包括授课视频、课件、测试题及复习提纲等内容。

西南大学贺秋芳老师、刘彬老师以及 2019 级、2020 级、2021 级、2022 级地理科学师范专业学生进行了试用并提出了宝贵的修改意见。本书的出版离不开全国高等师范院校“地球概论”课程教学研讨会与会同行们的鼓励与支持，也要感谢西南大学教务处和地理科学学院的资助。

由于基础天文学内容庞杂，加之编者水平有限，书中难免存在不妥之处，恳请广大读者和专家批评指正，以期在修订时继续完善（cosmo@swu.edu.cn）。

龙晓泳
2024 年于宓园

目　录

第二篇 天文学的基本理论

第三篇 天文学的基本应用

绪　　论

一、宇宙概论

宇宙（cosmos）是不同时空尺度下物质的集合，是地球与地球所处空间环境的统称。战国时期楚国著名思想家尸佼提出的“四方上下曰宇，古往今来曰宙”是对多时空宇宙观最好的诠释。现代天文学认为，宇宙是138亿年前宇宙大爆炸膨胀至今的产物。

（一）宇宙的组成

天体是宇宙构成的基本物质形式，包括自然天体与人造天体。**自然天体**是宇宙演化过程中自然形成的天体，包括恒星、行星、卫星等。

恒星是由炽热气体构成的自行发光的球状或类球状天体。恒星之间的相对位置基本固定，可组成固定的星座，肉眼很难察觉其相对变化，所以称为“恒”星。人类肉眼能看到的恒星只有6000多颗，太阳是距离地球最近的恒星。太阳光的照射把地球划分为昼夜两个半球，通常白天我们只能看到太阳，晚上才能看到其他的恒星。人们夜间看到的“北斗七星”就是由恒星构成的。

行星指围绕着恒星旋转但自身不发光的天体。行星相对于恒星的位置通常会发生变化，并可反射出中心恒星的光芒，所以称为“行”星。人类居住的地球就是围绕太阳旋转的行星。人类肉眼看到的行星也都是围绕太阳旋转的行星，因为距离地球近，它们看起来甚至比恒星还要明亮，如人们清晨看到的启明星——金星。

卫星指围绕行星旋转的天体。月球就是地球的卫星，是距离地球最近的自然天体，也是人类唯一能看到的自然卫星。虽然它不发光，但多数时候月球就像太阳的一面反光镜，照亮了夜间的地球天空。

人造天体是人类发射至宇宙空间的飞行器及碎片，包括人造卫星、空间望远镜、空间探测器及太空垃圾等。人造天体的设计和发射是人们根据自然天体的运行规律探索和利用宇宙的体现。

（二）宇宙的结构

宇宙中的天体不是孤立存在的，它们通常通过引力束缚在一起，组成不同尺度不同层次的**天体系统**。

地球所处的最小天体系统是行星地球与卫星月球构成的“**地月系**”，以单位时间内光传播的距离来衡量，地月系的直径约为2.6光秒，约76.8万km。

地球等行星与中心恒星太阳一起构成了“**太阳系**”，太阳系的直径约为10.9光时（以冥王星轨道长轴计算），是地月系的约15000倍。

太阳系与千亿个类似太阳的恒星组成了星系“**银河系**”，直径约为10万光年，是太阳系的千万倍。

银河系和数千亿河外星系组成最大的天体系统**“总星系”**，包括约 10^{22} 个恒星，直径可达 920 亿光年。

宇宙中看似充满了各类天体，但浩瀚的宇宙仍然显得“地广人稀”。星系之间的距离可达星系直径的百倍，而恒星之间的距离可达恒星直径的百万倍，行星之间的距离也可达行星直径的十万倍。

（三）认识宇宙的视角

人们认识地球周边宇宙的视角通常包括观测视角和理论视角（图 0-1）。观测视角是从地球上看宇宙，是人类认识宇宙最直观的视角，我们白天看日出日落，夜间看斗转星移，都是从观测视角认知宇宙。理论视角是从宇宙中看地球，是人们根据观测结果构建宇宙天体及天体系统的空间结构。如太阳系的结构、银河系的结构，是人类研究宇宙的理论总结。学习基础天文学，就是要在这两种视角中建立一座桥梁，通过观测多层次的宇宙，理解宇宙的结构、运行和演化规律，明确地球宇宙环境的演化及其地理效应，从而更好地应用于生产与生活。

(a)观测视角　　(b)理论视角

图 0-1　认识宇宙的视角

二、天文学概论

天文学是研究宇宙的科学，是与数学、物理学、化学、地球科学和生物学并列的六大基础自然学科。

（一）天文学研究对象

天文学与地球科学都是研究客观自然实景的科学。地球科学按照研究对象从上至下，划分为研究大气圈的大气科学，研究地球表层系统的地理学及研究岩石圈的地质学。**大气圈顶**是天文学和地球科学的研究界限。天文学的主要研究对象是大气圈外的**自然天体及天体系统**，人造天体涉及地面发射和控制通信技术，更多的时候纳入航天工程领域，已不再是纯粹的天文学研究对象。

（二）天文学研究方法

自然天体往往“看不清，摸不着”，更不可能移植到实验室。这决定了**观测**是天文学的基本研究方法，也是人类认识未知世界最直观的方法。人类对天体的认知主要源于天体发出的“光”，这些光实际是不同波段的电磁波。现代天文观测已经进入多平台、多波段、全天候观测的时代。多平台是指天文观测的平台可在陆地、空间轨道甚至月球上。多波段是指可以通过射电波、红外线、可见光、紫外线、X 射线、γ 射线等去观测天体（图 0-2）。全天候是指天文观测不再受气象条件影响，无论白天晚上、刮风下雨，都可以开展观测。这些观测技术，突破了人眼的视力局限，使之前看不到的天体被看到，看不清楚的天体更清晰，同时提供了天体全方位的信息。这些信息为建立正确的宇宙结构模型、认识天体的运动与演化规律奠定了坚实基础。

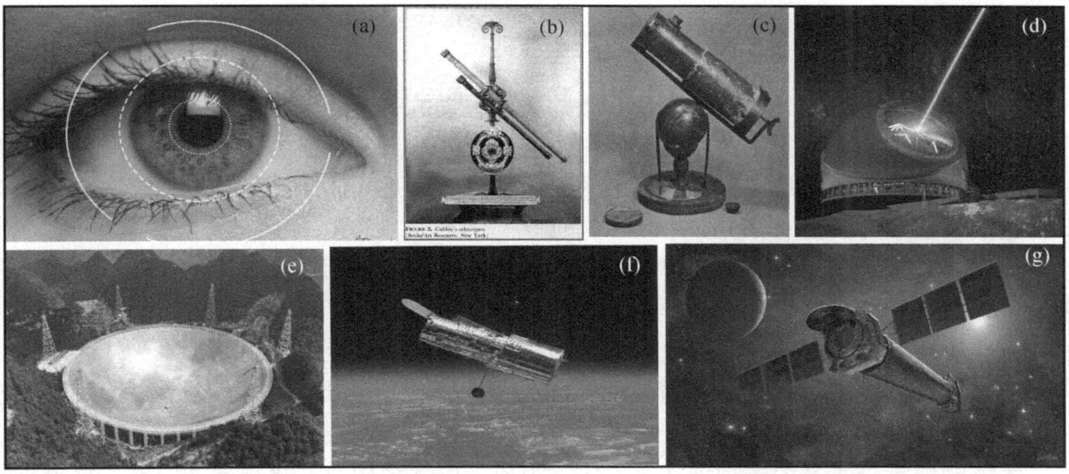

图 0-2 观测方法

（a）肉眼；（b）折射望远镜；（c）反射望远镜；（d）大型光学望远镜；（e）射电望远镜；（f）哈勃空间望远镜；（g）钱德拉 X 射线望远镜

（三）天文学研究内容

天文学（astronomy）早期研究以天象观测与授时编历为主，反映了人们日常生产生活的原始需求，这也是现代天文学的主要任务。与此同时，占星术（astrology）在古代天文学中也占据了相当比例，人们将周期性的天象与个人发展及国家兴衰结合起来，这与化学家早期钻研炼丹术如出一辙。然而，随着自然科学的发展和观测技术的提高，天文学早已跳出历史的窠臼，在理论和应用方面都得到了空前拓展。时至今日，天文学已发展出天体测量学、天体力学及天体物理学三个重要理论分支，也反映了天文学研究的三个层次（图 0-3）。

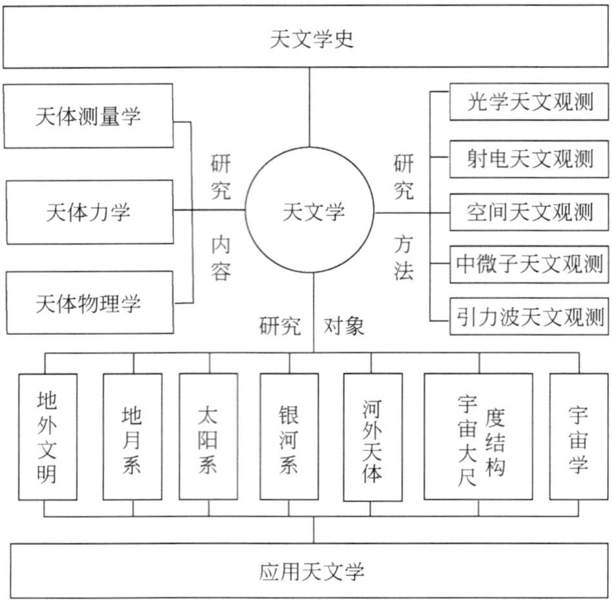

图 0-3　天文学的学科分类

天体测量学是研究天体位置测量和跟踪天体运动的科学，包括球面天文学、方位天文学和实用天文学。该分支主要涉及天体位置测量及其在天文导航、大地测量和时间计量方面的应用。天体测量学是最早发展起来的天文学分支，是天体研究最基本的层次，也是与日常生活联系最为紧密的分支。

天体力学是研究天体运动规律及其力学机制的科学，包括摄动理论、天体形状与自转理论、历书天文学、相对论天体力学等。该分支的建立源于 17 世纪牛顿万有引力的发现，后在拉普拉斯的天体力学理论与爱因斯坦的相对论理论的补充下逐渐完善。天体力学广泛应用于人造天体的轨道设计，随着空间探测的兴起，也衍生出“星际航行动力学”等新兴分支。

天体物理学是研究天体物理状态、化学组成、内部结构及演化规律的科学。该分支学科源于 19 世纪恒星光谱的发现与天体照相术的兴起，主要通过天体的多波段信息解析天体的光度、温度、磁场、压力及运动速度，进而推知天体与天体系统的结构及演化过程。天体物理学是天体研究最深入的层次，也是现代天文学的主要研究方向。

天文学研究要结合具体研究对象，选择研究方法与研究内容，如研究月球更多涉及光学观测和天体力学，研究深空天体更多涉及射电观测与天体物理。值得注意的是，天体化学与地球化学的研究方法论类似，但需要地球科学的相关基础理论作为支撑，通常纳入地球科学的范畴。总而言之，现代天文学已为我们提供了强大的理论与观测武器，只待我们把眼光投向宇宙，去探索它的奥秘。

（四）天文学研究特点

天文学作为研究天体的自然科学，其理论建立得到数学、物理学、化学、地球科学等基础自然科学的支撑，同时也具有鲜明的自身特色。认识天文学研究的特点，本质是要认识天文学研究的对象、方法及内容的特点。

1. 多时空穿透性

天文学的研究对象是宇宙中的天体，是139亿年前宇宙大爆炸后形成的多时空叠加体。天体之间相距甚远导致地球上的人类并不能同时看到周边的天体。光速是3×10^8m/s，我们看到的“月亮”实际上是1.3秒前的月亮，看到的“太阳”是8分钟前的太阳，看到离我们最近的“恒星”实际是4.26年前的南门二。以此类推，我们看到的距离地球10亿光年、20亿光年、30亿光年的星系也是10亿年前、20亿年前、30亿年前的样子。天体距离越远，回溯时间越早。所以，人类探索宇宙空间边界的过程也是追溯宇宙时间起点的过程。人类不可能跟踪一个天体及天体系统的完整演化过程，但可以通过观测不同距离的相似型天体，推知这个天体或天体系统的过去、现在与将来。

2. 物理条件复杂

空间环境往往具备地面实验室难以达到的物理条件：极高的温度、极高的能量、极强的磁场、极大的引力、极快的速度，这些极端物理环境是人类发现与验证物理定律的最佳场所，天体物理学也成为近代物理学中最热门的领域之一。与此同时，天文学研究涵盖了不同尺度的物理体系。宇宙的起源是微观粒子与反粒子的合并，是最微观的物理体系；而现代宇宙是不同层次天体与天体系统的集合，是最宏观的物理体系。

3. 观测技术制约

人类文明的大部分时间都是通过肉眼开展观测。平均直径约6mm的人眼瞳孔只能接收到有限的星光，而且视网膜只能分辨出其中的可见光，并在0.1～0.4s内快速刷新，所以健康人眼看到的天体只有最亮的6000多颗星。基于这些天体构建的宇宙与真实的宇宙相去甚远。17世纪以来，光学望远镜、分光术、照相术的发明使人类可以看清楚太阳系其他行星和卫星，还可以看到更多更远的恒星，从而逐渐建立起太阳系和银河系等天体系统的基本结构。20世纪30年代，射电望远镜的出现解决了天体长波辐射的接收问题。20世纪60年代，空间望远镜的出现解决了天体短波辐射的接收问题，使我们对天体演化信息的认识更为全面。每一项天文观测技术的进步，都极大地拓宽了天文学的视野，更新了人类对宇宙结构形成与演化的认知。

4. 全球密切合作

人类是在运动的地球开展观测，每个地方对同一天体的观测角度和时间都有差异。但对地球外的天体来讲，地球上的人类是共同的研究主体。天文学研究成果惠及全人类，而小行星撞击地球、太阳活动爆发等空间灾害也会波及全人类。从这个角度来说，天文学比任何自然科学都强调全球合作。全球几十个国家联合建立的射电干涉网和小行星监测网，以及近年的“引力波探测”和“黑洞观测”，都是全球密切合作开展天文学研究的例子。

5. 理论依赖模型

虽然天文学理论已经分化成天体测量学、天体力学和天体物理学三个分支。然而，不同于其他以实验为主的自然学科，天文学理论对宇宙结构及演化过程的重建是基于有限的天文观测和物理原理的演绎。随着基础理论的进步和天文视野的拓展，这些模型可能被不断修正甚至重建。太阳的结构、太阳系的结构、银河系的结构、宇宙大爆炸模型的发展都是天文学理论依赖模型的表现。

（五）天文学研究意义

天文学是涉及世界观的科学。天文学理论的深入和分化与基础自然科学的发展相辅相成，同时，天文学在日常生活中的广泛应用也为天文学的持续发展提供了动力。

1. 社会层面

中国原始社会，敬畏上天，盛行自然崇拜，对宇宙的态度是“仰之如日月，敬之如神明”。封建社会以后，统治者以天子自居，任命专职天文历官，把天象演化与国家兴衰及个人命运联系起来，“天垂象，观吉凶”，“以保邦于未危，以处身于无祸”。民间禁止私习天文，认为天文是“圣人知天命之术，非天下至才，其孰与焉？”，以防“泄露天机”。近现代社会变革中，天文学作为涉及宇宙观和世界观的科学，始终站在科学与宗教斗争的最前沿，动摇了宗教统治的根基，直接孕育出了现代自然科学。17 世纪康德 - 拉普拉斯星云学说的提出，打破了机械唯物主义的藩篱，使人类社会更理智地处理已知与未知之间的关系，促进了现代科学的分化与繁荣。

2. 科学层面

基础自然学科的发展为天文学深入和分化提供了理论支撑，而天文学的发展也为基础自然学科的突破带来了契机。以物理学为例，天文学为研究不同尺度力学现象的量子力学、牛顿力学和相对论天体力学提供了最好例证。例如，广义相对论的证实正是源于日全食时发现的星光弯曲现象。从化学角度，不同元素形成路径的研究，正是源于太阳和恒星的化学组成研究，而以氦为代表的诸多元素更是先在太阳和恒星光谱中被发现，后来才在地球上被找到。

3. 技术层面

现代天文学除了履行授时编历等传统职能外，在测量导航、空间环境监测、空间探测、年代考证等多领域发挥了不可替代的作用。

1）授时编历

授时编历是参照日月等天体视运动的周期来划分日期和时刻，定义“年、月、日”和“时、分、秒”。中国历朝历代都有专职天文官主管授时编历，其对于我国农耕文明的发展有着重要意义。现代社会因区域交流的加强，对历法和时间的统一性和精确性提出了更高要求，时间的应用也拓展到测量导航、卫星通信和国防军事等多部门。我国现代授时编历工作主要由中国科学院国家授时中心和中国科学院紫金山天文台承担。

2）测量导航

地球在宇宙空间不停自转与公转，导致周边不同距离的天体出现有规律的视运动。准确测量地球自身的空间位置、形状和运动状态，通常需要借助天体作为参考。与此同时，我们也可以利用天体为人类在地球上的运动进行导航。中国古代把用以导航的恒星称为“牵星”，如北半球的“北斗七星”和南半球的“南十字座”，运用这些星座进行导航的技术就称为“牵星术”。现代天文学家都致力于寻找宇宙中不同角落的脉冲星，这些脉冲星实际也是开展测量导航的辅助对象，是宇宙中永不停电的“灯塔”。

3）空间环境监测

随着现代空间技术和通信技术的发展，人们对地球所处的空间环境要求越来越高。现代对地观测不再局限于地球表面，而是拓展至空间环境，包括太阳活动预报和近地小天体监测。剧烈的太阳活动会导致空间天气恶化，威胁空间站、在轨卫星等的安全，进而影响地球上的通信、电力和导航系统。此外，近地小天体运行轨道与地球轨道接近时，可能撞击地球引发连锁反应，造成类似地质历史时期的生物灭绝事件。现代社会人类需要利用现有技术力量保障地球空间环境的安全，提前做好预案，准备应对措施。

4）空间探测

根据宇宙学的基本原理，人类总是相信自己在宇宙的存在不是偶然的，也许在宇宙的某一个角落，存在类似于人类甚至高于人类的地外文明。探索地外文明是地球人类的持续任务。与此同时，地球环境的恶化和资源的枯竭，使人类对地外天体也充满了向往。迄今为止，人类对太阳系天体已开展了普遍的空间探测。其中，对距离地球最近的月球和火星的探测最为频繁。20 世纪美国的“阿波罗计划”以及 21 世纪我国的“嫦娥工程”是围绕月球开展的空间探测计划。美国的“勇气号”、欧洲的“火星快车”以及中国的“天问”系列是针对火星的探测计划。这些远距离极端环境下的空间探测任务，无论成功与否，都会对天文学理论、工程制造、测控技术以及航空材料研制等起到重大推进作用。以“阿波罗计划”为例，现已形成 3000 多项专利，并有 1000 多项转为民用，造福了全人类。

5）年代考证

年代是地球和人类社会演化的重要维度。在地质尺度上，地球轨道参数的变化，可能导致地球气候的周期性变化。例如，地球轨道偏心率变化可导致气候有 10 万年的周期，黄赤夹角变化可导致气候有 4 万年的周期，这些周期性的气候变化可被不同地质时期的沉积地层所记录。我们可以通过理论计算的地球轨道参数变化反推这些沉积地层的年代。而在人类尺度上，通过不同天象的历史记录也可以反推历史事件发生的年代。我国 20 世纪末开展的“夏商周断代工程”，就是通过我国古代丰富的天象记录，来考证夏商周的开始年代，近年已发展成为“天文年代学”交叉学科。

小　结

宇宙是不同时空尺度物质的组合体，是地球及其所处空间环境的总和。天体是宇宙物质存在的主要形式。天体包括自然天体和人造天体。自然天体是指宇宙自然演化过程中形成的天体，包括恒星、行星和卫星等。这些天体相互组合形成不同层次的天体系统，以地球为例，包括地月系、太阳系、银河系以及总星系。不同天体相距甚远，使得浩瀚的宇宙仍显得相对稀疏。

天文学是研究宇宙的科学，研究对象主要为自然天体。研究方法主要基于不同波段的天文观测，研究内容可划分为天体测量学、天体力学和天体物理学，代表天文学研究的三个层次。天文学相对于其他基础自然学科，具有多时空穿透性、物理条件复杂、观测技术制约、全球密切合作以及理论依赖模型等特点。天文学是涉及世界观的科学，与人类社会文明发展同步。天文学理论的深入和分化与物理学、化学等自然学科的发展相辅相成。天文学在技术层面的应用主要包括授时编历、测量导航、空间环境监测、空间探测及年代考证等。

复　习

一、名词解释

宇宙　自然天体　人造天体　恒星　行星　卫星　天体系统　天体测量学　天体力学　天体物理学

二、思考题

1. 如何理解宇宙的多时空尺度及其对天体演化研究的意义?
2. 列举你所知道的恒星、行星与卫星。除太阳外的其他恒星有行星和卫星吗?
3. 试比较宇宙空间中星系、恒星与行星相撞的可能性。
4. 为什么天体物理学属于天文学，天体化学属于地球科学?
5. 举例说明天文观测技术进步对于对天文学发展的贡献。
6. 请上网查阅获得诺贝尔物理学奖及化学奖的天文学家及其代表成果。
7. 试想现代社会如果没有天文学应用可能出现的问题。
8. 你认为地理科学专业为什么要学习天文学?

第一篇　天文学的基本方法

“工欲善其事，必先利其器”。掌握天文学的研究方法是开展天文学研究的基础，也是基础天文学教学的重点。基础天文学涉及的主要方法包括星空区划、天体跟踪与天文观测。第一章“星空区划”主要介绍星空的静态划分，辨识全天主要星座及亮星，明确天文学研究的“底图”。第二章“天体跟踪”主要讨论如何通过天球坐标确定天体位置，跟踪天体不同类型的视运动。第三章“天文观测”重点介绍肉眼与光学望远镜观测的基本原理，了解天文观测的发展历史，掌握光学望远镜的类型及使用步骤，熟悉天文观测中常用的辅助工具。

第一章　星空区划

导　语

恒星是星空构成的基本单元。为了辨识这些恒星，生活在地球不同角落的人们不约而同地将这些恒星组合成特定的星座，就像星空图中不同的“街区”。与此同时，人们发现地球周边的远距离恒星、太阳、行星和月球多集中出现在星空中特定的轨道，这些轨道就像穿越“街区”的“街道”，构成了我们畅游星空的“交通图”。

第一节　星空区划概论

星空区划是以地球为观测中心，对地球周边天体在天球上相对位置的组合及划分。具体按照天体在天球上的投影位置及运动轨迹，划分不同的星座和星道，以便快速确定天体位置和跟踪天体的运动。

一、天球

对于地球上的观测者而言，日月星辰的空间距离各不相同，但肉眼无法分辨这些天体距离的差别，所有天体都沿视线方向被投影到无穷远处的理想圆球面上，这个球就是天球[图 1-1（a）]。天球的中心根据研究的需要可选择地球、太阳及其他不同天体。因为地球半径相比于天体之间的距离几乎可以忽略不计，从地球表面不同位置观测天球上同一天体的视线方向几乎平行，于是人们就有了“月亮走，我也走”的奇妙体验。

地平面是地球特定地区的切面，不同地区的人们只能看到当地地平面之上的半个天球，也就是天穹[图 1-1（b）]，天穹之上，有的星星一直都出现在特定地区的地平面之上，称为**恒显星**；有的星星一直淹没在地平面之下，称为**恒隐星**；有的星星则在地平面上有规律地出没，称为**出没星**。

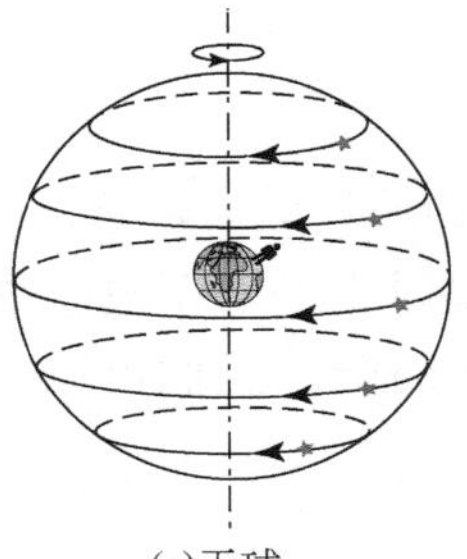
(a)天球

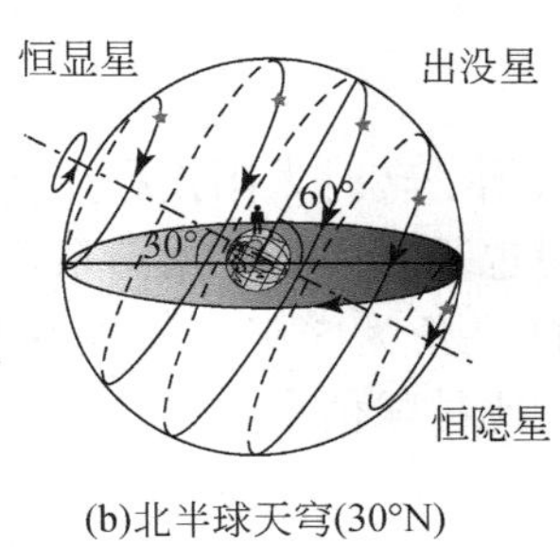

(b)北半球天穹(30°N)

图 1-1　天球与天穹

二、星座

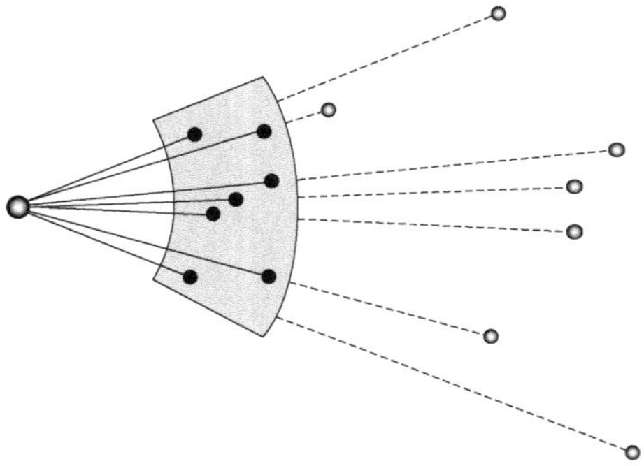

图 1-2　星座（猎户座）

恒星是构成星空的基本单元。白天地球面对太阳时，其他恒星的星光被太阳掩盖。夜间地球背对太阳时，其他恒星的星光才得以凸显。这些恒星距离太阳系相当遥远，最近的距离也是日地距离的 27 万倍，从太阳系看这些恒星在天球上的相对投影位置都基本固定。为了更好地记住这些恒星的相对位置，人们不约而同地把相近的恒星组合成特定的形状，命名为“星座”或“星宿”，如同地球表面的“街区”，帮助人们在星空中快速找到它们（图 1-2）。例如，冬季的代表星座——猎户座，中国古代称参（shēn）宿。夏季的代表星座——天蝎座，中国古代称商宿或心宿。它们处于天球上相对的位置，此起彼落，我国唐代诗人杜甫在《赠卫八处士》中提道：“人生不相见，动如参与商”，正是喻指这一天象。

三、星道

除了星座以外，星空中还有看不见的“星道”。它是天球上过球心的圆形参考线，实际是地球及其所在不同层次天体系统集中出现的区域，可用于确定天体相对位置及跟踪天体的视运动，主要包括天赤道、白道、黄道及银道（图 1-3）。

（一）天赤道

天赤道是地球赤道无限延伸到天球的交线。地球特定地区的地平面上，天赤道就像地球赤道延伸到天球上的“腰带”，通过观测天赤道相对地平面的角度就可以快速估算出观测者的纬度。**天赤道与地平面夹角等于地理纬度的余角**。例如，重庆纬度约为 30°N，天赤道与地平面的夹角约为 60°（图 1-1）。

（二）白道

白道是月球绕地球公转时月球投影点在天球上的环状运动轨迹，也是地月系的绕转平面与天球的交线，白道与天赤道的夹角为 28°35′。

（三）黄道

黄道是地球绕太阳公转时太阳投影点在天球上的环状运动轨迹，因为太阳系行星空间分布的共面性，黄道也基本代表了太阳系行星在天球上运动的轨迹。黄道与天赤道的夹角为 23°26′，与白道的夹角为 5°9′。不同季节的正午时分，我们可以看到太阳在天赤道上下波动，但波动幅度比月球稍小。

（四）银道

银道是从地球上观测银河系投影到天球上的宽窄不一的环带状区域，是近似于盘状的

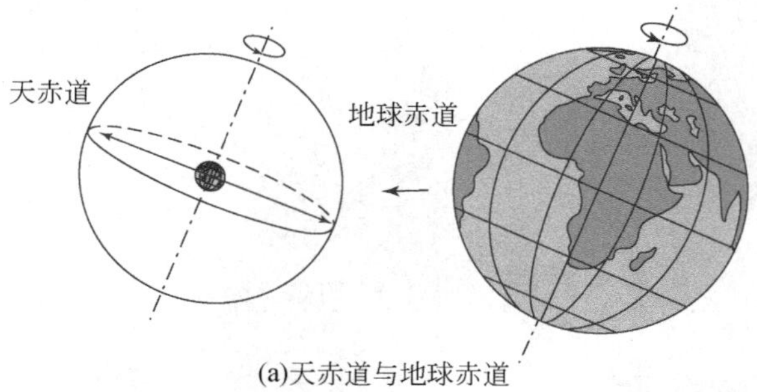

(a)天赤道与地球赤道

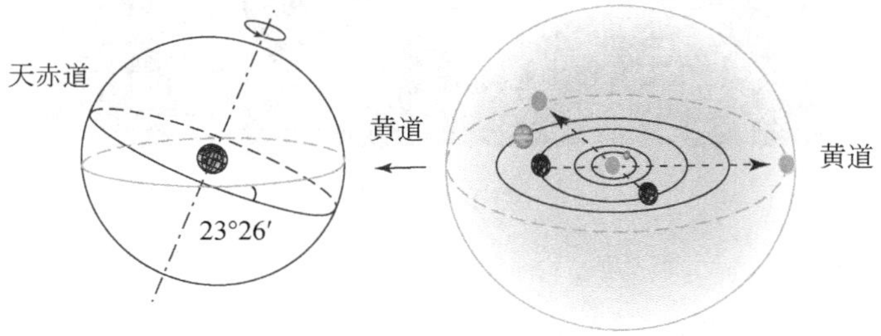

(b)天赤道与黄道

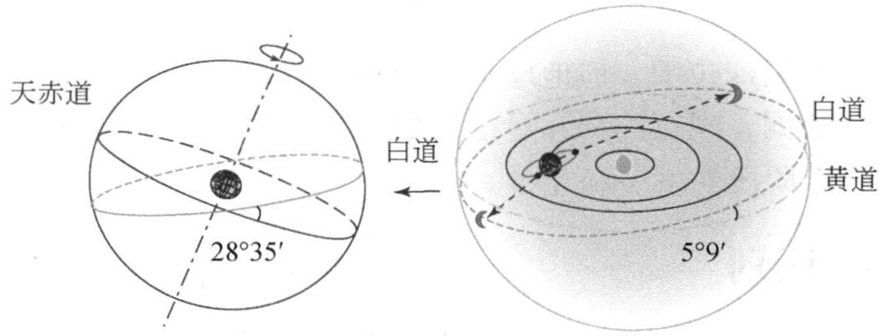

(c)天赤道与白道

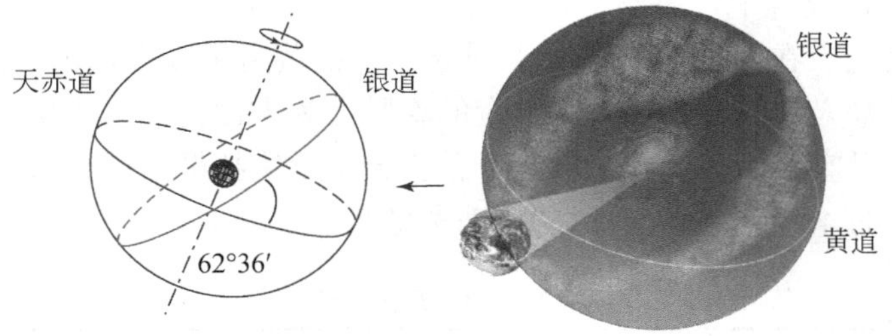

(d)天赤道与银道

图 1-3 星道

银河系与天球相交的区域。银道与天赤道的夹角约为 62°36′。

中国古代通过“浑象”来模拟天体在天球上的投影位置。浑象是绕轴转动演示天象的铜铸圆球，圆球刻画或镶嵌着星宿、赤道、黄道、恒隐圈和恒显圈。西汉时期的耿寿昌最早发明了浑象，东汉时期的张衡设计了水动力推动的浑象。现代天球仪的构造也正是来源于浑象（图 1-4）。

图 1-4　浑象

第二节　国际星空区划

虽然地球被同一个天球包围，但地球上不同地区的人们看到的天球大不相同，对同一片星空的划分也不尽相同，现行的国际星空区划方案以西方星空区划方案为基础，经历了古代、近代和现代三个阶段的发展和完善。

一、古代星空区划

世界上最早划分星空的记录源于两河流域下游的苏美尔人。公元前 3000 年左右，他们把较亮的星星组合成若干“星座”，并沿黄道划分了 12 个星座，一直沿用至今。公元前 650 年，古巴比伦人在《创世语录》中划分了包括黄道星座在内的 36 个星座，并通过地中海地区的腓尼基人传入希腊。天性浪漫的希腊人为方便记忆，为星座赋予了特定的形象，编撰了美丽的星座神话。公元 2 世纪，希腊天文学家托勒密的巨著《天文学大成》系统总结了“全天”的 48 个星座，后称“托勒密星座”（表 1-1）。

表 1-1　托勒密星座

仙女座	宝瓶座	天鹰座	天坛座	南船座	白羊座
御夫座	牧夫座	巨蟹座	大犬座	小犬座	摩羯座
仙后座	半人马座	仙王座	鲸鱼座	南冕座	北冕座
乌鸦座	巨爵座	天鹅座	海豚座	天龙座	小马座
波江座	双子座	武仙座	长蛇座	狮子座	天兔座
天秤座	豺狼座	天琴座	蛇夫座	猎户座	飞马座
英仙座	双鱼座	南鱼座	天箭座	人马座	天蝎座
巨蛇座	金牛座	三角座	大熊座	小熊座	室女座

托勒密星座以希腊神话中的神、怪及动物等命名，每个星座背后都蕴含着一个神话故事。以春季星空我们常见的小熊座、大熊座以及牧夫座为例，小熊座是现代北极星所在的星座，大熊座是北斗七星所在的星座，北斗七星勺斗开口方向再延长五倍距离就是北极星。大熊座和小熊座处于北半球中纬度地区的恒显星区。牧夫座是春季最显眼的星座，北斗七星勺柄延伸出来的第一颗亮星就是牧夫座的大角星。这些星座在希腊神话中被故事情节完美地联系了起来（图 1-5）。

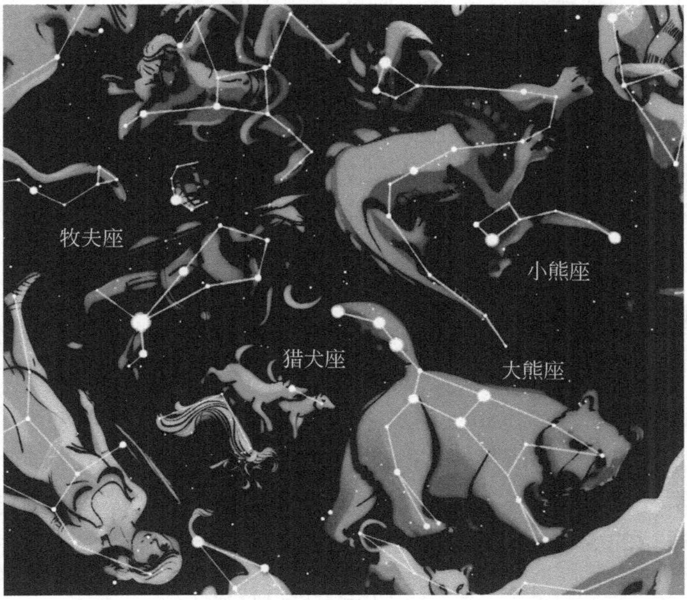

图 1-5 大熊星区附近

希腊神话故事节选

大熊座卡里斯托是狩猎女神阿尔忒弥斯的女助手。一次偶然的机会，宙斯爱上了美丽的卡里斯托，并生下了儿子阿卡斯。阿尔忒弥斯为此把她逐出师门，愤怒的天后赫拉更是把卡里斯托化为一只丑陋的大熊。多年以后，阿卡斯长大后，继承了母亲的天赋，成为一名出色的猎手。这一天，阿卡斯在森林里打猎，卡里斯托认出了自己的儿子，情不自禁向他跑去，但阿卡斯并不知道这只大熊就是自己的母亲，举起长矛，准备用尽全力向大熊刺去。就在这个危急时刻，宙斯将阿卡斯也变成一只熊，母子得以相认，一场亲子弑母的悲剧得以避免。宙斯担心母子再遭意外，就把他们提升到天界，并在众星之中给了他们两个荣耀的位置，这就是北天的大熊座和小熊座。天后赫拉气急败坏，又惹不起宙斯，于是就选派了一个猎人带着两只凶恶的猎狗，紧紧地追赶在这两只熊的后面。这个猎人就是天上的牧夫座，而他牵着的两只猎犬，也就成了猎犬座。然而，赫拉仍不肯善罢甘休，她又来到碧波万顷的大海上，去乞求她的哥哥——海神波塞冬对大熊小熊母子追加惩罚。按常理，所有星星都有一段时间沉没到地平线之下去海神的领地休息，而只有大熊小熊母子被排斥在外，成了永远在地平线之上的恒显星。

这些希腊神话故事的情节广泛出现在西方中世纪和文艺复兴时期的教堂壁画中，对西方的文学与艺术产生了重要影响。然而，希腊处于北半球中纬度地区，托勒密星座多以北天星座为主，南天星区尚未完全覆盖。

二、近代星空区划

15 世纪末的地理大发现时期，众多欧洲探险家来到南半球的非洲地区，南天星空逐渐为大众所熟悉，望远镜的发明也使天文学家有机会补足托勒密星座之间的暗区。

1603 年，德国天文学家拜耳在其出版的《测天图》中新列入了天鹤、水蛇、孔雀等 12 个南天星座，并开始使用希腊字母命名星座中的亮星。1690 年，波兰天文学家及版画家赫维留出版的《天文图志》中又加入猎犬、蝎虎、狐狸等 13 个星座。1757 年，法国天文学家拉卡伊在好望角测量期间，编制了《南天星表》，并通过六分仪、望远镜、显微镜等仪器命名了 14 个南天星座，至此南天星空区划基本完成。然而，早期不同星座间没有明确的界线，对于星座间暗弱天体的观测和定位很不方便，1841 年，英国天文学家约翰·赫歇尔提出沿天球经纬线格网划分星座边界，完成了现代星空区划的雏形。

三、现代星空区划

近代星空区划中，由于航海家及天文学家的人员背景较为复杂，星座划分与命名的随意性较大，出现了“腓特烈二世王徽座”“马太使徒座”“波兰公牛座”“热气球座”等政治、宗教及地方色彩过于浓烈的星座，不适宜全球推广。1922 年，意大利罗马举行的首届国际天文学联合会大会根据最新的观测成果，对星座名称和范围进行了系统调整，建立了现代国际通行的 88 个星座国际星空区划方案（表 1-2）。

表 1-2　国际星空区划方案

北天星座（29 个）	黄道星座（12 个）	南天星座（47 个）
小熊座　天龙座　仙王座	双鱼座　白羊座　金牛座	鲸鱼座　波江座　猎户座
仙后座　鹿豹座　大熊座	双子座　巨蟹座　狮子座	麒麟座　小犬座　长蛇座
猎犬座　牧夫座　北冕座	室女座　天秤座　天蝎座	巨爵座　乌鸦座　豺狼座
武仙座　天琴座　天鹅座	人马座　摩羯座　宝瓶座	南冕座　天坛座　天鹤座
蝎虎座　仙女座　英仙座		凤凰座　时钟座　绘架座
御夫座　天猫座　小狮座		船帆座　圆规座　南鱼座
后发座　巨蛇座　蛇夫座		孔雀座　玉夫座　天炉座
盾牌座　天鹰座　天箭座		雕具座　天鸽座　天兔座
狐狸座　海豚座　小马座		大犬座　船尾座　罗盘座
飞马座　三角座		唧筒座　矩尺座　杜鹃座
		网罟座　剑鱼座　飞鱼座
		船底座　苍蝇座　南极座
		天燕座　水蛇座　山案座
		六分仪座　显微镜座　望远镜座
		南十字座　变色龙座
		南三角座　半人马座　印第安座

（一）星座分布

国际星座区划方案中，以黄道为界，划分为北天星座 29 个，黄道星座 12 个，南天星座 47 个，共计 88 个。

1. 北天星座

北天星座面积大，亮星较多，大熊座、飞马座、天龙座、武仙座等近 10 个星座在天球的投影面积在千平方度的量级（太阳在天球上投影的面积为 0.25 平方度）。这些星座是北半球地区重点观测的星座，星座命名多来自托勒密星座。

2. 南天星座

南天星座面积小，亮星较少，最小的是南十字座，面积只有 68 平方度，星座命名有明显的大航海时代的痕迹。北半球中纬度地区能看到的南天星座主要有猎户座、小犬座、大犬座 、南鱼座等，仍属于托勒密星座。

3. 黄道星座

黄道星座是黄道穿越的星座，即在公转的地球上观测太阳，太阳在天球上的投影每月扫过的星座（图 1-6）。黄道星座包括 12 个星座：白羊座（Aries）、金牛座（Taurus）、双子座（Gemini）、巨蟹座（Cancer）、狮子座（Leo）、室女座（Virgo）、天秤座（Libra）、天蝎座（Scorpio）、人马座（Sagittarius）、摩羯座 （Capricorn）、宝瓶座（Aquarius）和双鱼座（Pisces）。

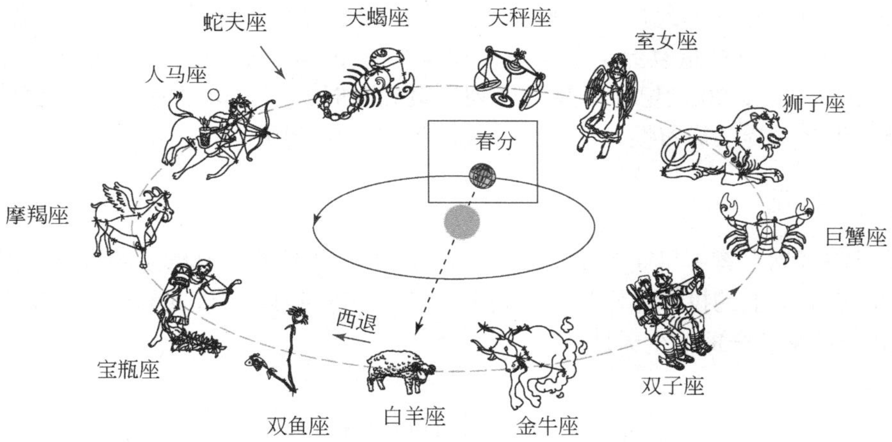

图 1-6 黄道星座

西方占星术常以生日期间太阳的投影星座来划分人的所属星座。例如，3 月 21 日到 4 月 19 日对应白羊座，4 月 20 日到 5 月 20 日对应金牛座，依次类推，不同的投影星座对应不同的性格。然而，太阳每月的投影位置因为地轴晃动会逐年向西移动，约 25800 年绕行黄道一周。约 2000 年前，占星术创立时，3 月 21 日春分日附近太阳的投影点的确在白羊座附近，但时至今日，太阳的投影点已向西移动了一个星座，进入双鱼座。现代星空区划方案确定以后，因黄道星座面积不同，太阳穿越黄道星座的持续时间也不同。太阳穿越室女座的时间接近一个半月，而穿越天蝎座的时间则不足一个星期，另外太阳在 12 月中上旬还穿越了蛇夫座，成为“黄道第十三星座”。为避免尴尬，人们不再按星座划分黄道，而是按角度把黄道平均划分为 12 个宫，从春分日太阳在黄道上的投影点开始，每向东 30° 划分一宫，第一宫命名为白羊宫，其次分别是金牛宫、双子宫等。这样一来，白羊宫里未必是白羊座，而是像放“幻灯片”一样每隔 2000 年左右向西变换一个星座。这从侧面说明了占星术理论的不堪一击，只不过是茶余饭后的谈资而已。

（二）命名

1. 星座命名

国际星空区划方案的 88 个星座中，有 47 个是沿用古代星座的名称，有 41 个是 17 世纪以后的近代星座名称，通过拆分增加的 3 个星座是南船座拆成的船底座、船尾座和船帆座以及蛇夫座拆分出的长蛇座。其中约 1/2 是以动物命名，约 1/4 是以神话人物命名，另外 1/4 以仪器命名。“象限仪座”等被提名的星座并没有被正式采纳，但象限仪座（属于牧夫座）流星雨的命名仍保留了下来，其他 63 个具有明显政治、宗教和地域特色的星座被排除在外，确保了国际星空区划方案的科学性与普适性。

2. 恒星命名

国际星空区划方案的恒星命名沿用了 17 世纪初拜耳星图《测天图》的命名法则，即以“星座名称与小写希腊字母”组合来命名，例如，天狼星命名为大犬座 α (Alpha Canis Majoris)，通常每个星座内最亮星为 α 星，其次为 β 星，依次排列。该标准并不严格，常有例外。例如，北斗七星的最亮星是大熊座 ε，但北斗是按照勺口到勺柄依次命名。双子座 α 先从东方升起，但双子座 α 比双子座 β 暗。天龙座 γ 是天龙座的最亮星，但天龙座 α 是 4000 年前的北极星，所以占据了 α 星的位置。此外，因为早期星空边界不确定，常有边界恒星被重复命名的情况，如金牛座 β 也是御夫座 γ，仙女座 α 也是飞马座 δ。尽管如此，20 世纪国际星空区划方案确立时，拜耳恒星命名法已使用超过 300 年的时间，天文学界已成习惯，所以至今被广泛继承与使用。

（三）范围

国际星空区划方案中星座范围的划分沿用了 1841 年约翰·赫歇尔的思路，以 1857 年春分时太阳在天球上的投影点作为原点划定赤经线与赤纬线，并以此划分不同星座的范围，从而使 88 个星座完全覆盖全天球。

第三节　中国星空区划

一、中国星空区划历史

中国作为东方的文明古国，中华民族对头顶上这片星空有着持续的关注，形成了我国独立的星空区划体系。

中国星空划分的基本单位是星官或星宿，类似于西方的星座。西汉时期，司马迁的《史记·天官书》中详细记录了 91 个星官，星官被分为 5 组，天北极附近为中宫，黄道附近则分属东、南、西、北四宫，包括 500 多颗恒星。三国时期，吴国人陈卓以甘德、石申及巫咸三家星图为蓝本，撰写了《天文集占》10 卷，将星空划分为 283 个星官，共 1464 颗星，为后世编制星图和铸造浑象提供了重要参考。

明朝末年，徐光启组织编纂《崇祯历书》时，用一、二、三、四等数字给星官中的恒星编号，同时根据西方星表，增加了 23 个南极星官，共计 126 颗星。清朝乾隆年间，传教士戴进贤主编《仪象考成》，收录星官 277 个，恒星 2933 颗，加上南极星官 23 个，恒星 150 颗，合计 300 个星官，3083 颗星。清朝道光年间，中国本土天文学家独立完成了《仪象考成续编》，又增加 163 颗星，减去未观测到的 6 颗星，共收录 3240 颗星。

面对漫天繁星，与希腊人编撰神话辅助星座记忆不同，中国古人善用诗歌记忆全天星官，影响最为广泛是的七字一句的《步天歌》。该诗最早见于南宋郑樵编撰的《通志·天文略》，即《丹元子步天歌》，但早期“此本只传灵台，不传人间，术家秘之”。明代中后期，历禁解除后，《步天歌》开始有多个版本流传。清朝康熙年间，梅文鼎把《步天歌》与西方星图对照，删减诸星，与《崇祯历书》所载的《南极诸星补歌》合称《西步天歌》。

二、中国星空区划内容

中国星空区划方案对中国乃至东亚的天象记录和授时编历等有重要影响。辛亥革命以后，随着国际星空区划方案的引入，中国古代星空区划方案被逐渐淡忘，但亮星命名仍采取了中西合璧的方案，例如，狮子座 α 又称“轩辕十四”，小熊座 α 又称“勾陈一”，金牛座 α 又称“毕宿五”，北斗七星从勺口到勺柄分别命名为天枢、天璇、天玑、天权、玉衡、开阳、摇光。与此同时，中国人自古秉持的“天人合一”的理念使星空区划概念渗透至城市规划、建筑设计与风俗习惯中，成为中华民族重要的文化遗产。本书重点介绍对中国文化影响较为深远的三垣、二十八宿与十二次等内容。

（一）三垣

三垣是对我国中原地区可见星空的划分，通常划分为太微垣、紫微垣及天市垣（图 1-7）。紫微垣和天市垣首先出现在战国时代的《石氏星经》中，太微垣则到了唐初的《玄象诗》中才出现。每垣分东、西两藩，左右环列，形如墙垣，故称“三垣”。

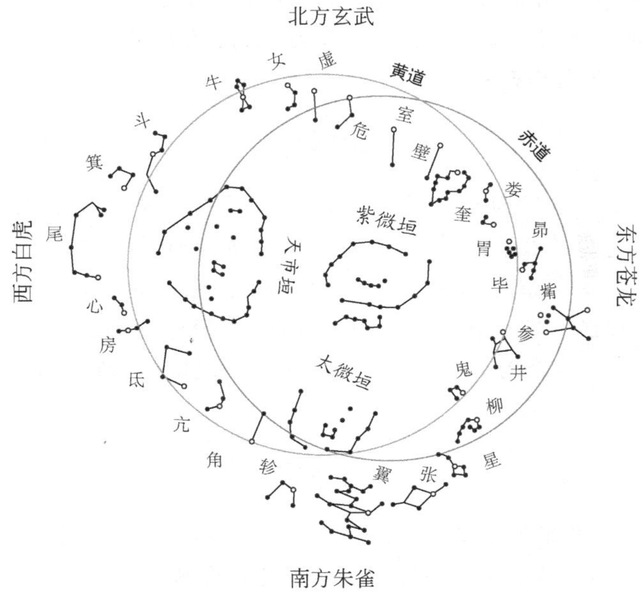

图 1-7　三垣

紫微垣代表皇权，是天上的紫禁城，包括 39 个星官，通常以帝族及相关侍卫命名。北斗七星就属于紫微垣。中国古人有“斗为帝车”之说，即北斗七星是天子出行的座驾。紫微垣是我国中原地区的拱极星区，也就是永远位于地平之上的恒显星区，对应于国际星空区划方案中小熊座、天龙座、大熊座等星座。

太微垣代表政府，是天上的中央权力机构，包括20个星官，通常以三公、九卿、五诸侯等命名，对应国际星空区划方案中的室女座、后发座、狮子座等星座。

天市垣代表民间，是天上的集市，包括19个星官，通常以不同市场及工具命名，如车肆、屠肆、列肆等，对应国际星空区划方案中的蛇夫座、巨蛇座、武仙座、天鹰座、天琴座等天区。

《步天歌》节选

紫薇垣

中元北极紫微宫，北极五星在其中，大帝之座第二珠，第三之星庶子居，第一号曰为太子，四为后宫五天枢，左右四星是四辅，天乙太乙当门路。左枢右枢夹南门，两面营卫一十五，东藩左枢连上宰，少宰上辅次少辅，上卫少卫次上丞，后门东边大赞府。西藩右枢次少尉，上辅少辅四相视，上卫少卫七少丞，以次却向前门数。阴德门星两黄聚，尚书以次其位五，女史柱史各一户，御女四星五天柱。大理两星阴德边，勾陈尾指北极巅，六甲六星勾陈前，天皇独在勾陈里，五帝内座后门间。华盖并杠十六星，杠作柄象华盖形，盖上连连九个星，名曰传舍如连丁，垣外左右各六珠，右是内阶左天厨，阶前八星名八谷，厨下五个天棓宿。天床六星左枢右，内厨两星右枢对，文昌斗上半月形，稀疏分明六个星。文昌之下曰三公，太尊只向三公明，天牢六星太尊边，太阳之守四势前。一个宰相太阳侧，更有三公向西偏，即是玄戈一星圆，天理四星斗里暗，辅星近着开阳淡。北斗之宿七星明，第一主帝名枢精，第二第三璇玑是，第四名权第五衡，开阳摇光六七名，摇光左三天枪明。

太微垣

上元天庭太微宫，昭昭列象布苍穹，端门只是门之中，左右执法门西东。门左皂衣一谒者，以次即是乌三公，三黑九卿公背旁，五黑诸侯卿后行。四个门西主轩屏，五帝内座于中正，幸臣太子并从官，乌列帝后从东定。郎将虎贲居左右，常陈郎位居其后，常陈七星不相误，郎位陈东一十五。两面宫垣十星布，左右执法是其数，宫外明堂布政宫，三个灵台候云雨。少微四星西北隅，长垣双双微西居，北门西外接三台，与垣相对无兵灾。

天市垣

下元一宫名天市，两扇垣墙二十二，当门六角黑市楼，门左两星是车肆，两个宗正四宗人，宗星一双亦依次，帛度两星屠肆前，候星还在帝座边。帝座一星常光明，四个微茫宦者星，以次两星名列肆，斗斛帝前依其次，斗是五星斛是四，垣北九个贯索星，索口横者七公成，天纪恰似七公形，数着分明多两星。纪北三星名女床，此坐还依织女傍，三元之像无相侵，二十八宿随其阴，水火木土与并金，以次别有五行吟。河中河间晋郑周，秦连巴蜀细搜求，十一星属十一国，梁楚韩邦在尽头，魏赵九河与中山，齐越吴徐东海间，燕连南海尽属宋，请君熟记有何难。

（二）二十八宿

二十八宿是月球绕地球公转时月球投影（即白道）穿越的星宿。“宿”取停留之意。最早的二十八宿记录源于公元前433年湖北曾侯乙墓的漆箱盖，该漆箱盖上描绘了巨大的“斗”字以及龙虎图案，斗字周围书写着二十八宿名称，暗示了墓主人“与天同在”的期望。此外，湖北睡虎地竹简《日书》、长沙马王堆帛书《五星占》、安徽双古堆圆盘漆器均出现了完整的二十八宿名。

二十八宿通常按照春分日附近黄昏时所处的天空方位和延伸形状，划分为四象，分别为东方苍龙、西方白虎、南方朱雀与北方玄武（图1-8）。张衡在《灵宪》中描述：“苍龙连蜷于左，白虎猛据于右，朱雀奋翼于前，灵龟圈首于后”。每象包括七个星宿。其中东方苍龙包括角、亢、氐、房、心、尾、箕；北方玄武包括斗、牛、女、虚、危、室、壁；西方白虎包括奎、娄、胃、昴、毕、觜（zī）、参（shēn）；南方朱雀包括井、鬼、柳、星、张、翼、轸（zhěn）。现代研究考证发现，这些字形可能与星宿中恒星的排布形式有关。

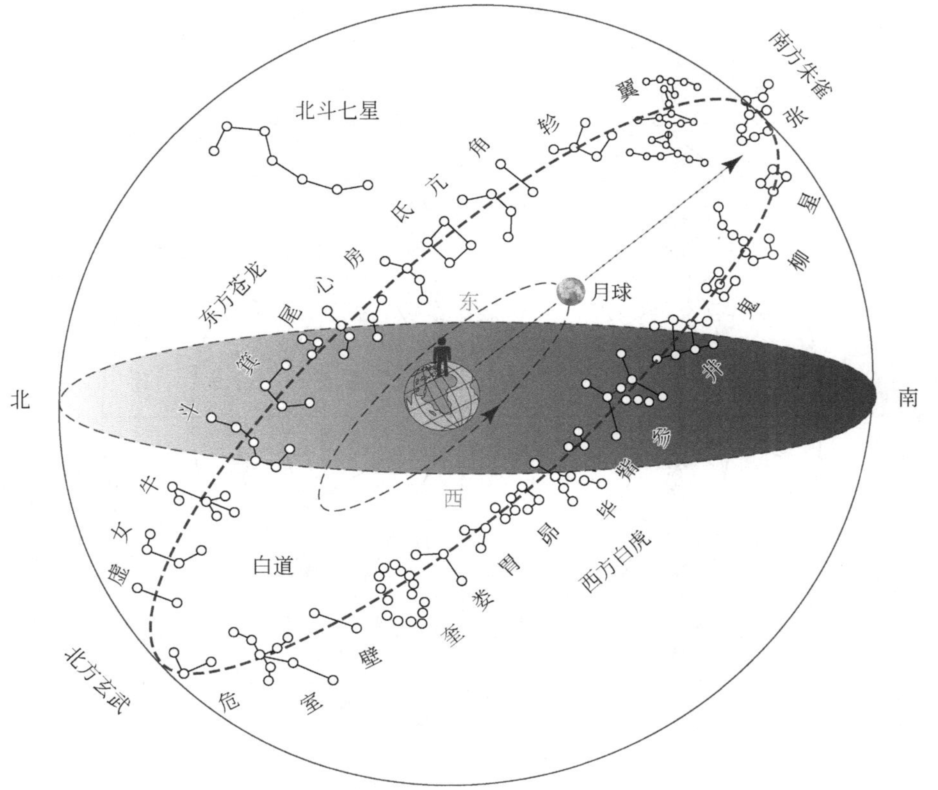

图1-8 二十八宿

二十八宿与黄道十二宫分别是对白道与黄道附近天区的划分，前者的参考运动是月球公转，约每天划分一宿；后者的参考运动是地球公转，每月划分一个星座。因为黄白夹角只有5°9′，所以二十八宿与黄道十二宫有很好的对应关系，一个黄道星座通常对应几个星宿。例如，天蝎座可对应房宿、心宿和尾宿，金牛座对应毕宿和昴宿。此外，白道与黄道位置相距较远时，参宿和觜宿对应的猎户座，柳宿、星宿、张宿对应的长蛇座已不属黄道星座。

（三）十二次

十二次的创立时代可追溯至商朝末年。《国语》记录了周景王时期占星家伶州鸠的话："武王伐殷，岁在鹑火"，其中鹑火就是十二次之一。中国古人认为木星 12 年（实际为 11.86 年）环绕天球一周，于是每年划分一"次"来记录木星在天球上的投影位置，依次命名为星纪、玄枵（xiāo）、娵（zōu）訾（zī）、降娄（lóu）、大梁、实沈、鹑首、鹑火、鹑尾、寿星、大火、析木。因为 12 年是古代干支纪年的基本周期，所以木星也称"岁星"。

因为太阳系行星公转轨道的共面性，十二次实际也是对黄道天区的划分，只是参考运动变成了木星的公转。所以十二次与二十八宿、黄道星座也有很好的对应关系（图 1-9）。例如，十二次的第一次"星纪"对应斗宿和牛宿，第十一次"大火"对应氐宿、房宿和心宿。明末黄道星座传入中国后，人们也建立了十二次与黄道星座的对应关系，十二次的第一次"星纪"相当于摩羯座；第十一次"大火"相当于天蝎座，"大火星"实际就是天蝎座 α，它是一颗红巨星，农历七月的夜晚会早早落入西方地平，所以称"七月流火"，暗示天气转凉。

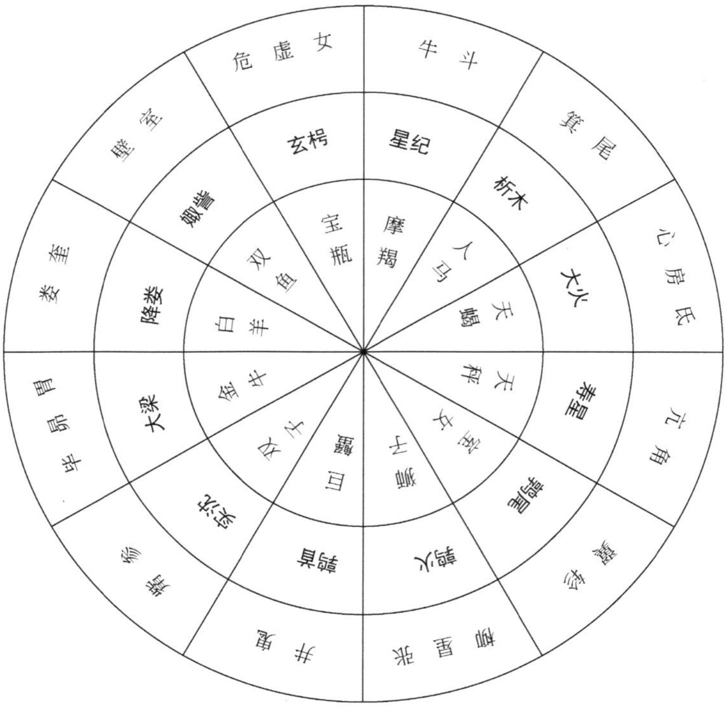

图 1-9　十二次、二十八宿与黄道星座的关系

三、中国星空区划的意义

（一）科学意义

星空区划为中国古人快速掌握全天恒星分布提供了重要参考，同时也为记录天象和跟

踪天体运动提供了简化的天球坐标，中国也成为世界上系统记录天象最早的国家。与此同时，中国是农耕文明古国，对授时编历有较高要求，日月的观测精度直接决定了历法的精度，星空区划方案为准确跟踪日月视运动奠定了坚实基础。

明代顾炎武在《日知录》中描述先秦时期人们的天文观测时曾提道："七月流火，农夫之辞也；三星在户，妇人之语也；月离于毕，戍卒之作也；龙尾伏辰，儿童之谣也"，生动地揭示了古人对星空区划的熟悉以及日常生产生活对天象观测的依赖。

（二）社会意义

在中国"天人合一"的文化背景影响下，星空区划的概念也延伸至政治宗教与和文化习俗等不同领域。

从政治角度而言，中国古代盛行分野制度，即将地上的诸侯国与天上的星宿对应起来，通过特定天区发生的天象来预测国运的兴衰。《周礼》对分野制度有这样的描述："保章氏掌天星，以志星辰、日月之变动，以观天下之迁，辨其吉凶。以星土辨九州之地，所封封域，皆有分星，以观妖祥。"分野制度实际是古代占星术在国家层次的体现。

从宗教角度而言，中国三大宗教中，道教最为崇尚自然，敬畏天地。道教认为"人法地，地法天，天法道，道法自然"。道教是典型的多神教。"诸星曜神"是道教神系的重要组成部分。道教对天上的星官拟人化，为之定姓名、服色和职位，顶礼膜拜。常见的星神包括斗姆元君，即北斗七星；四方之神，即四象；二十八星神，即二十八宿等，这些形象广泛地出现在道教建筑中。

从文化角度而言，中国星空区划方案为善于诗词歌赋的中华民族提供了丰富的创作素材，并一度成为时尚。苏轼《前赤壁赋》中的"月出于东山之上，徘徊于斗牛之间"，以及杜甫《赠卫八处士》中的"人生不相见，动如参与商"等，处处可见星空区划的概念。同时，民俗中"二月二，龙抬头"，也正是源于农历二月二，东方苍龙从地平上升起时的天象，最终演化成理发、吃龙须面等地方习俗。

第四节　简易星空区划

一、简易星区划分

为方便北半球地区的人们快速辨识星空，简易星空区划选择了最为醒目的包含亮星的20个常见星座，建立了全天星区的基本框架（图1-10）。

该区划方案中，全天恒星按照二分二至时太阳在黄道的投影点，即春分点、夏至点、秋分点、冬至点，划分为四瓣星区，每瓣星区跨越90°的天区，按照星区内的代表星座分别命名为仙后星区、御夫星区、大熊星区与天琴星区，简称"后御熊琴"。需要注意的是，我们总是在地球背对太阳的夜间观测星空，所以每个季节夜晚观测的代表星区，不是太阳的所在星区，而是太阳在天球上的所对星区。这样，春夏秋冬四季夜间可见的代表星区也就成了"熊琴后御"。

（一）四季代表星座

春季夜间的代表星区为大熊星区，包括大熊座、牧夫座、室女座、狮子座等主要星座。

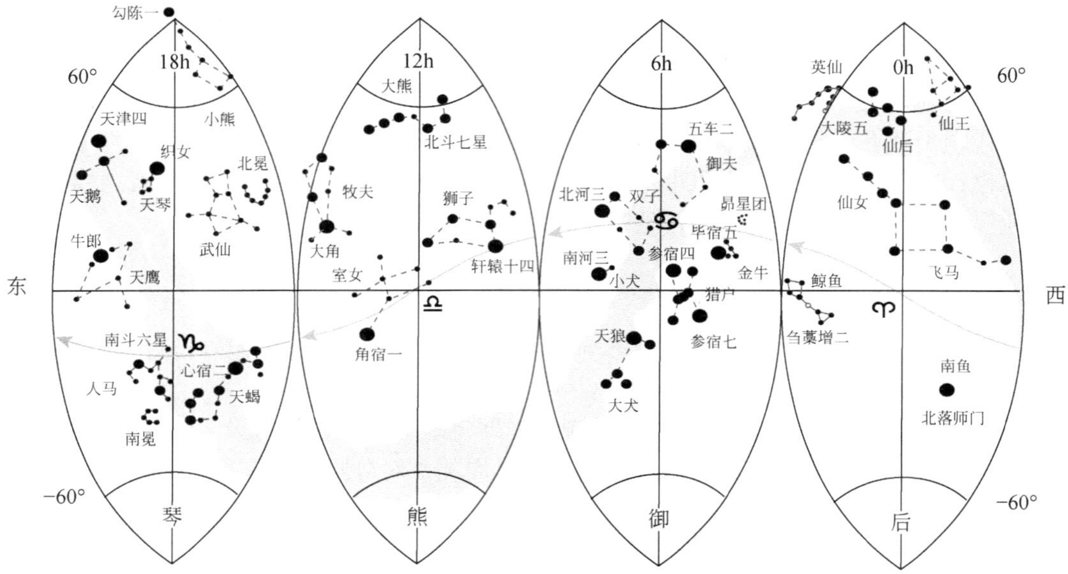

图 1-10　四季代表星座（修改自金祖孟和陈自悟，1997）

夏季夜间的代表星区为天琴星区，包括天琴座、天鹅座、武仙座、天鹰座、人马座、天蝎座等。秋季夜间的代表星区为仙后星区，包括仙后座、仙女座、飞马座、南鱼座等。冬季夜间的代表星区为御夫星区，包括猎户座、金牛座、御夫座、双子座、小犬座、大犬座等。

（二）四季代表亮星

天气情况不佳时，通常只能看到这些星座中的亮星，多数为星座中的 α 星，有独立的中文名（图 1-11）。

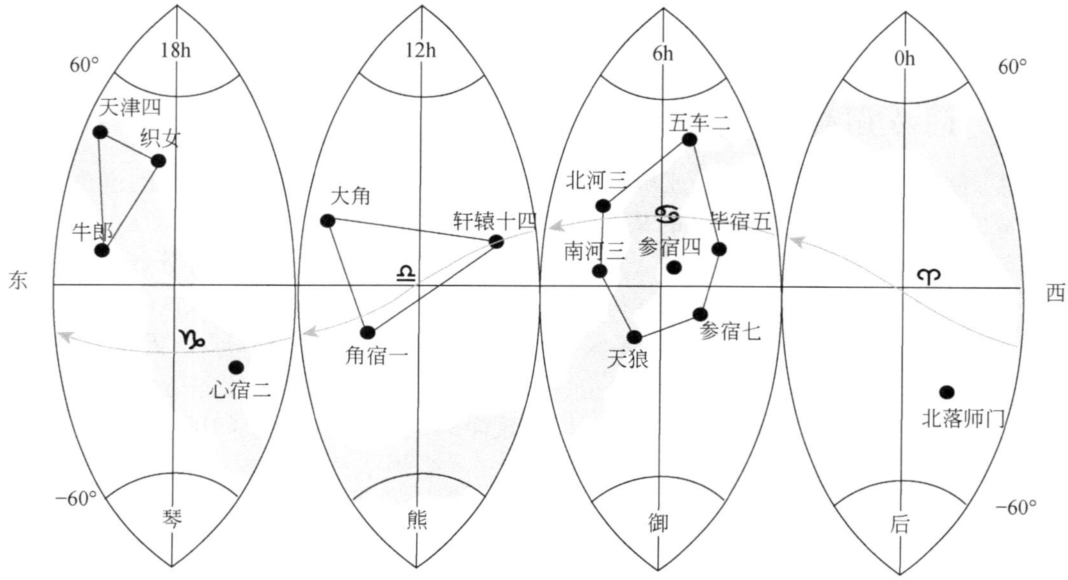

图 1-11　四季代表亮星（修改自金祖孟和陈自悟，1997）

春季大熊星区中的亮星主要有牧夫座的大角星、狮子座的轩辕十四及室女座的角宿一，俗称“**春季大三角**”。从大熊座北斗的勺柄延伸出来可依次看到大角和角宿一，也称“春季大弧线”。

夏季天琴星区中的亮星主要有天琴座的织女星、天鹰座的牛郎星（河鼓二）、天鹅座的天津四以及天蝎座的心宿二。北天的织女星、牛郎星及天津四，也被称为“**夏季大三角**”。

秋天的仙后星区较为黯淡，北天只有飞马座的四边形稍亮，所以也称“**秋季四边形**”，南天只有一颗孤独的亮星——南鱼座的北落师门。

冬季的御夫星区最为璀灿，包含6个星座的7颗亮星，分别是猎户座的参宿四与参宿七、金牛座的毕宿五、御夫座的五车二、双子座的北河三、小犬座的南河三和大犬座的天狼星，这七颗亮星构成了一个六边形，六边形的中心就是参宿四，所以也被称为“**冬季六边形**”或“冬季大花环”。

值得注意的是，此处四季代表亮星均指恒星。太阳系行星虽不发光，但可反射太阳光，有时比恒星还亮，但其在黄道上的位置不确定。夜间观测条件较差时，可能出现只看到较亮行星而看不到其他恒星的情况。

二、星座相互关系

我国大部分处于北半球中纬度地区，北斗七星大部分属于恒显星范围，四季都可以看到地平之上的北斗七星。我们可以通过北斗七星与四瓣星区的关系快速确定全天的星空分布（图1-12）。

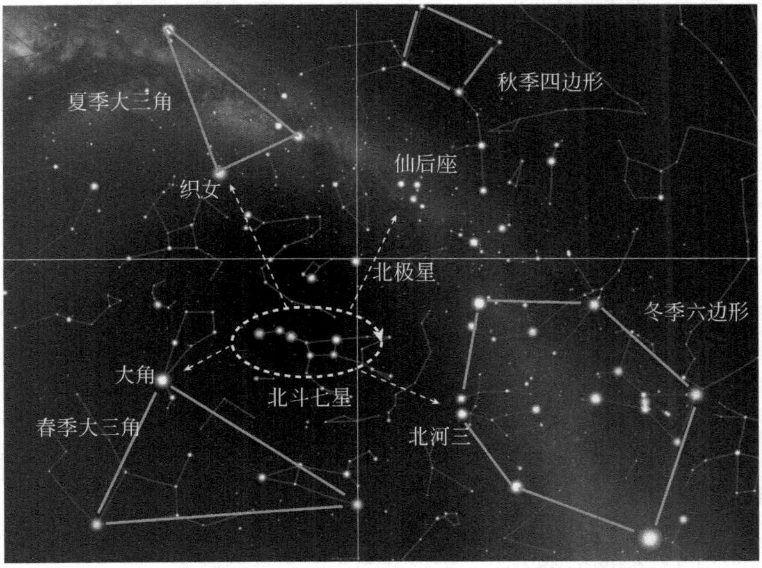

图1-12 北斗七星与四季星区的关系

如图1-12所示，北斗七星的勺柄通常延伸至大熊星区的牧夫座方向，而勺斗内侧靠勺柄方向可向上延伸至天琴星区的天琴座，勺斗外侧靠勺尖方向可向上延伸至北极星及仙后星区的仙后座，勺柄外侧向勺底方向可向下延伸至御夫星区的双子座。北斗七星就像夜空十字路口的路牌，从勺柄开始，顺时针依次指向大熊星区、天琴星区、仙后星区、御夫星区，即春夏秋冬的代表星区。

小　结

天球是地球周边的宇宙环境投影到无穷远处形成的理想圆球面。处于地平面之上的半个天球为天穹。恒星按其在天穹下的出没状况划分为恒显星、出没星与恒隐星。肉眼可见的6000多颗恒星在天球上组合成特定的星座或星宿，它们与地球所属不同层次天体系统的投影轨迹构成了星图。其中，地月系投影在白道附近，太阳系投影在黄道附近，银河系投影在银道附近，白道、黄道、银道与地球赤道延伸出的天赤道分别构成约28°35′、23°26′和62°36′的夹角。

国际星空区划方案以古希腊托勒密北天星空区划为基础，大航海时期补充了南天星空，后经合并删减形成现代通行的88个星座星空区划方案，其中北天星座29个，黄道星座12个，南天星座47个。中国古代确定了283个星官的星空区划方案，后又提出了紫薇垣、天市垣和太微垣的划分，并按照月球公转把白道星区划分为二十八宿，按照木星公转把黄道星区划分十二次。这些星空区划方案提供了简易的天球坐标系统，对我国古代天文观测及授时编历有重要意义，同时对我国政治、宗教及文化习俗也产生了深远影响。

简易星空区划以北半球春分、夏至、秋分和冬至太阳的所在星区，划分“后御熊琴”四瓣星区。四季夜晚观测的代表星区，是天球上太阳的所对星区，即“熊琴后御”。天气情况不佳时，四季只能看到代表星区中的亮星，分别构成“春季大三角”“夏季大三角”“秋季四边形”“冬季六边形”。北斗七星是北半球中纬度地区的恒显星，以北斗七星的勺柄指向为起始，顺时针旋转可依次找到春、夏、秋、冬的代表星区。

复　习

一、名词解释

天球　天穹　地平圈　恒显星　出没星　恒隐星　天赤道　白道　黄道　银道　黄道十二星座　黄道十二宫　步天歌　紫微垣　太微垣　天市垣　四象　东方苍龙　西方白虎　南方朱雀　北方玄武　二十八宿　十二次　太阳所在星区　太阳所对星区　仙后星区　御夫星区　大熊星区　天琴星区　春季大三角　夏季大三角　秋季四边形　冬季六边形

二、思考题

1. 如何区别夜间近地面的发光物体与天体？

2. 请思考地理纬度与恒显星、出没星与恒隐星范围的关系。

3. 观察天球仪并标注出天赤道、黄道和银道在天球上穿越的星座。

4. 观察天球仪并标注出天赤道与黄道、银道交叉处的星座。

5. 地球极地地区地平面与天赤道的夹角是多少？该地区地平面上的恒星属于出没星、恒显星还是恒隐星？

6. 查阅四季夜间代表星座室女座（春季）、天鹰座（夏季）、英仙座（秋季）和猎户座（冬季）对应的希腊神话故事。

7. 简述国际星空区划方案的发展历程。

8. 简述中西星空区划方案发展的相似之处。

9. 说明黄道十二星座、二十八宿与十二次的联系与区别。

10. 列举日常生活中涉及中国古代星空区划概念的场合。

11. 中国古代常通过“夜半中星”确定季节，它属于太阳所在星区还是所对星区？

12. 列举简易星空区划中“后御熊琴”四瓣星区的主要星座与亮星。

13. 绘制简易星图并标注天赤道、黄道与银道的位置。

14. 绘图说明北斗七星与四季代表星区的关系。

第二章　天体跟踪

导　　语

天体位置的确定及视运动跟踪是天体测量学的主要内容，也是天文研究最基础的层次。借助天球坐标系，天体测量学可精确测定恒星在天球上的位置，同时也可跟踪日、月、行星在天球上的视运动，为开展星空区划和授时编历奠定基础。

第一节　球面坐标系

基于坐标系确定物体位置的思想最早源于法国的笛卡儿。他通过具有原点、x 轴、y 轴的平面直角坐标系测量点在平面上的位置。然而，地球科学和天文学中，涉及地球和天球表面位置的确定，更多采用球面坐标系（图 2-1）。

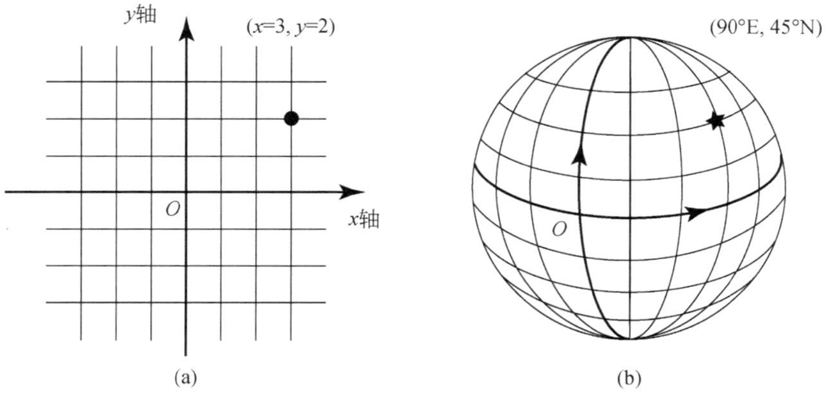

图 2-1　平面坐标系与球面坐标系

一、球面坐标系的构成

球面坐标系是为确定目标在球面上的相对位置而构造的坐标系。不同于平面坐标系度量的是开放空间，球面空间是相对封闭的，两者度量方式上也有所区别。球面坐标系的主要构成要素包括：基圈、始圈、原点及经纬度（图 2-2）。

（一）基圈、始圈与原点

基圈是过球心的大圆。通常以基圈的名称命名球面坐标系。辅圈是过球心且垂直于基圈的半圆。过原点的辅圈称为始圈，过目标点的辅圈称为终圈，基圈与终圈的交点为介点。极点是过球心垂直于基圈的直线与球面的两个交点。

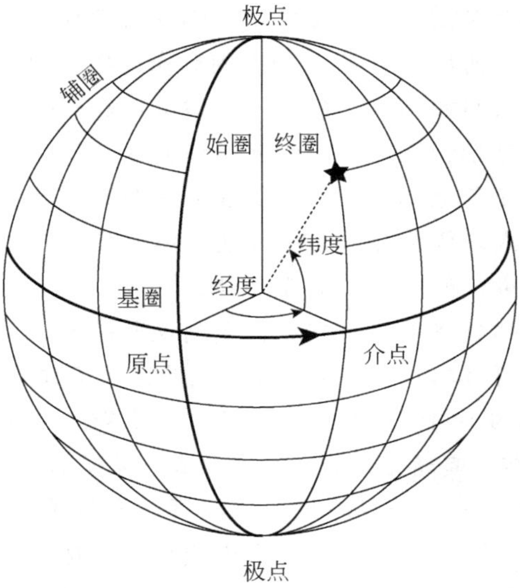

图 2-2　球面坐标系的基本要素

（二）经纬度及其度量

球面坐标系的度量值为纬度和经度，纬度是目标点到球心的连线与基圈的线面角。纬度通常从基圈向两极点度量，基圈纬度为 0°，基圈之上的极点纬度为 90°，基圈之下的极点纬度为 –90°，范围为 –90° ～ 90°。经度是始圈与终圈之间的夹角，经度通常从原点沿基圈顺时针或逆时针度量，范围为 0 ～ 360°。经纬一词来源于中国古代纺织业，通常垂直排列的丝为经，水平排列的丝为纬。古人织布时通常先垂直排列经线，再用梭子左右穿梭编织纬线。设置球面坐标系的目的就是要通过“经纬线”去“经天纬地”，为地球和天球表面的物体和天体位置测量提供参考。

二、常见的球面坐标系

地球科学和天文学常用的球面坐标系包括地理坐标系与天球坐标系，前者用于地表位置确定及地物运动跟踪，后者用于天体位置确定及天体运动跟踪。需要注意的是，地球表面是实际存在的，天球表面是为了模拟人类视觉效果而假定的。天球坐标系跟踪的是天体在天球表面的视运动，并非天体的实际空间运动。我国古代宇宙学说“浑天说”的代表作《张衡浑仪注》中写道：“浑天如鸡子，天体圆如弹丸，地如鸡子中黄，孤居于天内，天大而地小。天表里有水天之包地，犹壳之裹黄……天转如车毂之运也，周旋无端，其形浑浑，故曰浑天”。浑天说阐明了天球与地球的关系，建立了球面天文测量的基本框架，对我国古代天象观测与预报起到了重要作用。

浑仪与古观象台

浑天说的兴起促进了浑仪的制造与广泛使用。浑仪是由不同的铜铸圆环构成的圆圈系统，实际是不同基圈与始圈的天球坐标系，用于度量天体位置及跟踪天体运动。浑仪的制造最早始于西汉天文学家落下闳。唐代天文学家李淳风设计了精密完善的浑仪，整个仪器分为三层，外层叫六合仪，包括地平圈、子午圈和赤道圈。中层叫三辰仪，是由白道环、黄道环和赤道环构成。里层叫四游仪，包括一个四游环和窥管，用以跟踪和观测天体坐标变化。李淳风的浑仪过于复杂，圆环之间相互遮掩天区，影响天体观测。北宋沈括取消了白道环，元代郭守敬取消了黄道环，并把浑仪分为两个独立的仪器——简仪和立运仪。浑仪通常与浑象配合使用，或与浑象合二为一构成“浑天仪”，浑象侧重于天象演示，浑仪侧重于天文测量，是我国古代天文台的常备仪器。

北京古观象台是迄今建筑保存最为完整、观测仪器最为齐全、连续观测历史最为悠久的天文台。古观象台始建于1442年，是明清两代的国家天文台。上设8架天文仪器，台下陈设有圭表和漏壶。1669～1674年，由康熙皇帝授命，比利时传教士南怀仁设计和监造了其中6架：赤道经纬仪、黄道经纬仪、地平经仪、象限仪、纪限仪和天体仪。1715年，德国传教士纪理安设计制造了地平经纬仪。1744年，乾隆皇帝又下令按照中国传统浑仪形式，建造了“玑衡抚辰仪”。这8架天文古仪造型、花饰、工艺具有中国传统，刻度、游表、结构等又反映了文艺复兴以后西欧大型天文仪器制造的成就，是东西方文化交流的历史见证。

第二节　地理坐标系

地理坐标系是适用于地表的球面坐标系，是日常使用最为广泛的球面坐标系。

一、地理坐标系的构成

（一）基圈、始圈与原点

地理坐标系的基圈是过地心且垂直于地球自转轴的平面与地球表面的交线，即我们常说的“**赤道**”；地理坐标系的辅圈是过地心垂直于赤道的半圆，称为经圈或经线。始圈是过地理坐标系原点的经线，称为**本初子午线**，该平面又称本初子午面；终圈是过测量点当地的经线，也称为**本地子午线**，该平面又称为本地子午面。地理坐标系的极点是地球自转轴与地球表面的交点，北冰洋附近的极点为地理北极点，南极洲附近的极点为地理南极点。地理坐标系的**原点**即赤道与本初子午线的交点，具体位于尼日利亚南部海域，也称非洲的“腋窝”。

本初子午线的确定

本初子午线的位置是人为划定的。19世纪以前，穿行于美洲与欧洲的航海家们，以大西洋耶罗岛，即西经17°39′46″作为本初子午线。19世纪上半叶，各国开始以本国天文台所在地的经线为本初子午线。1851年，英国皇家天文学家艾里提出以格林尼治天文台的本地子午线作为本初子午线，并为大部分航海船队所采用。1884年，美国华盛顿召开的国际子午线会议正式确定其为国际标准。法国代表在此次会议上投票时弃权，所以1911年之前法国仍以巴黎子午线作为经度起点。1957年以后，格林尼治天文台迁址，国际上改用多个测量稳定性好的天文台来反算本初子午线的位置。

（二）地理经纬度量

地理纬度是目标点到地心的连线与地球赤道的夹角，从赤道分别向地理北极和南极度量，范围分别为 0° ～ 90°N、0° ～ 90°S，读作北纬或南纬多少度 [图 2-3（a）]。重庆主城区的地理纬度为 29°N，即北纬 29 度。

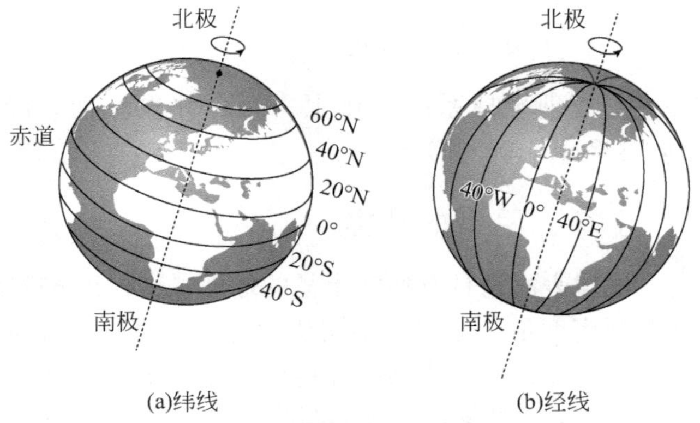

图 2-3　地理坐标系

地理经度是本初子午面与本地子午面的夹角，从本初子午线向东西分别度量，范围分别为 0° ～ 180°E，0° ～ 180°W（180°E 与 180°W 重合），读作东经或西经多少度 [图 2-3（b）]。重庆主城区的地理经度约 106°E，即东经 106 度。

最早的经纬度地图

通过经纬网确定地理位置的思想，最早源于公元前 334 年亚历山大时期的随军地理学家尼尔库斯。他根据昼长的时空分布绘制了具有经纬线的地图。公元前 224 年，亚历山大图书馆馆长埃拉托色尼绘制了具有 7 条经线 6 条纬线的世界地图。公元 120 年，托勒密通过 8000 个地点的经纬度测量数据绘制了扇形的“托勒密地图”。18 世纪，随着机械钟表精度的提高，利用地方时反推经纬度的方法开始引入到地图制作中，从而开始出现现代意义上的地图。

（三）地理方向定义

方向即人们日常生活中常说的“东南西北”，是地理经纬度度量的重要参考。从区域而言，方向的定义似乎是相对的，我国北方老百姓常通过方位表示地物的相对位置，如“天安门的南边是前门，天安门的东面是王府井”。然而，从全球而言，南北的定义是绝对的，以固定的极点为参照，越接近地理北极点越北，越接近地理南极点越南。东西的定义是相对的，地球自转的前方为东，后方为西。这种南北的绝对性和东西的相对性使地球上呈现出“南辕北辙”和“西行东达”的现象。此外，中国古代通常用十二地支来记录方向，以卯、酉、午、子分别表示东、西、南、北（图 2-4），所以连接南北两极的经线也被称为“子午线”。

图 2-4　司南

二、地理坐标系的应用

（一）位置的确定

在地理坐标系的使用上，通常纬度在前，经度在后。如重庆的地理坐标可表示为（30° N，106° E）。

（二）距离的估算

地球表面是具有特定半径的球面，半径约 6371km。地理坐标系除了角度度量外，还涉及距离度量。法国人早期认为地球赤道 1 圈有 400°，每度有 100'，并把其中 1' 的长度定义为 1km，后来成为国际通用的距离单位。所以地球的赤道（也就是 0° 纬圈）的周长为 40000km，纬圈向两极逐渐收缩。完整的经圈的长度也是 40000km，但不同经圈的长度相似。

地球表面上同一经圈上 1° 纬度差对应的距离为 40000km 的 1/360，约 111km，但同一纬圈上 1° 经度差的距离与纬度余弦成正比。例如，重庆纬度约 30°N。该纬线上 1° 经度差就是 $111 \times \cos 30°$（km），约 97km。记住这些基本数字，可以帮助我们在有经纬网的地图上快速估算两地之间的距离。

最早的子午线测量

埃拉托色尼是古希腊的数学家、天文学家和地理学家。公元前 224 年，埃拉托色尼发现，夏至正午观测太阳时，北回归线附近的阿斯旺，太阳正好在天顶位置；而北部同一子午线的亚历山大港，太阳却在天顶以南 7.2°。他认为这个差值就是亚历山大港与阿斯旺的纬度差造成的，并由此推算出地球一圈子午线的长度为 39690km，十分接近现代测量值（图 2-5）。

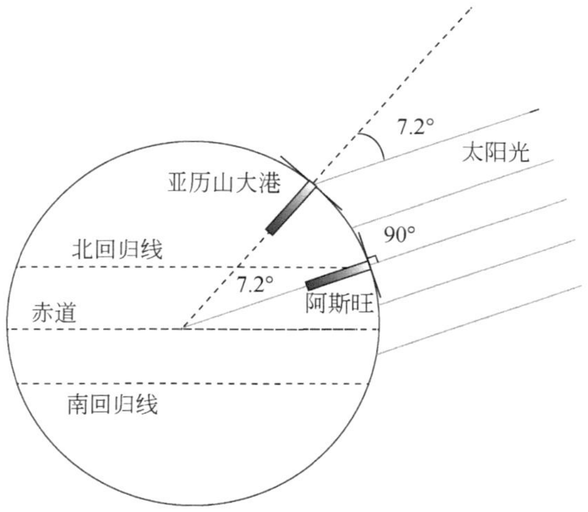

图 2-5　子午线测量原理

张遂是我国唐代天文学家和佛学家，法号“一行”。他曾主持编制《大衍历》，同时在仪器制造、天象观测和大地测量方面也有杰出贡献。张遂为验证浑天说中“日影千里差一寸”的推断，开展了北到蒙古国，南至越南的大地测量工作，其中太史监南宫说负责河南的测量工作。他发现东经114°附近，黄河两岸的滑县到上蔡相距526.9里（唐代1里≈454.2m）时，两地日影差已达2寸（唐代1寸≈3cm），不符合浑天说的推断。与此同时，他还发现该条测线上相距351里，天北极的高度相差1°，这实际上给出了地球上1°子午线的长度。

第三节 天球坐标系

天球是以地球等为观测中心的理想圆球面。然而，地球自身也在发生自转和公转，周边天体也在发生运动，天球坐标系的设置除了确定天体的静态位置，更重要的是跟踪天体在天球上的视运动。

一、天体视运动的类型

（一）天体视运动的成因

天体的视运动（apparent motion）是我们在运动的地球上观测周边天体在天球上的轨迹变化。这种视运动本质上是地球与周边天体相对运动的结果。地球运动包括自西向东的快速自转及缓慢公转，但地球周边天体的运动方式各有不同。为了便于讨论，将地球周边可观测的天体划分为四种：太阳系外的恒星，太阳系内的太阳、行星及月球。这四类天体中，恒星位置相对固定，太阳也相对固定，行星绕太阳公转，月球绕地球公转。

我们在运动的地球上观测周边天体的运动，就像航展时做翻滚特技的飞行员，短时间内可能只能看到周边物体在做与自身翻转方向相反的运动，长时间内每次面向地面时才能看到地面物体的相对移动。同样地，我们在快速自转的地球上观测周边天体时，首先看到是与地球快速自转方向相反的周边天体的逆运动，即**天体的周日视运动**。其次，当我们每次自转到面向周边天体时，才能分辨出天体相对于地球公转的运动，即**天体的周年视运动**。

（二）天体周日视运动

1. 天体周日视运动形式

天体周日视运动是地球快速自转导致周边所有天体每天平行于天赤道自东向西的视运动。天体周日视运动实际就是地球自转的逆运动。因为地球自转轴垂直于赤道面，自转方向自西向东，所以天体周日视运动的轨迹也平行于天赤道，方向自东向西，周期是1天，角速度为15°/h。

2. 天体周日视运动观测

天体周日视运动是日月星辰最直观的视运动，可在每天不同时刻直接观测（图2-6）。白天我们可以观测到太阳的周日视运动，夜间我们可以观测到恒星、行星及月球的周日视运动。人们夜间拍摄的绚烂星轨就是星空周日视运

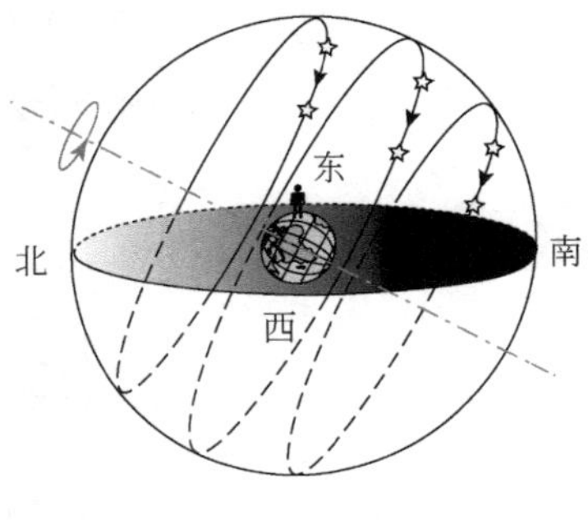

图2-6 天体周日运动的观测

动的体现。

因为不同纬度的地平面与天赤道的夹角不同，所以地平面与天体周日视运动轨迹的夹角也不同（图 2-7）。特定纬度地区天体视运动轨迹与地平圈的夹角是当地纬度的余角。例如，北纬 30° 的地区，周日运动轨迹与地平面的夹角是 60°。

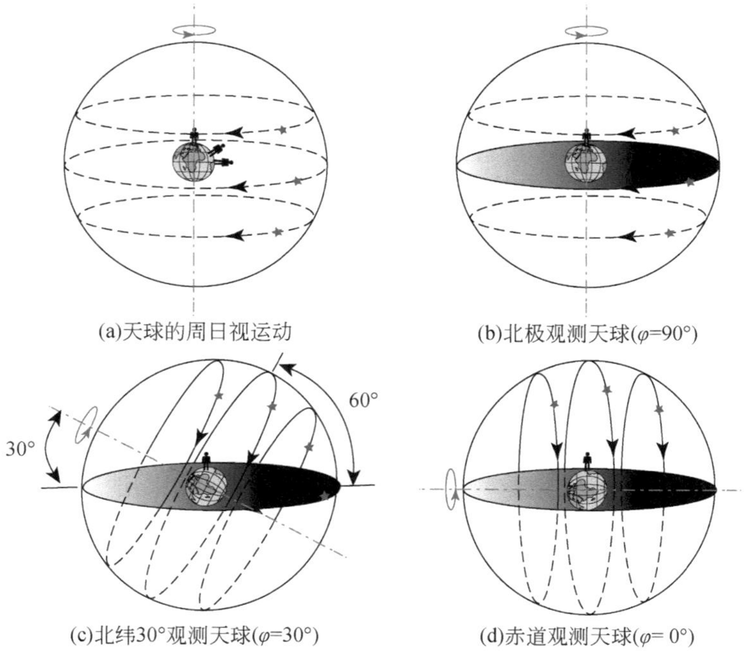

图 2-7　不同纬度的天体周日视运动

此外，受人类视野所限，特定地区不同方向的天体周日视运动形式也不尽相同（图 2-8）。以北半球中纬度为例，面向东方时，天体通常自下而上升起；面向西方时，天体通常自上而下落下；面向北方时，天体围绕北极星做逆时针旋转；面向南方时，天体通常自左向右横过天空。这些不同的周日视运动形式可用来帮助人们辨别方向。

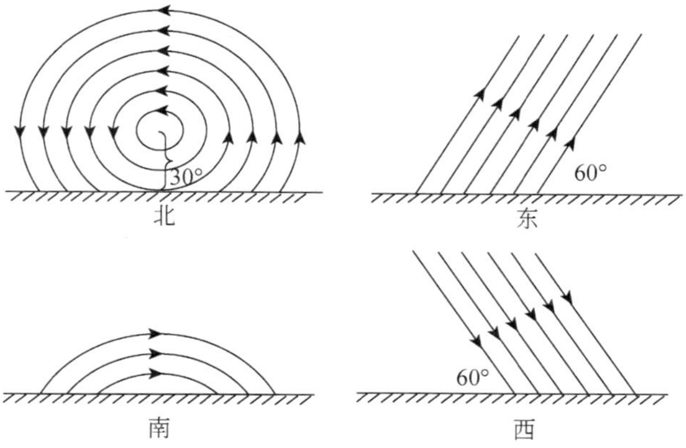

图 2-8　30°N 不同方位天体周日视运动

（三）天体周年视运动

1. 天体周年视运动的形式

天体的周年视运动是因为地球及周边天体公转导致天体在天球投影位置的变化。跟踪天体的周年视运动首先需屏蔽地球快速自转的影响，也就是说，地球自转停止以后，从公转的地球上看到的周边天体的视运动就是天体的周年视运动。因为地球周边天体类型、距离及空间运动方式不同，天体的周年视运动形式可分为两类：一类是太阳系外的远距离恒星，一类是太阳系内的太阳、行星与月球（图 2-9）。

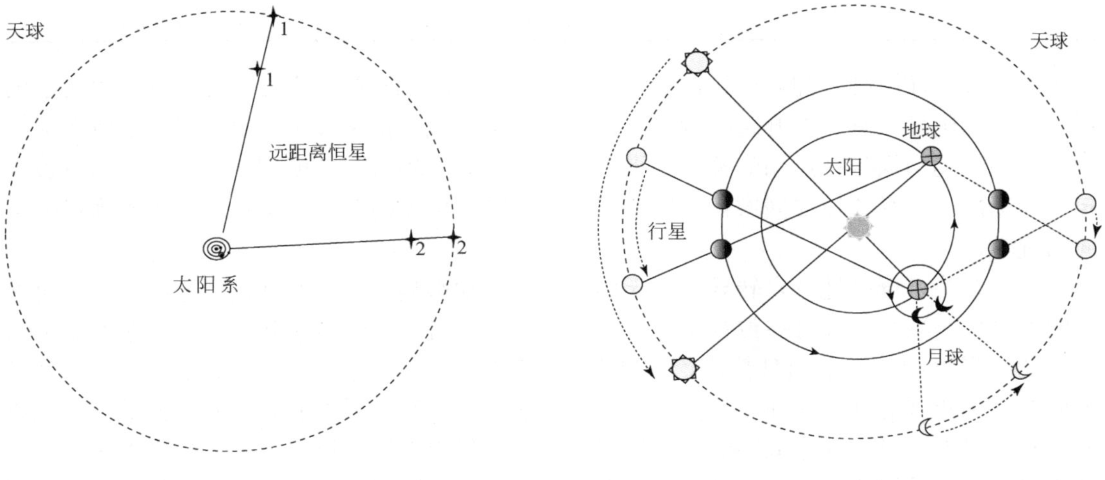

(a)太阳系外的远距离恒星　(b)太阳系内的太阳、月球与行星

图 2-9　天体的周年视运动

太阳系外的恒星距离地球较远，最近的恒星半人座 α 与太阳系的距离是日地距离的 27 万倍。这使得地球公转时恒星的投影位置变化很小，常称作“周年视差”，肉眼不能分辨，所以恒星没有明显的周年视运动。例如，“北斗七星”四季看着都像一个“斗”，其中的恒星没有明显的相对运动。然而，太阳系内的太阳、月球和行星则具有明显的周年视运动。首先，太阳虽然空间位置相对固定，但因为地球自西向东绕太阳公转导致太阳投影位置也会自西向东运动，运动的轨迹就是黄道，运动周期为一年。其次，行星与地球均自西向东绕太阳公转，但地球轨道内的行星公转速度比地球快，地球轨道外的行星公转速度比地球慢，这使得地球上看行星的周年视运动大部分时候也是向东，只有少数时候会出现向西的逆行，运动的轨迹也是在黄道附近，运动周期可从几个月到几十年不等（具体见第八章）。最后，月球自西向东绕地球公转，从地球上看月球，月球的投影位置也会自西向东运动，运动轨迹是在黄道附近的白道上，运动周期约 1 个月。

因此，天体的周年视运动的形式通常表现为因地球公转、行星公转及月球公转导致的太阳系天体相对于背景恒星沿黄道大体自西向东的运动（表 2-1）。

2. 天体周年视运动的观测

天体缓慢向东的周年视运动通常被快速向西的周日视运动掩盖。以月球为例，月球向西的周日视运动角速度为 15°/h（每天 360°），但向东的周年视运动角速度只有 0.55°/h（每

表 2-1　天体周日与周年视运动的比较

比较项	周日视运动	周年视运动
成因	地球自转	天体公转
主体	所有天体	太阳系天体
轨迹	平行于天赤道	大体沿黄道
方向	自东向西	大体自西向东
速度	快速	缓慢
周期	一日	多日
观测	每日不同时刻直接观测	多日相同时刻间接观测

天 13.2°），所以我们观测到月球的视运动还是以月球向西的周日视运动为主，而向东的周年视运动则导致月亮的升起时刻逐日推迟。我国古代宇宙学说——盖天说为了解释天体的周日视运动与周年视运动的关系，设想出一种“磨上蚂蚁”的模型。该模型认为有着周年视运动的太阳系天体如同磨盘上的蚂蚁，虽然蚂蚁可能向东缓慢爬行，但仍被磨盘带着向西旋转。

所以，为了屏蔽地球自转导致的天体周日视运动影响，我们通常选择连续几日的每晚相同时刻去观测行星和月亮位置（图 2-10），这样才可以看到行星和月球相对于背景恒星向东的缓慢移动。太阳相对其背景恒星也有类似的移动，黄道穿越的 12 个星座实际就是太阳向东周年视运动的例证。然而，太阳通常在白天观测，强烈的太阳光会掩盖其背景星座，我们只能通过天球上太阳的所对星区，也就是午夜看到的星座——“夜半中星”，来间接跟踪太阳的周年视运动。先秦道家经典《鹖冠子 · 天权篇》中说：“春用苍龙，夏用赤鸟，秋用白虎，冬用玄武”，正是揭示太阳周年视运动导致的夜半中星变化。

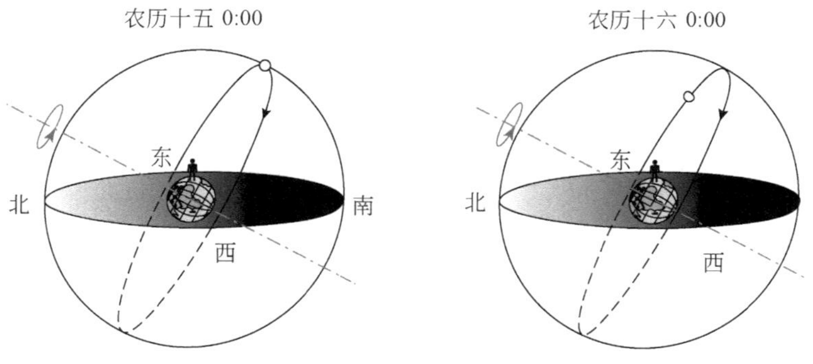

图 2-10　天体周年视运动的观测

二、天球视运动的描述

为描述和度量天体的周日和周年视运动，天文学在天球上选择了不同参考圈和参考点，并以此为基础构造天球坐标系。天球坐标系的差别主要体现在基圈的选择上，并以此命名天球坐标系。常见的基圈包括地平圈、天赤道与黄道。地平圈是过地心垂直于当地铅垂线的平面与天球的交线，可近似为地球上特定地区的地平面，即当地的切面，具有区域变化。天赤道和黄道都是唯一的，与地理位置无关，没有区域变化。

（一）跟踪周日视运动的圈点

为了描述天体在特定地平面之上天球上的周日视运动，通常需要明确特定地区地平圈与天赤道的关系（图 2-11），并以此为基础产生一系列辅助度量的圈点系统。天赤道和地平圈除各具一对极点外，通常还会相交产生一对交点和远距点（两平面相距最远处）。地平圈的极点为天顶（Z）与天底（Z'），即观测者头顶和脚下延伸到天球上对应的点。天赤道的极点是天北极（P）与天南极（P'）。地平圈上的四个方位点，东点（E）、南点（S）、西点（W）、北点（N），分别代表地平面四个方向，自东向西顺时针排列，每个点相隔 90°。其中，东、西点是天赤道与地平圈的交点，天赤道在地平圈之上的点为上点（Q），天赤道在地平圈之下的点为下点（Q'），它们与地平圈上的南、北点互为远距点。天体周日运动轨迹就是一系列平行于天赤道的圆圈。

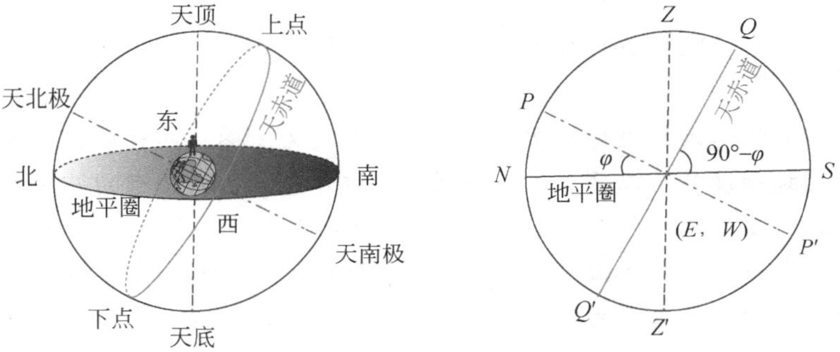

图 2-11　跟踪周日视运动的圈点系统（三维与二维视图）

地平圈与天赤道的关系具有区域性，它们之间的夹角等于当地纬度的余角。以 30°N 为例，天赤道与地平圈的夹角等于 60°，地平之上的极点为天北极（P），极轴与地平圈的夹角为 30°，天赤道向南倾斜。反之，若是 30°S，天赤道与地平圈的夹角仍等于 60°，但地平之上的是天南极（P'），极轴与地平圈的夹角仍为 30°，天赤道向北倾斜。

跟踪天体周日视运动的坐标系常以地平圈或天赤道为基圈，并设置垂直于基圈且相互垂直的两组辅圈辅助度量。基圈为地平圈时，过东点、西点的辅圈称为卯圈、酉圈，合称为卯酉圈。过北点、南点的辅圈称为子圈、午圈，合称为子午圈。而基圈为天赤道时，过东点、西点的辅圈分别称为东六时圈、西六时圈，合称为六时圈。过下点、上点的辅圈分别称为子圈、午圈，也合称为子午圈。两子午圈处同一平面，前者以天顶和天底为界，后者以天北极和天南极为界。

（二）跟踪周年视运动的圈点

为了描述天体在天球上的周年视运动，则需要绘制天球上天赤道和黄道的关系（图 2-12）。天赤道和黄道都位于天球之上，与地球自转无关，没有区域差异，它们之间有固定的黄赤夹角 23°26′。天赤道的极点仍是天北极（P）与天南极（P'）。黄道的极点是黄北极（K）和黄南极（K'）。黄道有四个参考点，分别是春分、夏至、秋分和冬至时太阳的投影点，自西向东逆时针排列，每个点相隔 90°，用该点附近的黄道星座标注，春分点用白羊座♈表示，夏至点用巨蟹座♋表示，秋分点用天秤座♎表示，冬至点用摩羯座♑表示。天赤道与黄道相交于春分点和秋分点（因为二分日太阳直射赤道，此时太阳既在黄道上也在天赤道上），天赤道上的无名点与黄道上的二至点互为远距点。

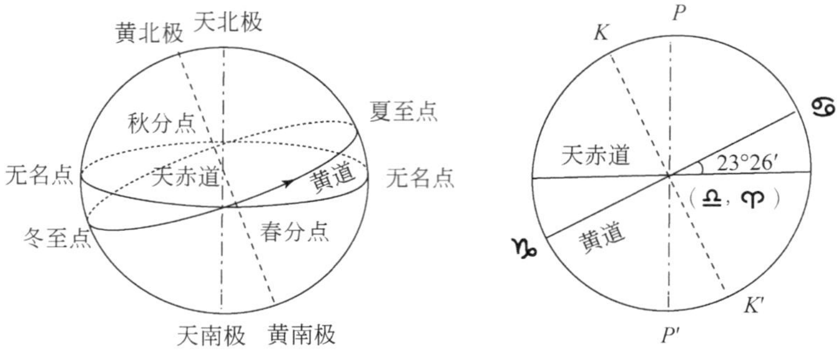

图 2-12　跟踪周年视运动的圈点系统（三维与二维视图）

跟踪天体周年视运动的坐标系常以天赤道或黄道为基圈，同样设置垂直于基圈且相互垂直的两组辅圈辅助度量。以天赤道为基圈时，过春分点、秋分点的辅圈称为春分圈、秋分圈，合称为二分圈。过无名点的辅圈，因恰好过夏至点、冬至点，称为夏至圈、冬至圈，合称为二至圈。而以黄道为基圈时，过二分点的辅圈合称为无名圈，过二至点的辅圈合称为二至圈。同样，两个二至圈同处一平面，前者以天北极和天南极为界，后者以黄北极和黄南极为界。

（三）天球的方向与角度

1. 天球上的方向

天球方向的定义依赖于地球方向的定义，地轴经地理北极延伸到天球上的点就是天北极，地轴经地理南极延伸到天球上的点就是天南极，越靠近天北极就越“北”，越靠近天南极就越“南”。天球以天球周日视运动的前方为“西”，后方为“东”。所以，“北天”也多出现在“地北”，“东天”也多出现在“地东”。然而，需要注意的是，地图通常是俯视视图，星图是仰视视图，地图方向是“上北下南，左西右东”，星图方向是“上北下南，左东右西”，只有把星图举过头顶观测时才能与地表方向相对应（图 2-13）。

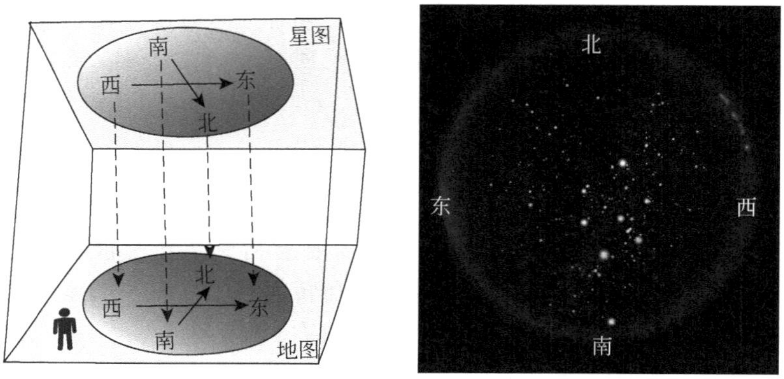

图 2-13　星图的方向

2. 天球上的角度

天球半径无穷大，天球上天体位置之间只有角距离，没有线距离。从地球上而言，天体之间的角距离相当于人眼观测不同天体视线方向之间的夹角。类似地，当地球上观测具有视面的太阳或月亮时，观测者眼睛与日月直径两端的视线夹角称为角直径。日常观星时，可将自己的手伸向天空，作为丈量天体角距离或角直径的“量天尺”（图 2-14）。例如，小拇指挡住的天区两侧角距离就是 1°，可遮挡住角直径为 0.5° 的太阳或月亮。食指和中指张开约 5°，食指与拇指张开的一拃约 15°。通常手臂长度约 60cm 时，手指或手指间宽度的厘米数约等于角距离的度数。例如，拇指宽度是 2cm，能覆盖的天区两侧角距离约为 2°，食指与拇指张开一拃的距离是 15cm，能覆盖的天区两侧角距离约为 15°。太阳周日视运动的角速度是 15° /h，相当于每小时向西运动一拃的角距离。

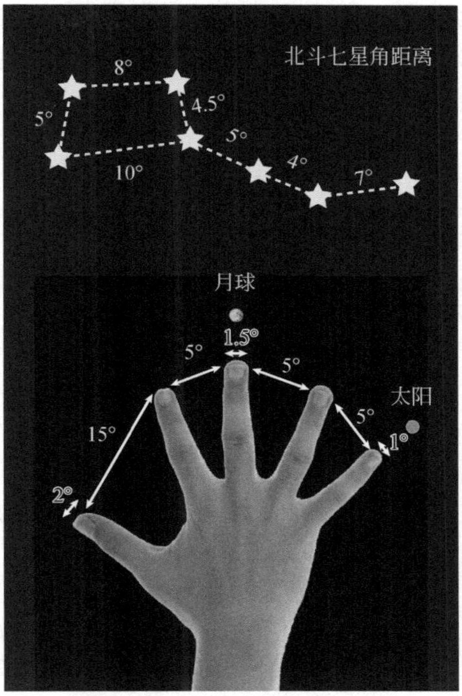

图 2-14　天体角距离的度量

三、地平坐标系与时角坐标系

地平坐标系与时角坐标系是跟踪天体在特定地区地平面之上周日视运动的天球坐标系，前者多用于日常生活，后者多用于授时（图 2-15）。

（一）地平坐标系

人们生活在地平面上，以地平圈为基圈的地平坐标系是设计最为直观、使用最为广泛的天球坐标系。人们常说的“日出东方”或者“日上三竿”，实际就是太阳周日视运动过程中地平坐标值的口语化表达。

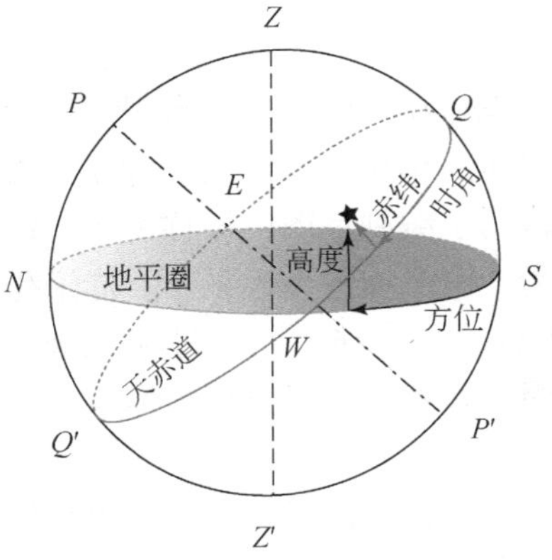

图 2-15　地平坐标系与时角坐标系的度量

1. 圈点构成

地平坐标系的基圈是地平圈，原点为南点，始圈是子午圈中靠南点的午圈（测量学中常以子圈为始圈）。子午圈连接南点、北点、天顶和天底，是天体周日视运动过程的重要标志线，相当于不同天体周日视运动轨迹的中点连线，天体每天两次通过子午圈，通过子午圈的时刻称为“**中天**”，通常把靠近天顶的一次称为“**上中天**”，靠近天底的一次称为“**下中天**”。

2. 度量方式

地平坐标系的纬度称为高度，用 h 表示。从地平圈向天顶和天底度量，地平圈之上为正，天顶为 90°；地平圈之下为负，天底为 –90°。地平坐标系的经度称方位，

用 A 表示，为跟踪天体向西的周日视运动，方位值从午圈沿地平圈向西度量，南点、西点、北点、东点所在辅圈的方位值分别是 0°、90°、180°、270°，从而实现天体周日视运动过程中方位值的“与时俱增”。

（二）时角坐标系

虽然地平坐标系形象直观，但因天体周日视运动轨迹平行于天赤道，与地平圈具有一定夹角，沿地平圈度量的天体方位值变化并不均匀，天体中天时方位值变化快，出没地平圈时方位值变化慢。时角坐标系是以天赤道为基圈来跟踪天体周日视运动的天球坐标系，也称为“第一赤道坐标系”，该坐标系保持坐标值“与时俱增”的同时，也保障了坐标值流逝均匀，可用来授时。

1. 圈点构成

时角坐标系相对于地平坐标系，基圈从地平圈变换为天赤道，原点从地平圈的南点变成了天赤道的上点，极点从天顶和天底变成了天北极和天南极，始圈仍是午圈（图 2-15）。

2. 度量方式

时角坐标系的纬度为赤纬，用 δ 表示。天赤道的赤纬为 0，天赤道之南为负，天南极为 –90°；天赤道之北为正，天北极为 90°。时角坐标系的经度为时角，用 t 表示，因时角坐标多用于授时，通常直接以时间单位表示。时角从午圈沿天赤道向西度量，每 15° 相当于 1h，天赤道上的上点、西点、下点、东点所在辅圈的时角值分别为 0h、6h、12h、18h。因为天体周日视运动轨迹平行于天赤道，这种度量方式不仅保持了天体周日视运动过程中时角值的“与时俱增”，还保障了其流逝均匀。

四、赤道坐标系和黄道坐标系

赤道坐标系和黄道坐标系是区分不同恒星位置及度量天体在天球上相对运动的坐标系，两坐标系的共同原点设定在天球上，与地球自转无关。通常用于编制星图和跟踪太阳系天体在天球上向东的周年视运动。

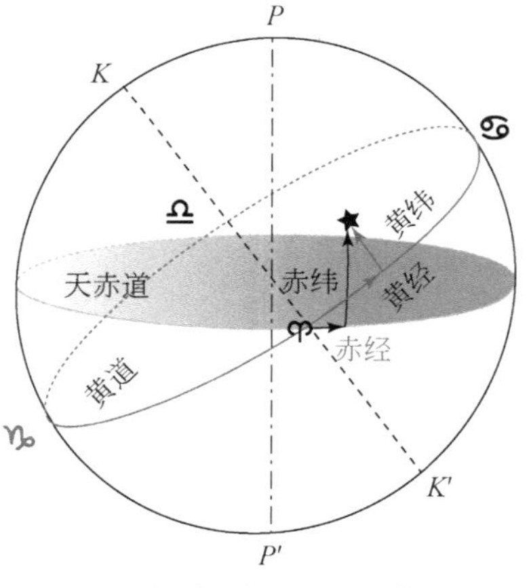

图 2-16　赤道坐标系与黄道坐标系的度量

（一）赤道坐标系

1. 圈点构成

恒星没有明显的周年视运动，但天球上有很多不同的恒星，为了区分恒星之间的相对位置，人们设立了赤道坐标系。赤道坐标系常用于编制星图，被称为天上的“地理坐标系”，也称为“第二赤道坐标系”。赤道坐标系也是以**天赤道**为基圈（图 2-16），以过天北极、天南极和春分点的**春分圈**为始圈，以**春分点**为原点。

2. 度量方式

赤道坐标系的纬度仍为赤纬 δ，与时角坐标系相同。经度为赤经，用 α 表示，也是以时间单位计量。赤经从春分点沿天赤道向东度量，赤道上的春分点、无名点、秋分点、无名点所在辅圈的赤经依次为 0h、6h、12h、18h，从而保证天球上不同恒星的赤经向东递增，同时使具有明显周年视运动的太阳系天体赤经“与日俱增”。简易星空区划方案中，全天星区的划分正是按照中央赤经 0h、6h、12h、18h 自西向东划分为仙后、御夫、大熊和天琴星区，每星区赤经跨度范围为 6h。

（二）黄道坐标系

太阳系天体的周年视觉运动轨迹多沿黄道运行。以黄道为基圈的黄道坐标系度量太阳系天体的周年视运动更为直接。

1. 圈点系统

黄道坐标系相对于赤道坐标系，基圈从赤道沿二分点旋转变成了黄道，对应的极点也从天北极和天南极变成黄北极和黄南极，黄道坐标系的原点也是春分点，但始圈从春分点引向天极的春分圈变成了从春分点引向黄极的无名圈（图 2-16）。

2. 度量方式

黄道坐标系的纬度为黄纬，用 β 表示。黄道黄纬为 0°，黄道以北（与天北极同侧）为正，黄北极为 90°；黄道之南（与天南极同侧）为负，黄南极为 –90°。黄道坐标系的经度为黄经，用 λ 表示。黄经从春分点沿黄道向东度量，春分点、夏至点、秋分点和冬至点所在辅圈的黄经分别为 0°、90°、180° 和 270°。这种度量方式保证了太阳系天体沿黄道向东周年视运动过程中，天体黄经“与日俱增”，而黄纬可基本保持不变。

二十四节气的设置就是按照不同季节太阳所在的黄经来划分的。从春分点开始，每 15° 黄经差设一个节气。春分开始的黄经为 0°，清明开始的黄经为 15°，谷雨开始的黄经为 30°，依次类推。西方的黄道星座也按照黄经来划分，每 30° 划分一宫，白羊宫开始的黄经为 0°，金牛宫开始的黄经为 30°，双子宫开始的黄经为 60°，依次类推。

五、天球坐标系的联系与意义

（一）地平坐标系与时角坐标系

地平坐标系与时角坐标系两者都可用于跟踪天体周日视运动（表 2-2）。前者基圈是地平圈，后者基圈是天赤道，两者始圈都是午圈，原点分别在地平圈的南点和天赤道的上点。地平坐标系的经纬度为高度和方位，时角坐标系的经纬度为赤纬和时角。方位和时角

表 2-2　球面坐标系统基本要素

球面坐标系	基圈	始圈	原点	纬度		经度		用途
地理坐标系	赤道	本初子午线	尼日利亚南部海域	北极、南极	地理纬度	地理经度	双向	地图编制及地表运动跟踪
地平坐标系	地平圈	午圈	南点	天顶、天底	高度（h）	方位（A）	向西	日常观测
时角坐标系	天赤道	午圈	上点	天北极、天南极	赤纬（δ）	时角（t）	向西	授时
赤道坐标系	天赤道	春分圈	春分点	天北极、天南极	赤纬（δ）	赤经（α）	向东	星图星表编制
黄道坐标系	黄道	无名圈	春分点	黄北极、黄南极	黄纬（β）	黄经（λ）	向东	太阳系天体周年视运动跟踪

都是向西度量，并随天体周日视运动“与时俱增”。天体周日视运动过程中，沿地平圈度量的天体方位值流逝不均匀，高度值也会随之变化，而沿天赤道度量的天体时角值流逝均匀，赤纬也相对固定。所以，地平坐标更多用于日常观测，时角坐标则更多用于授时。

常用天文望远镜为实现天体周日视运动的跟踪，都配备相应的机械跟踪装置。一类是地平式，即通过地平坐标的变化来跟踪天体的周日视运动，跟踪时需要同时调整高度和方位。一类是赤道式，即通过时角坐标的变化来跟踪天体的周日视运动，跟踪时只需要调整时角。

（二）赤道坐标系和黄道坐标系

赤道坐标系和黄道坐标系，两者都可以用于编制星图和跟踪天体周年视运动（表 2-2）。但赤道坐标系更侧重于编制星图，区别不同恒星在天球上的相对位置。黄道坐标系侧重于跟踪太阳系天体的周年视运动。前者的基圈为赤道，后者的基圈为黄道，两者的原点都是春分点，但赤道坐标系的始圈是从春分点引向天极的春分圈，黄道坐标系的始圈是从春分点引向黄极的无名圈。赤道坐标系的经纬度是赤纬与赤经，黄道坐标系的经纬度是黄纬与黄经，两者经度度量方向都是向东，从而使天球上不同的恒星赤经向东递增，同时使具大致向东做周年视运动的太阳系天体赤经也“与日俱增”。

（三）时角坐标系和赤道坐标系

时角坐标系和赤道坐标系都是以天赤道为基圈的天球坐标系（表 2-2）。时角坐标系的时角是从上点所在午圈沿天赤道向西度量，赤道坐标系的赤经是从春分点所在的春分圈沿天赤道向东度量，时角坐标系用于跟踪天体平行于天赤道的周日视运动，午圈是当地经线的无限延伸，具有明显的地域变化。赤道坐标系用于度量天球不同恒星在天球上的相对位置，春分圈是天球上相对固定的圈，与地球自转无关，也无地域差异。日常观测中，白天我们通过特定地区地平面上的太阳相对于午圈的时角变化来估算时间，但到夜间，只能跟踪地平面上特定赤经恒星相对于午圈的时角变化来估算时间，此时需要引入恒星时的概念，所以恒星时的本质是天体赤道坐标和时角坐标的换算问题。

1. 恒星时的定义

夜间可观测的恒星众多，应选择哪颗恒星来度量其时角？天文学选择的是赤道坐标系的原点——春分点，春分点是地球春分日观测太阳在天球上的投影点，是天球上相对固定的点。恒星时定义为春分点时角，实际是赤道坐标系的原点（春分点）与时角坐标系原点（上点）之间的夹角（图 2-17），也称“上点赤经”。

2. 恒星时的测量

春分点只是一个天文参考点，而且春分点也不一定在地平之上，不易直接观测。然而，根据定义不难发现，恒星时数值上等于任意恒星的时角加赤经，当某颗已知赤经的恒星通过午圈上中天时，时角等于 0，恒星时数值上恰好等于这颗上中天恒星的赤经（图 2-17）。按照这个原理，天球上不同赤经的恒星仿佛是“天空钟表盘”上的刻度线，地球特定地区延伸天球上的午圈就像钟表上的指针，午圈随地球自西向东扫过天球时，会逐渐扫到不同的恒星，导致上中天恒星赤经逐渐增长，恒星时也不断增长（图 2-18）。

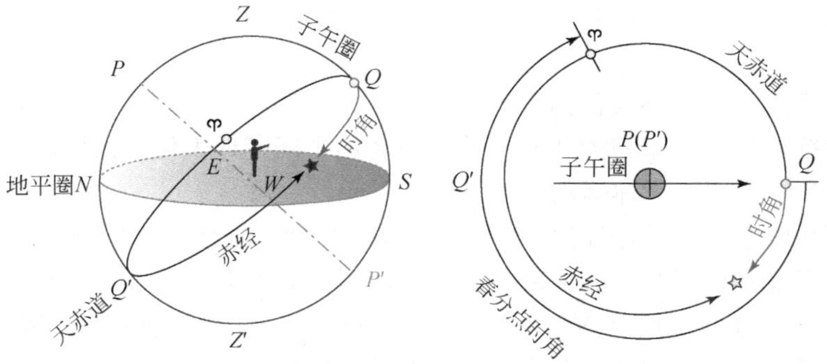

图 2-17　恒星时的定义

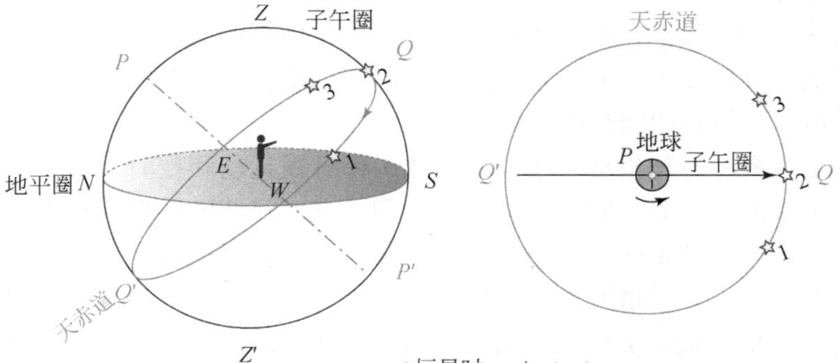

$\alpha_{☆_1}$ < 恒星时 $=\alpha_{☆_2}<\alpha_{☆_3}$

图 2-18　恒星时的测量

3. 恒星时的应用

通过恒星时，我们可以快速确定上中天恒星的赤经，进而推算此时的东升恒星和西落恒星。按照天球赤经向东递增的原则，东升恒星赤经始终比上中天恒星赤经大，西落恒星赤经始终比上中天恒星赤经小。按照简易星空区划方法，假设现在恒星时是 12h，那么中央赤经为 12h 的大熊星区应为中天星区，东升星区则为中央赤经为 18h 的天琴星区，西落星区就为中央赤经为 6h 的御夫星区（图 2-19）。恒星时为我们快速推算即时星空分布提供了重要参考。

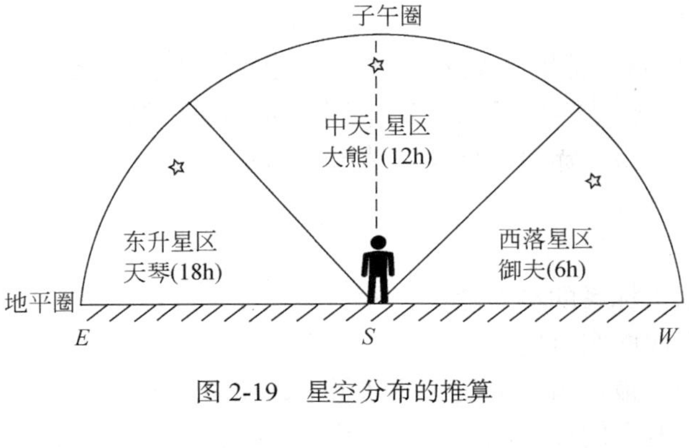

图 2-19　星空分布的推算

小　结

球面坐标系统的构成要素包括基圈、始圈、原点和经纬度。地球科学和天文学常用的球面坐标系包括地理坐标系与天球坐标系，前者用于确定地表位置及跟踪地物运动，后者用于确定天体位置及跟踪天体运动。

地理坐标系的基圈是地球赤道，始圈是本初子午线，原点位于非洲尼日利亚南部海域，度量值是地理经度和地理纬度，地理经度向东西两侧分别度量至 180°E 和 180°W，地理纬度向地理南北两极分别度量至 90°S 和 90°N。地理坐标系的经线相似，纬线向两级收敛，长度与纬度余弦成正比。地球南北方向是绝对的，以地理南北极为参考，东西是相对的，地球自转的前方为东。

天体在天球上的视运动包括天体的周日视运动和周年视运动。天体周日视运动是指地球周边天体因地球自转而导致的自东向西的快速视运动。天体的周年视运动是指太阳系天体相对于背景恒星大体自西向东的缓慢视运动。

通过地平坐标系和时角坐标系可跟踪天体的周日视运动和授时，两者基圈分别是地平圈和天赤道，始圈都是午圈，原点分别是南点和上点，经纬度前者是高度和方位，后者是赤纬和时角，度量方向都是向西，经度值“与时俱增”，但因天体周日视运动平行于天赤道，方位值流逝不均匀，时角值流逝均匀。

通过赤道坐标系和黄道坐标系可编制星图星表和跟踪天体的周年视运动，两者基圈分别是天赤道和黄道，原点都是春分点，始圈分别是春分圈和无名圈，经纬度前者是赤纬和赤经，后者是黄纬和黄经，度量方向都是向东，恒星经度向东逐渐递增，太阳系天体经度大体“与日俱增”。

时角坐标系与赤道坐标系基圈相同，原点不同，始圈不同，度量方向相反。恒星时定义为春分点时角，是两坐标系原点间的距离，数值上等于任意恒星的时角与赤经，具体测量时可通过中天的恒星赤经推算。通过恒星时可以快速确定特定地区的中天星区、东升星区和西落星区。

复　习

一、名词解释

球面坐标系　基圈　辅圈　始圈　极点　原点　介点　地理坐标系　天球坐标系　天体周日视运动　天体周年视运动　地平圈　天赤道　黄道　午圈　春分圈　无名圈　地平坐标系　时角坐标系　赤道坐标系　黄道坐标系　中天　恒星时

二、思考题

1. 如何定义球面坐标系的经纬度？
2. 为什么地球自西向东自转？
3. 为什么地理经线被称为子午线？地球子午线和天球子午圈是什么关系？
4. 试想古代远航的人们如何确定自己的地理经纬度？

5. 天体的周日视运动都是正东升正西落吗？需要满足什么条件？

6. 黄道星座、二十八宿与十二次的划分参考了什么视运动？

7. 如何观测太阳的周日视运动和周年视运动？

8. 请绘图说明北极点、赤道、南极点地区地平圈与天赤道的关系。

9. 请绘制 30°N 地区夏至日太阳周日视运动轨迹的三维和二维视图。

10. 请绘图说明 30°N 地区春分日太阳初升、上中天、落下和下中天的地平坐标与时角坐标。

11. 通过天球仪估算天狼星的赤道坐标与黄道坐标。

12. 请绘图说明二分二至日太阳赤道坐标和黄道坐标的变化。

13. 重庆地区春分点升起地平的时刻，黄道与地平圈的夹角为多少？

14. 天狼星再过 2h 后在某地上中天，求该地现在的恒星时。

15. 若以“后御熊琴”划分全天星区，当某地恒星时为 5h 时，求该地此时的中天星区、东升星区和西落星区。

第三章　天文观测

导　语

天文观测是开展天文研究的基本方法。天文观测主要依赖人眼或望远镜接收天体发射或反射的不同波段的辐射。然而，人类眼睛通光口径只有几毫米，而且只能辨识出可见光，视网膜的成像也会被快速刷新。不同波段的天文望远镜的发明及相应成像技术的进步，大大拓宽和丰富了人类的视野，使人类观察到的宇宙结构更清晰，层次更分明。

第一节　天文观测原理

一、天体观测波段

（一）天体辐射波段

天体辐射实际是不同波段的电磁波，波长范围为 10^{-14} ～ 10^6m，按波长可依次划分为 γ 射线、X 射线、紫外线、可见光、红外线、微波、无线电波。波长短于 0.001nm 的电磁波称为 γ 射线；波长为 0.001 ～ 10nm 的电磁波称为 X 射线；波长为 10nm ～ 0.4μm 的电磁波称为紫外线；波长为 0.4 ～ 0.76μm（即 400 ～ 760nm）的电磁波称为可见光；波长为 0.76μm ～ 1mm 的电磁波称为红外线，包括波长为 0.76 ～ 25μm 的近红外波段和波长为 25μm ～ 1mm 的远红外波段；波长在 1mm 以上的称为无线电波。人类肉眼可见的“可见光”只是天体辐射的一个狭窄波段。电磁波具有波粒二象性，波长越长的波动性越强，波长越短的粒子性越强。天文学家可通过不同类型的探测器接收天体不同波段的辐射，来反映天体不同层次信息，进而揭示天体的现在和将来。就像人类如果想彼此认识对方，只需要一张光学照片，但如果想了解对方的健康状况，则需要拍个 X 光或者做个 B 超。

（二）大气窗口

地球的大气层对于不同波段的天体辐射会产生强烈的散射和吸收，只有部分波段的天体辐射可以透过地球大气层到达地面，天文学上称这样的波段为大气窗口。天文观测中的大气窗口主要包括三个：光学窗口、红外窗口和射电窗口（图 3-1）。

光学窗口主要位于 300 ～ 700nm 的可见光波段。天气良好时，该波段透过率可达 70% ～ 90%。因表面温度 5800 K 的太阳发射的最强电磁波多集中在光学窗口，光学窗口也是地球接收太阳能量输入的主要窗口，是恒星与太阳光谱测量的主要渠道，但该波段容易被云层反射或散射，受地面环境和气象条件影响较大。

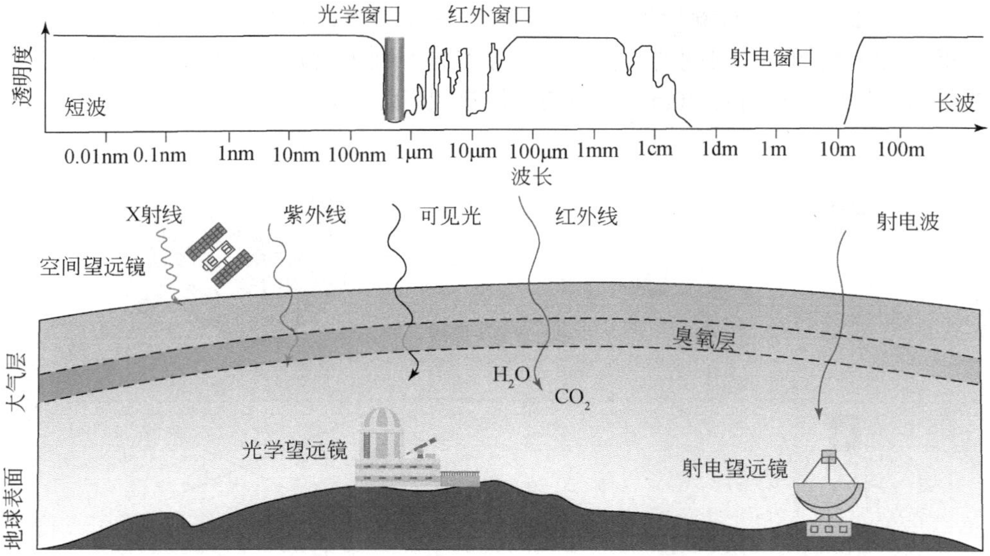

图 3-1　大气窗口

红外窗口主要位于 700nm ～ 1mm 的红外光波段，该波段的透过率为 60% ～ 80%。因为地球大气中水汽、二氧化碳及臭氧分子等对红外光的不连续吸收，该窗口可划分为七个小窗口，分别在 1.2μm、1.6μm、2.2μm、3.6μm、5.0μm、10.6μm、21μm 附近。红外窗口是探索低温天体及宇宙尘埃中被掩蔽天体的理想波段，但天体或者物体都可产生红外辐射，所以该波段受天空及地面设备的背景辐射的干扰较大。

射电窗口主要指波长超过 1mm 的射电波段。该波段整体被大气吸收较少，波长超过 13.5mm 后逐渐透明，在 40mm ～ 20m 的连续波段中透过率接近 100%。射电窗口波长较长，衍射能力强，可穿透至宇宙深处，是开展深空天文研究的重要窗口，但该波段容易被地面电磁辐射干扰。我国贵州平塘 500m 射电望远镜（five-hundred-meter aperture spherical radio telescope，FAST）周边设立了半径 5km 无线电静默区，避免影响天文观测。

二、天体成像原理

天文观测的基本原理是利用人眼或望远镜，让天体辐射通过特定的光路系统，汇聚到视网膜或成像元件上，从而达到分辨暗弱天体或天体系统的目的。

人眼成像系统主要包括瞳孔、睫状肌、晶状体与视网膜。肉眼观测时，天体辐射通过瞳孔，经睫状肌控制的晶状体折射在视网膜上，再由视觉神经传递给大脑。瞳孔用于控制进入人眼的光，白天瞳孔小，夜晚瞳孔大，睫状肌用于控制晶状体的焦距。人眼看远处时，睫状肌放松，晶状体变薄，焦距变大；人眼看近处时，睫状肌收缩，晶状体变厚，焦距变小，从而保持光都能刚好汇聚在视网膜上。现代单反相机中的快门、镜头、调焦系统及感光底片，或电荷耦合器件（charge coupled device，CCD）正是仿照人眼的成像原理而设计的生物仿真产品。

然而，人眼的瞳孔直径只有 2 ～ 8mm，汇聚的天体辐射有限，而且视网膜只能分辨可见光波段，并会在 0.1 ～ 0.4s 内被快速刷新 [图 3-2（a）]。健康人眼能看到的全天恒星只有 6000 多颗，最亮恒星的亮度仅相当于 1km 外的蜡烛。天文望远镜可通过大口径的凸

透镜 [图 3-2（b）] 或凹面镜 [图 3-2（c）] 汇聚更多星光，并配合目镜来放大角直径，还可在成像元件上叠加一段时间的光信号，使原本看不到星被看到，看得到星更清晰。现代大型光学望远镜的口径可达 30m，可观测的恒星数以亿计。

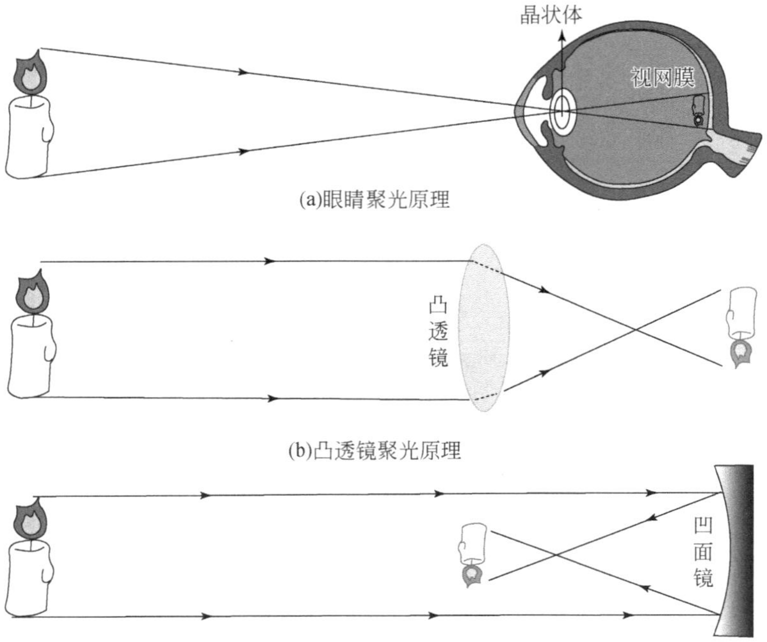

(a)眼睛聚光原理

(b)凸透镜聚光原理

(c)凹面镜聚光原理

图 3-2　天体观测原理

三、天文观测发展

天文观测是天文学的基本研究方法，是构建宇宙多层次结构的必经之路。天文观测技术的突破直接推动了天文学的跨越式发展。史前时代，人类为了安排自己的生产生活，只通过肉眼和简单的天文基础设施开展天文观测，如英国南部公元前 2000 年左右的巨石阵以及公元前 1000 年左右的玛雅天文台。进入古代社会以后，随着金属冶炼技术、铸造技术及机械技术的提高，人们制成了带有准直管和刻度盘的天文观测仪器，如浑仪和简仪等。最具代表性的人物是我国元代的郭守敬和丹麦的第谷，他们分别在东方和西方将传统天文仪器的制造水平推向了顶峰。1609 年，意大利科学家伽利略率先把望远镜应用于天文观测，大大拓展了人类的观测视野，望远镜从此成为天文学家的必备工具。19 世纪 50 年代，天文学家把测光术、分光术、照相术与光学望远镜结合，对天体辐射的强度和构成有了更精确、更全面的认识，观测视野也得到进一步拓宽，直接促使了天体物理学的诞生。20 世纪 30 年代，射电望远镜使通过长波射电窗口探索宇宙深空成为可能，孕育了类星体、脉冲星、宇宙微波背景辐射、星际有机分子等重大天文发现。20 世纪 60 年代，随着空间技术的发展，不同波段的空间望远镜开始摆脱了大气层的束缚，人类得以通过 X 射线与 γ 射线等短波观测天体内部结构信息。20 世纪后半叶，大镜面拼镶技术、自适应光学技术、甚长基线技术、综合孔径原理等技术的突破使天文观测技术如虎添翼，帮助天文学家更全面、更深入地认识天体及其天体系统的结构及演化过程。现代天文观测已进入多平台、多波段以及全天候的时代。

第二节　天文观测实践

一、天文观测影响因素

著名哲学家康德说过：世界上有两样东西能深深地震撼我们的心灵：一样是我们心中崇高的道德准则；另一样是我们头顶上的星空。仰望星空不只是天文学家的专业工作，也是对普通大众的心灵洗礼。然而，天文观测本质上是人与遥远天体之间的“约会”，观测效果通常会受到天象因素、环境因素与生理因素的共同影响。

1. 天象因素

天象观测的内容广泛，包括恒星观测、行星观测、月球观测与深空观测等。不同的观测内容对应的最佳观测日期与时刻不同。开展天文观测，要查阅天文年历，明确天体出没方位及其时刻。例如，观测行星，要考虑行星相对太阳的位置，选择在行星距离太阳较远的“大距”或“冲日”观测；观测深空的星系或星云等暗弱天体，因“月朗星稀”，最好选择在农历初一附近月光暗淡的夜晚观测。

2. 环境因素

天文观测场地通常选择在地势开阔、气候干燥和气流稳定的地区。天文学上通常以视宁度（seeing）综合评价特定区域的星空观测条件。视宁度是指天文观测图像的清晰度和稳定度。以恒星为例，视宁度好时，恒星是一个小圆点，视宁度差时，恒星变成一个闪烁不定的圆盘（图 3-3）。肉眼所见星体的闪烁，一般认为是高层大气湍流引起，而望远镜中的恒星闪烁往往是低层大气湍流所致。这种大气湍流与温度变化密切相关，所以观测过程中尽量避开温度剧烈变化的环境，如混凝土地面。通常野外使用望远镜前，需放置一段时间，让望远镜温度与周围环境温度保持平衡，否则望远镜的性能无法充分发挥。与此同时，视宁度还与太阳高度、区域地形以及望远镜类型有关。夏威夷莫纳克亚天文台、智利天文台是世界少有的视宁度极佳的天文台，云集了世界上诸多知名望远镜，如 1991 年和 1996 年分别建设完成的口径 10m 的凯克Ⅰ号和凯克Ⅱ号光学望远镜，而世界最大口径 30m 望远镜（thirty meter telescope，TMT）也正在建设当中。

图 3-3　视宁度的分级

然而，随着全球城市化进程的加快，天文观测也面临着大气污染和光污染的严峻考验。现代城市中已很少能看到夏季和冬季一湾银河横跨天空的景象，只剩下“只在此山中，云深不知处”的感叹。同时，城市的扩张使原本偏居一隅的专业天文台的观测效果也大打折扣。20 世纪 60 年代以来，我国在河北省承德市兴隆县建立的国家天文台兴隆观测站，一直是国家主要的光学观测基地，但随着周边城市的发展，观测能力大大降低，已经影响到科学研究，新的观测站已经开始逐渐转向我国云贵高原与青藏高原地区。

1988 年， 致力于星空保护的国际组织——国际暗夜协会成立。该协会呼吁加强城市规划管理，合理布置光源，防范光污染，给地球上的人们保留一片“与星星约会”的场地。2018 年，中国首批暗夜星空保护地——西藏的阿里和那曲获得国际暗夜协会的认证，而阿里地区正是中国科学院历时十年选择的新的观测站所在地。

3. 生理因素

天文观测归根到底还是要通过眼睛观看，熟悉眼睛的构造和生理特点，合理用眼，也能提升观测效果。人类眼睛瞳孔控制了眼睛的通光口径。白天光线较强时，瞳孔直径只有 2mm 左右，而夜间光线较弱时，瞳孔直径慢慢扩大至 8mm 左右。夜晚从明亮的室内到黑暗的室外开展肉眼观测时，眼睛通常需要适应 15 ～ 30min，观测期间眼睛也应尽量避免地面强光源的干扰。

视网膜是人眼的感光系统，由两种不同感光能力的视锥细胞和视杆细胞构成。视锥细胞在强光下反应灵敏，具有辨别颜色的能力，多分布于视网膜中央凹陷处。视杆细胞能够感受弱光的刺激，但不能分辨颜色，多分布于视网膜边缘。夜间肉眼观测时，主要调动的是视杆细胞，看到的天体多为白色。天体若隐若现时，可稍微转头斜视天体，调用视网膜边缘更为密集的视杆细胞完成观测。

此外，白天观测时，眼睛细胞的综合敏感度在波长 555nm 左右达到最大。夜间观测时，综合敏感度在波长 507nm 左右达到最大。也就是说，亮度降低时，人眼对光的敏感度向短波方向移动，这就是视网膜的浦肯野转移（Purkinje shift），它解释了夜间观测月亮相对白天“偏蓝”的原因。

整体而言，天象与气象条件仍是科普天文观测的两大限制因素。日常观测实践中常面临两者相互矛盾的状况，组织天文科普观测时需要准备多种预案。

二、天文望远镜的结构

普通天文望远镜主要由光学系统和机械装置两部分组成。光学系统是汇集天体光线并放大角直径的部分，按照成像原理可分为折射望远镜、反射望远镜和折反射望远镜。折射望远镜采用凸透镜汇聚光线，反射望远镜采用凹面镜汇聚光线，折反射望远镜则兼而有之。因为天体存在平行于天赤道的快速周日视运动，进行长时间天文观测时，需要配备机械跟踪装置，按照其跟踪方式可分为赤道式和地平式。

以赤道式天文望远镜的结构为例，上部通常为光学系统，下部为机械装置［图 3-4（a）］。光学系统的核心位于主镜筒。主镜筒靠近天体一侧的为物镜，靠近人眼一侧为目镜。主镜通常倍率高、视场小，不易搜寻天体，所以在平行于主镜的上方，通常设置一个倍率低、视场大的寻星镜，利用寻星镜去搜寻天体。光学系统下方是机械装置，机械装置的核心部件为赤道仪，用以模拟时角坐标系跟踪天体周日视运动。赤道仪以平行于地轴的极轴装置为核心，极轴上设置了相互垂直的赤纬与赤经（时角）调整装置，配备粗调、微调及固定功能。因为周日视运动过程中天体赤纬保持不变，所以天体赤纬调整到位以后，只需要微调赤经（时角）就可以实现天体周日视运动的跟踪 [图 3-4（a）]。赤道式望远镜跟踪天体视运动过程中主镜重心会发生大范围移动，所以主镜的对称方向通常会设置平衡锤保持其稳定。

地平式望远镜是模拟地平坐标系跟踪天体周日视运动，跟踪过程中需要同时调整高度和方位，但地平式望远镜的主镜重心较为稳定，跟踪方式也更为直观。随着现代电控技术的进步，同时调整高度与方位并非难事，所以越来越多的现代望远镜开始采用地平式结构 [图 3-4（b）]。

(a)赤道式

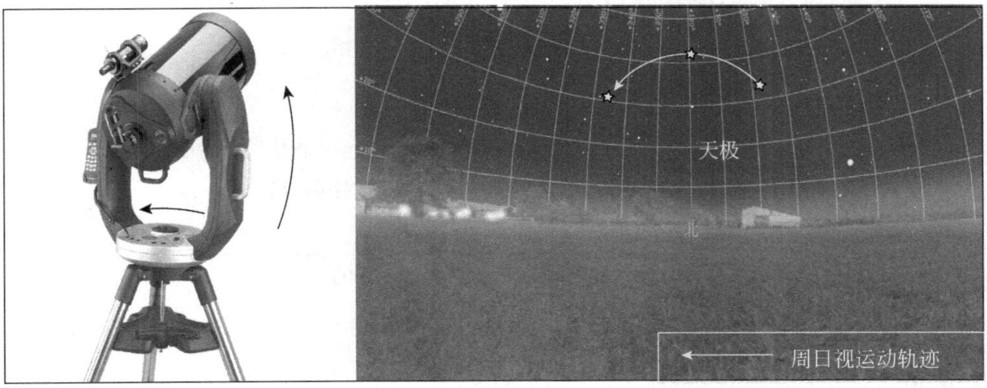

(b)地平式

图 3-4　天文望远镜的跟踪

三、天文望远镜的性能

天文望远镜的性能包括光学性能与机械性能。光学性能主要指望远镜的光学参数及其对像差的控制效果，机械性能主要包括望远镜的指向精度和跟踪精度。光学性能是望远镜的核心评价指标，但机械性能是望远镜光学性能充分发挥的重要保障，正所谓“好马配好鞍”，不可忽视。

（一）光学参数

天文望远镜的光学参数主要包括口径、焦距、焦比、放大率、视场、分辨角和极限星等。

1. 口径

口径通常指有效口径或通光口径，通常用 D 表示。口径是望远镜最重要的性能参数，主要反映物镜（主镜）的直径，口径越大，汇聚的星光越多，发现暗弱天体的能力就越强。现代光学望远镜的发展过程就是口径不断增大的过程（图 3-5）。1609 年，伽利略的第一台天文望远镜的口径只有 4.2cm，现代大型光学望远镜，通过多镜面拼镶技术，口径可达 30m。

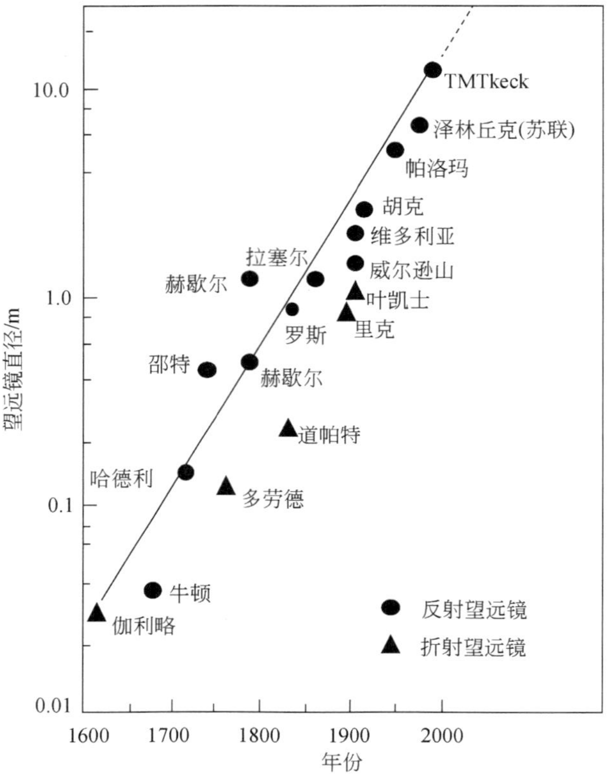

图 3-5　望远镜口径的发展

2. 焦距

焦距是指平行光入射时从物镜中心到光汇聚点的距离，用 F 表示。焦距越小，光汇集能力越强，焦平面上的影像越小；焦距越长，光汇集能力越弱，焦平面影像越大。通常焦距长的望远镜的主镜筒也明显偏长。

3. 焦比

焦比是指望远镜物镜的焦距（F）和有效口径（D）之比，是反映望远镜光力的重要参数。例如，物镜焦距是 100cm，有效口径是 10cm 时，焦比就是 10。焦比小的望远镜光程短，光力大，像差也较大，适合观测星系、星云等深空天体；焦比大的望远镜光程长，光力小，成像质量好，适合观测行星、月球等太阳系天体。高焦比望远镜通常显得细长，低焦比望远镜则显得短粗（图 3-6）。

(a)高焦比望远镜

(b)低焦比望远镜

图 3-6 不同焦比的望远镜

4. 放大率

望远镜的放大率等于物镜的焦距 F 与目镜的焦距 f 之比（图 3-7），在物镜焦距确定的情况下，可通过切换不同焦距的目镜实现不同的放大率。然而，物镜及通光口径决定了望远镜成像的清晰度，使用短焦距目镜片面追求放大率并无意义，通常应选择与通光口径相适应的目镜。一般以望远镜口径的毫米数为参照，配置低、中、高三种倍率的目镜。合适目镜的放大率通常为口径毫米数的 0.25、0.5 ～ 0.8 以及 1 ～ 2.5 倍。以 100mm 口径的物镜为例，低倍率目镜的放大率为 25 倍左右，中倍率目镜的放大率为 50 ～ 80 倍，高倍率目镜的放大率为 100 ～ 250 倍。低倍率目镜常用于观测月球、彗星等，高倍率目镜通常用于观测双星等，中倍率目镜两者皆可，可作为通用目镜。

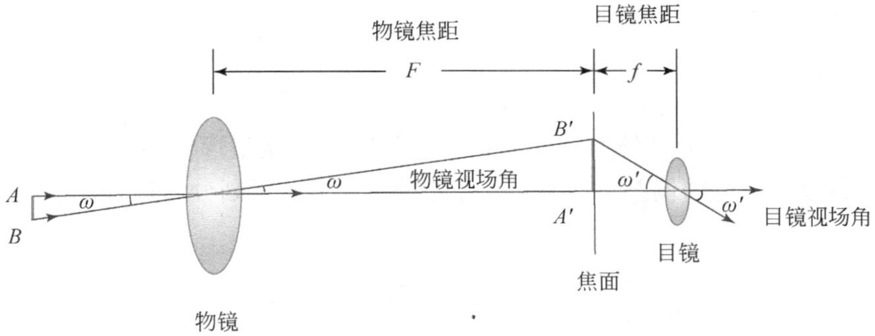

图 3-7 放大率

5. 视场

视场是在望远镜目镜里观测到星空范围的实际角直径，也称系统视场或组合视场，数值上等于目镜视场除以放大率。放大率越大，视场越小。假如，焦距 1m 的望远镜，配有视场角 40° 和焦距 25mm 的目镜。那么它的视场为

$$40° \div (1000\text{mm} \div 25\text{mm}) = 1°$$

折射望远镜视场随物镜不同而不同，常见视场为 2° ～ 3°，反射望远镜的视场最小，通常小于 30′，折反射望远镜的视场较大，可从十几度到几十度。

6. 分辨角

分辨角是望远镜能分辨的天体之间的最小角距离。人眼与望远镜可分辨的角距离与瞳孔直径、望远镜口径和入射光波长有关，计算公式为

$$\delta = 1.22\lambda/D$$

其中，δ 为分辨角；D 为口径；λ 为入射光的波长。若以可见光最敏感的波长（555nm）为参照，以角秒（″）表示分辨角，以 mm 表示口径，该公式可改写为

$$\delta'' = 140'' / D$$

人的瞳孔直径为 2 ～ 8mm，人眼的分辨角为 18″ ～ 70″，即 1′ 左右。随着望远镜口径增加，分辨角快速降低。我国国家天文台兴隆观测站的 2.16m 口径反射望远镜，理论可达到 0.06″的分辨角。射电波波长超过可见光波长近万倍，所以射电望远镜要达到光学望远镜的分辨率，口径必须做得足够大，我国贵州的球面射电望远镜，口径达到 500m，但分辨角还不如人眼。

7. 极限星等

极限星等是晴朗夜晚用望远镜观测天顶附近所能看到的最暗弱恒星的视星等（详见第四章），也称贯穿本领。极限星等与口径密切相关，口径越大，极限星等越高，能看到的恒星也越多。极限星等的经验换算公式为

$$m = 1.77 + 5\lg D$$

其中，D 为望远镜口径的毫米数。按照该公式，人类瞳孔的最大口径为 8mm，极限星等为 6 等左右，而 80mm 望远镜的极限星等约为 11 等，800mm 的望远镜的极限星等约为 16 等，8000mm 的望远镜的极限星等约为 21 等。口径每增加 10 倍，极限星等增加 5 等。实际观测过程中，极限星等还与望远镜焦比、物镜吸收、大气吸收和天空背景亮度等多种因素有关。在轨运行的哈勃空间望远镜（Hubble Space Telescope，HST）的有效口径仅 2400mm，但其极限星等可达到 29 等。

（二）像差

不同光学望远镜因为成像原理和制造工艺的限制，从望远镜中看到天体的像与实际天体的像总会存在一定的偏差，即像差。像差按照其形式可划分为球差、彗差和色差（图 3-8）。

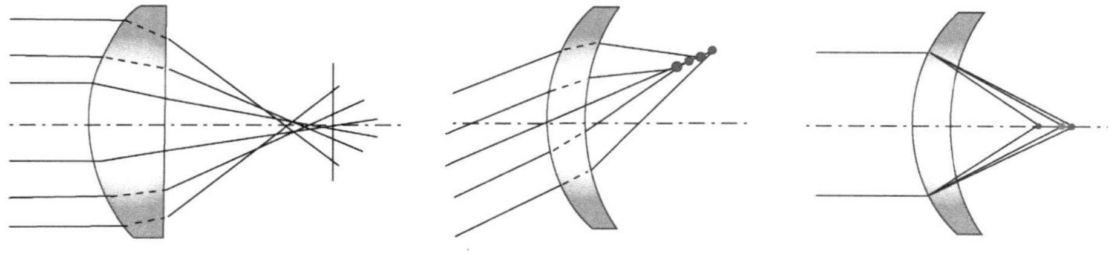

(a)球差　(b)彗差　(c)色差

图 3-8　像差

1. 球差

球差是指因为球面透镜中间部分与边缘部分的折射率存在差异，所以离光轴不同距离

的平行光束不能汇聚成一点，而是形成一个小圆面。球差可采用多镜组合或使用非球面镜面（椭圆或双曲线等）的方式来矫正。

2. 彗差

彗差是指与光轴斜交的非平行光束入射到物镜时形成的不对称重叠光斑，光斑的头部较亮，尾部较暗。反射望远镜的主镜在镜筒的底部，通常具有明显的彗差，在前端加装改正透镜可校正彗差。

3. 色差

色差是指光束通过透镜时，不同波长的光折射率不同，导致其分别聚焦在光轴的不同位置，并呈现出不同颜色。开普勒是第一个发现色差的人，他提出通过增加望远镜的焦距，或将目镜从凹透镜改成凸透镜的方法，减少望远镜的色差。现代折射望远镜制造中，通常采用不同型号的玻璃透镜组成复合透镜来消除色差。

四、光学望远镜的类型

（一）折射望远镜

1. 分类

折射望远镜是用凸透镜作为物镜将光线汇聚的望远镜，按目镜类型可进一步划分为伽利略望远镜和开普勒望远镜（图 3-9）。

伽利略望远镜以凹透镜作为目镜，从目镜中看到的是物体的正像，放大倍数较低，通常用作“剧场镜”。开普勒望远镜以凸透镜作为目镜，从目镜中看到的是物体的倒像，放大倍数较高，通常用作天文望远镜，视需要可加装正像系统。

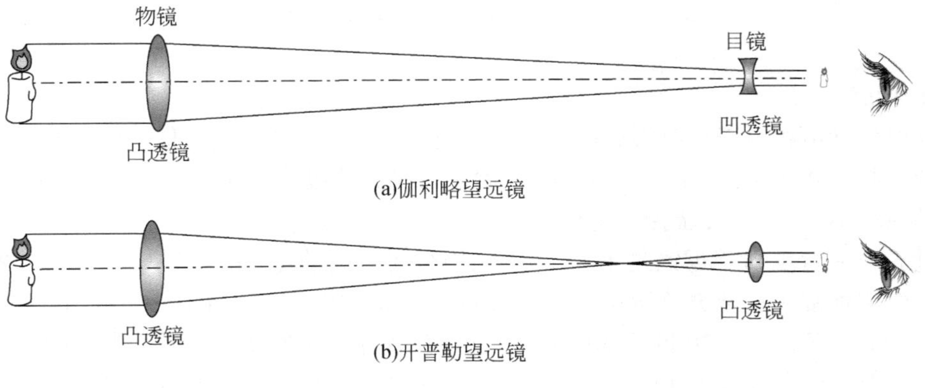

图 3-9　折射望远镜

2. 特点

折射望远镜的优点是镜筒封闭，影像稳定，球差、色差等像差可通过透镜组合矫正，制造完成后保养容易，缺点是随口径增加，重量和造价都快速上升。世界最早的天文望远镜是 1609 年伽利略设计的 4.2cm 折射望远镜，而最大的折射望远镜是 1897 年克拉克父子制造的 1.016m 望远镜。

早期折射望远镜的物镜或目镜多采用单透镜制作，会产生严重的球差和色差。为了减小像差，物镜通常由不连续的多块透镜组合而成，使望远镜焦距变长，外观看起来仿佛“大炮”一般。现代折射望远镜制造时，通常用不同折射率的玻璃黏合成组合透镜，从而有效控制望远镜的像差。

（二）反射望远镜

1. 分类

反射望远镜是以凹面镜为主镜的望远镜。除主镜外，通常还需副镜配合改变光路、焦距或改善像差。反射望远镜按照副镜类型可进一步划分为牛顿式和卡塞格林式（图 3-10）。**牛顿式**的副镜为平面镜，观测方向与入射光方向垂直。该类型望远镜观测方便，制作成本低，但寻星困难。**卡塞格林式**的副镜为凸面镜，观测方向与入射光方向平行，副镜常为非球面，加工难度大，一般应用于专业天文台。

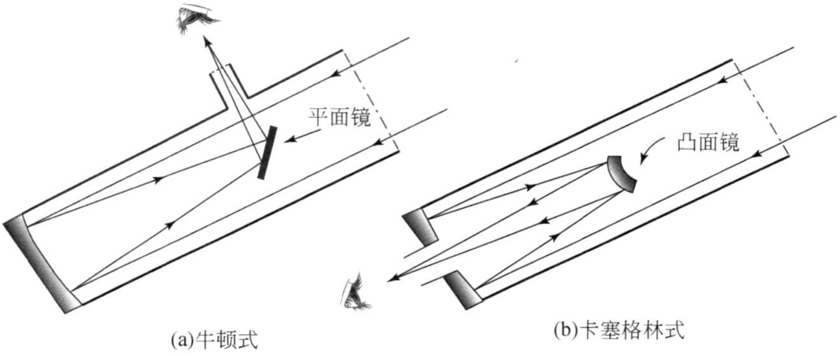

图 3-10　反射望远镜

2. 特点

反射望远镜相对于折射望远镜的优点是镜筒短、光力强、造价低、消色差，易于天文爱好者自制，也可制成大口径的望远镜。除了可见光波段，还可用于近红外和近紫外波段。缺点是视场小、彗差大，副镜还会部分遮光。

世界第一台反射望远镜是 1668 年牛顿用金属磨制的 2.5cm 口径望远镜。世界最大的光学反射望远镜是夏威夷莫纳克亚天文台的凯克望远镜，口径为 10m，由 36 块直径 1.8m 的六角镜面拼装而成。20 世纪 50 年代，道布森装置的出现使天文爱好者自制大口径望远镜成为可能。道布森装置实际是一种落地的地平式牛顿望远镜，这种结构满足了大口径望远镜使用过程中所必需的机械稳定性。

（三）折反射望远镜

折反射望远镜是将折射与反射光学系统集于一身的复合式望远镜，折反射望远镜仍以凹面镜为主镜，但在主镜前会加装改正透镜。按照改正透镜类型可进一步划分为施密特式和马克苏托夫式（图 3-11）。

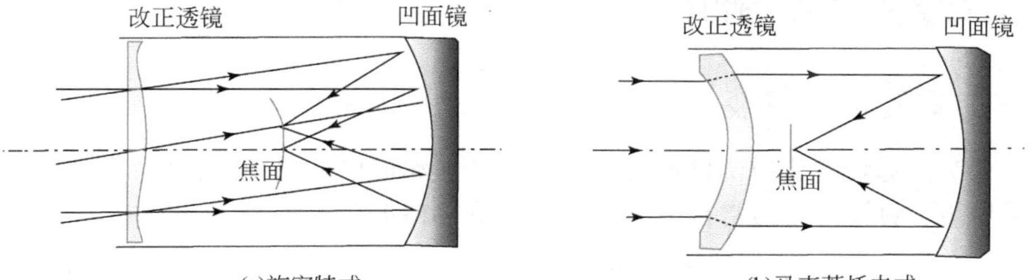

(a)施密特式　　　　(b)马克苏托夫式

图 3-11　折反射望远镜

1. 施密特式

施密特式望远镜是德国光学家施密特于 1931 年发明的，其改正透镜一面是平面，一面是非球面。这种改正镜使中央光束略有会聚，边缘光束略有发散，同时成像焦面为球面，大大消除了球差和彗差，拓宽了反射望远镜的视场。施密特式望远镜视场为 30° ～ 50°，常用于巡天观测。然而，施密特望远镜的成像焦面在主镜前方，多用于照相观测，不能目视。

2. 马克苏托夫式

马克苏托夫式望远镜是苏联科学家马克苏托夫于 1940 年发明的，其改正透镜是由弯月形透镜组成。这种设计不但可使副镜不产生色差，同时也能补偿主镜产生的球差和彗差。全部光学表面均为球面，加工容易，但同样无法目视。

混合式望远镜

为了方便目视观测，施密特式与马克苏托夫式折反射望远镜通常与反射望远镜整合成混合式望远镜（图 3-12）。例如，施密特式与卡塞格林式的整合简称“施卡式”；马可苏托夫与卡塞格林式的整合称“马卡式”，广泛应用于科普天文观测中。以“马卡式”望远镜为例，它是在马克苏托夫式的弯月形改正镜的后方中心位置镀一层铝或黏附一副凸面镜，从而使光束经主镜汇聚后，又可反射回来在主镜后侧成像，以满足目视的需要。该型望远镜镜筒短、成本低、性能佳，为普及型望远镜的首选。然而，因为“马卡式”望远镜中“弯月形改正镜”的磨制工艺限制，口径不能制作得太大，口径较大的混合式望远镜仍采用“施卡式”。

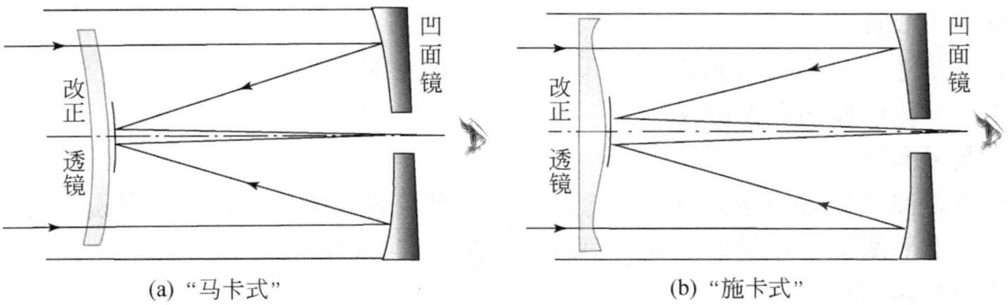

(a) “马卡式”　　　　(b) “施卡式”

图 3-12　混合式望远镜

五、光学望远镜的操作

（一）望远镜的组装

科普天文望远镜的构成部件通常包括三脚架、赤道仪、中心杆、平衡锤、微调螺杆、主镜、寻星镜、目镜等。通常自下而上安装（图 3-13）。

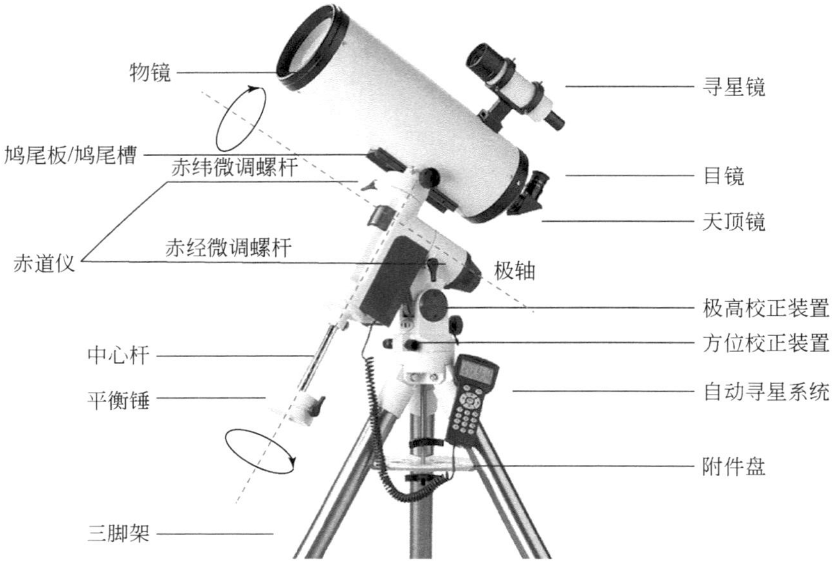

图 3-13　天文望远镜的结构

鸠尾板在主镜筒下方，鸠尾槽在赤道仪平台上方

1. 安装三脚架

竖起三脚架并使金属支架完全展开站立。调整三脚架底部锁紧螺栓，拉出内芯，调到符合观测者实际的高度后锁紧。一般而言，最低高度即为最稳定高度。

2. 安装赤道仪

赤道仪是最重要的金属构件。赤道仪的赤经轴与赤纬轴是相互垂直的，并设置有锁紧装置。锁紧后把赤道仪下方的方位角调节螺栓旋出，将赤道仪放到三脚架云台的校准榫头上，对准云台上指示的正北方向，再将调节螺栓固定。

3. 安装中心杆

中心杆是连接三脚架与赤道仪的部件。把三脚架附属的附件盘穿入中心杆，两端旋上固定螺栓。上侧螺栓固定赤道仪，下侧螺栓固定附件盘。

4. 安装平衡锤

平衡锤是保持望远镜赤道仪跟踪稳定性的负重装置。旋下赤道仪上平衡锤杆底部的保险螺栓，套上平衡锤，拧紧平衡锤侧面锁紧螺栓，旋上保险螺栓。

5. 安装微调螺杆

微调螺杆是赤经赤纬的精确调节装置，每个微调螺杆的安装位置通常有两个，分布于赤道仪的对称位置。将螺杆的一端与赤道仪上的凹槽对齐，用螺丝刀拧紧固定，根据用手习惯或使用频繁程度，可更换到赤道仪上的对称位置。

6. 安装望远镜主镜

主镜是望远镜的核心部件，安装过程需倍加谨慎。主镜一侧有鸠尾板，鸠尾板是形状类似鸟尾的固定板。主镜通过鸠尾板滑入赤道仪平台的鸠尾槽中，然后用固定螺丝锁紧。

7. 安装寻星镜

寻星镜是平行于主镜光轴的低倍率、大视场的小型望远镜，常用于寻找目标天体。寻星镜通常需安装在寻星镜支架上。寻星镜支架上设置有调节螺丝，用以调节其光轴。寻星镜装入支架后，再把寻星镜支架装入主镜上的鸠尾槽中，旋紧鸠尾槽侧面螺丝固定。

8. 安装目镜

目镜是将主镜汇聚在焦点处的像进行放大的透镜。目镜一般通过目镜基座与主镜筒连接，天文望远镜会配备多个倍率的目镜。通常目镜焦距越短，倍率越高，可根据观测对象随时更换。若觉得观测时姿势不舒服，可在主镜与目镜之间加装天顶镜。天顶镜是 45° 角的平面镜，可使光路改变 90°。若想通过照相观测，可通过不同相机接口将相机机身直接连接到望远镜主镜上，此时望远镜主镜实际充当了照相机镜头的角色。

（二）望远镜的调整

天文望远镜使用前，要对望远镜进行一系列调整和设定，从而保证望远镜观测及跟踪的稳定性。通常要进行寻星镜、赤道仪和极轴的调整。

1. 寻星镜的调整

天文观测通常用低倍率的寻星镜找星，然后通过高倍率的主镜看星。该方法的前提是寻星镜与主镜的光路平行。然而，在望远镜运输和使用过程中，寻星镜光轴可能会偏离，需要对其进行调整才能开展观测。调整最好在白天进行，用主镜对准远处的山顶或塔尖等标志物进行观测，再调节寻星镜上的螺丝使寻星镜中十字线中央对准主镜中的标志物即可。

2. 赤道仪的调整

赤道式望远镜通常配备平衡锤，使用前需要做好赤经和赤纬方向的配重平衡，从而保持其在使用过程中的稳定性。通常先调整赤经方向的平衡。松开赤经锁紧夹，将望远镜主镜筒置于赤道仪一端，而平衡锤位于另一端，调整平衡锤在平衡锤杆上的位置，直至两端水平后锁紧。其次，调整赤纬方向的平衡。松开赤纬锁紧夹，旋转望远镜，使主镜筒与地面平行，此时一只手托住主镜，另一只手拧松主镜抱箍上的螺栓，调整主镜在抱箍中的前后位置，直至平衡后固定。

3. 极轴的调整

因为天体绕地轴做周日视运动，赤道望远镜的极轴应该平行于地轴，以保持望远镜的主镜筒可平行于天赤道运动。极轴调整包括方位调整和高度调整。以 30°N 为例，极轴与地平面的夹角为 30°，极轴的指向应为正北，高度为 30°，即北极星附近。具体调整时，将三脚架上云台上 N 的方向对准地平的正北方向（可通过手机或罗盘确定），即完成方位调整。高度调整只需要调整赤道仪下端的旋杆，使赤道仪极轴与地平面夹角为 30°，即当地纬度。在夜间可看到北极星时，可通过极轴中心圆孔去对准北极星，或用指星笔对准北极星进行辅助调整。

（三）望远镜的使用

望远镜调整好以后，就可以开展天文观测。日常天文观测通常有两种模式：**“肉眼寻星”**模式和**“按图索骥”**模式。

1. “肉眼寻星”模式

“肉眼寻星”模式，即天上肉眼能看到什么，就用望远镜看什么。例如，我们肉眼能看到月球、行星和部分比较亮的恒星，想用望远镜去仔细观测这些天体，只需打开望远镜的赤经和赤纬固定扳手，调整赤道仪把目标天体移动至寻星镜视场中，固定扳手；再用赤经赤纬微调螺栓把目标天体调整至寻星镜视场中央；最后直接从主镜的目镜中观测，调节主镜筒上的调焦手轮直至天体清晰。如果观测者近视或远视，可摘掉眼镜观测；如果观测者眼睛散光，则需要一直佩戴眼镜，以获得最佳观测效果。此外，天体通常有很快的周日视运动（15′/min），长时间观测时可通过微调螺旋跟踪。

2. “按图索骥”模式

“按图索骥”模式，即通过相关星图及软件提供的天体赤道坐标去搜索一些肉眼看不清、看不到的暗弱天体。此时需要对望远镜上的赤道坐标进行校正，包括赤纬校正和赤经校正。赤纬校正已在极轴校正时完成，赤经校正需要单独进行。通常先把主镜指向天空中熟悉的亮星，如织女星。通过星图查阅织女星的赤经为 18h36min，松开望远镜赤道仪上的赤经指针固定旋钮，旋转赤经环上的刻度 18h36min 对准赤道仪上的白色赤经箭头即完成调整。部分望远镜为了提高赤经测量精度，也配备游标尺，此时需要把游标上的 0 刻度对准赤经环的 18h30min 与 18h40min 之间，再微调使游标上的数字“6”对准赤经环上的某一刻度线。校正完成以后，如果我们要观测赤经 18h53min，赤纬 +33°02′ 的环状星云（M57），即织女星附近的梅西耶 57 号天体，可通过赤道仪上的赤纬微调螺栓调整赤纬到 33°02′，再通过赤经微调螺栓调整赤经到 18h53min，然后就可在望远镜主镜中看到我们肉眼看不到的环状星云。

第三节　天文观测辅助

为了方便天文观测，观测者通常配备星图星表、天文年历与星空模拟软件等辅助工具。这些工具很好地记录了前人天文观测的成果，同时降低了天文学习的门槛，促进了天文学的普及和蓬勃发展。

一、星图星表

（一）星图

1. 中国古典星图

星图是将恒星在天球的视位置记录下来的平面图。公元 270 年左右，吴国的陈卓将甘德、石申和巫咸三家所观测的恒星以不同形式绘在同一图上，包含 1464 颗星，但原图已失传。

敦煌星图是世界上现存最古老的星图 [图 3-14（a）]，绘制于公元 940 年左右的唐代绢布上，绘制者用不同颜色区分了甘德、石申、巫咸三家星官，现藏于大英博物馆。敦煌星图按每月太阳投影位置把赤道附近天区划分成十二部分，每部分投影成一张长方形的星图。每张星图周边说明了该月太阳在二十八宿和十二次中的位置、起始点的坐标度数以及黄昏时中天的星宿。天北极附近星区单独投影到一张圆形星图上，与现代星图绘制方法基本类似。

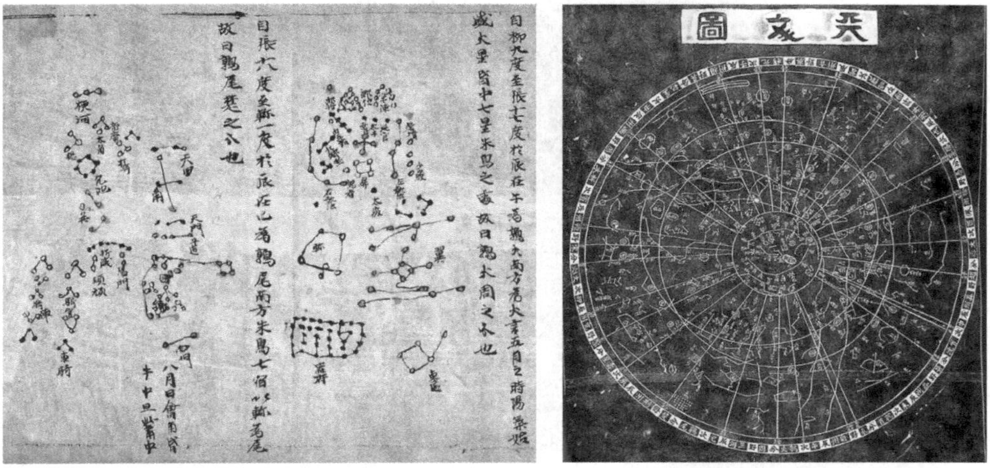

(a)敦煌星图　(b)苏州石刻天文图

图 3-14　中国古典星图

苏州石刻天文图是世界上现存最古老的基于实测的石刻星图 [图 3-14（b）]。观测年代在北宋元丰年间（公元 1078 ～ 1085 年），刻制年代在南宋年间（1247 年）。这份星图由南宋皇太子赵扩老师黄裳所绘。浙江永嘉人王致远把这份星图刻在石碑上，保存在苏州文庙中。200 多年后人们又重新刻制了一块，保存在江苏常熟。苏州石刻天文图直径约 91.5cm，以天北极为圆心，绘制出三个同心圆。内圈直径 19.9cm ，是 35°N 左右的恒显圈。中圈直径 52.5cm，为天赤道。外圈直径 85cm，为 35°N 左右的恒隐圈。黄道为偏心圆，与赤道相交。同时，3 个同心圆与二十八宿的分界线正交，圈外标注了二十八宿名及其对应的十二辰、十二次及列国分野。全图共刻恒星 1400 多颗，坐标格网齐全，采用赤道坐标系，与现代星图类似，被认为是最早的科学星图。

2. 欧洲古典星图

欧洲古典星图起源于古希腊时期，发展于文艺复兴时期，在 18 世纪达到鼎盛。这些星图绘制了星座形象，坐标格网则相对粗略。天文学家常用恒星在星座形象上的位置表示天体位置，而不是通过坐标。早期代表性的古典星图是 1603 年德国天文学家拜耳所作的《测天图》，该图参考了丹麦天文学家第谷布拉赫的精确观测结果，位置精度达到了 1′，接近于人眼分辨极限。

1609 年天文望远镜发明以后，古典星图的代表作是波兰天文学家及版画家赫维留斯绘制的星图。赫维留星图共有 56 幅，2 幅是北天和南天的索引图，其他 54 幅记录了 54 个星座。拜尔星图和赫维留星图采用的都是**黄道坐标系**。1729 年，英国天文学家弗拉姆斯蒂德的星图出版，该星图参考 1676 ～ 1689 年 2 万次的望远镜观测数据，测量精度达到 10″，由英国画家詹姆斯索赫尔完成。1801 年，德国波德星图的问世将古典星图推上了顶峰（图 3-15）。波德星图共 14 幅，为超大幅的折叠图版，其中 12 幅为北半球的每月星图。

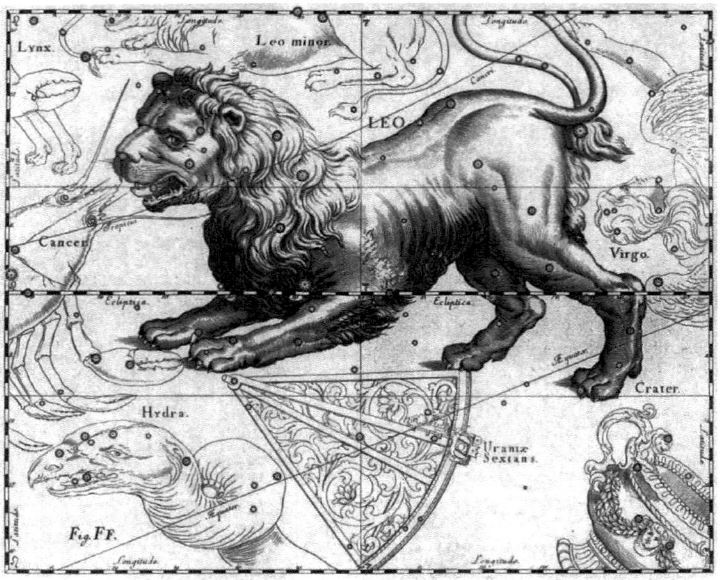

图 3-15　波德星图

包括 17000 颗恒星，约 2500 个星云、星团及几乎所有曾经被使用过的星座。18 ～ 19 世纪是星座命名泛滥的时代，最多达 120 个，波德星图采用了约 100 个。与此同时，波德是第一批绘制出明确星座界限的作者，并采用了圆锥曲线的星图投影法，使得星图变形减小，至今仍被广泛使用。这些星图融科学性与艺术性为一体，为天文学的普及和发展奠定了基础。

3. 现代星图

进入 19 世纪，恒星测量精度空前提高，人们已无需星座图案来描述星星位置，而开始广泛使用天球坐标，华丽的古典星图也逐渐向简洁的现代星图过渡。常用的现代星图包括专业天文观测常用的《帕洛玛天图》以及科普天文观测中常用的《诺顿星图手册》、《新编全天星图》和《世纪天图》等。

《帕洛玛天图》是 1950 ～ 1956 年美国国家地理学会与帕洛玛天文台合作拍摄的，人类历史以来规模最大星数最多的星图，收录天北极到赤纬 –33° 的天区中暗至 21 等的恒星 5 亿多颗。《新编全天星图》是 1987 年北京天文馆为满足中国天文爱好者目视观测所编制的星图，收录暗至 6.5 等的恒星 9000 多颗以及 11 等以上的星云、星团和星系。《世纪天图》是 2004 年北京天文馆为满足科普望远镜观测需要，按荷兰天文学家 Wil Tiron 的“Sky Atlas 2000.0”编译的星图，收录暗至 8.5 等的恒星 8 万多颗，深空天体 2700 多个。

（二）星表

1. 星表历史

星表是记载天体位置、星等、光谱型等各种参数的表册。公元前 4 世纪，战国石申的《石氏星经》载有 121 颗恒星的位置，是世界上最古老的星表。公元前 2 世纪，希腊依巴谷也编制了 1022 颗恒星的星表。随着天文望远镜的发明，星表的星数和精度都大幅度提高。英国布拉德雷 1798 年 和 1805 年出版了两册《布拉德雷星表》，后来德国贝塞尔把恒星个数扩充至63000颗，并考虑了恒星的周年视差、光行差以及章动的影响。1859～1862年，德国的阿格兰德出版了波恩星表，简称BD星表，阿格兰德助手申费尔德于1886年出版了续表——SD星表，共刊载了赤纬+90°～–23°天区内暗至9等的恒星457847颗。近代星表，暗弱恒星数量越来越多，极限星等也越来越高，恒星位置、星等、光谱型以及自行量等数据越来越全面，如哈佛大学天文台的HD星表、史密斯天体物理天文台的SAO星表。

2. 基本星表

不同天文台编制星表时使用的望远镜不同，观测条件和处理方法也不一致。同一颗星在不同星表中的位置通常略有差异。为了消除和减少这些误差的影响，将不同星表进行综合处理后得到包含典型恒星的高精度通用星表，称为基本星表。基本星表是一切星表的基础，常用于天球坐标系的定标工作。19世纪70年代以来，德国奥韦尔斯、美国纽康和博斯都进行了大量工作，建立了现代基本星表系统，包括FK5、N2、PGC和GC星表等。

3. 特殊星表

特殊星表主要指记录双星、变星、彗星以及星云等的特殊天体的星表。1758年，法国天文学家梅西耶在搜索彗星时发现了金牛座的蟹状星云，自那以后，他致力于把星空中的星云、星团和星系汇编成表，每个天体用M做字头再加数字编号，共计110个天体，亮度大多在10等以内，使用小型天文望远镜都可以看到。1888年，丹麦天文学家德雷尔根据英国天文学家赫歇尔家族的观测编制了《星云星团新总表》，简称NGC星表，包括星云星团星系7840个；1908年又出版了NGC星表的补表，简称IC星表，包括星云星团星系5836个。

梅西耶马拉松

梅西耶星表中的110个天体是星云星表中的精华，是天体与天体系统演化的活样本。蟹状星云在梅西耶星表和NGC星表中的编号分别为M1和NGC1952，揭示了一颗超新星爆发以后的遗迹。为了集中目睹梅西耶天体的风采，天文爱好者设计了“梅西耶马拉松”的天文观测活动，目的是在一夜内寻找到尽可能多的梅西耶天体。这场“马拉松”通常安排在春分前后的朔日进行，此时太阳所在星区梅西耶天体较少，而夜间所见星区则布满梅西耶天体，平均每5分钟就要转换视角观测新的梅西耶天体。天文爱好者需要熟悉星座分布及梅西耶天体的相对位置，提前做好计划，才能在有限的时间内快速定位到不同的梅西耶天体，完成这场星空“马拉松”。

二、天文年历

天文年历是国家历算部门为指导天文观测逐年出版的天象预报刊物。中国天文年历由中国科学院紫金山天文台于1969年开始独立编算出版。天文年历主要包括三个方面的内容：一是太阳、月球、行星和主要恒星在下一年不同时刻的精确位置；二是日食、月食、月掩星、行星动态、日月出没和晨昏蒙影等天象的预报，最后是天体坐标换算所需要的数据，包括岁差、章动及光行差等。

三、星空模拟软件

随着现代通信技术和虚拟现实技术的发展，基于不同平台的星空模拟软件逐渐涌现出来，人们得以逐渐摆脱繁复的星图和厚重的天文年历。代表性的软件主要有 Stellarium、Starrynight、Starwalk 等。以 Stellarium 为例，该软件为开源软件，已开发出不同平台不同语言的多种版本，可实现以下主要功能：①不同天体不同地区的观测视角切换。②不同国家不同语言的星空区划方案切换。③不同形式天体视运动模拟及坐标跟踪。④不同类型天体的空间位置检索及信息查询。⑤任意时空背景下的天象模拟及预测。⑥天文望远镜的观测模拟。⑦野外实时天文观测辅助。

星空模拟软件整合了天文学的方法、理论和应用等多个环节，大大降低天文学的学习门槛，摆脱了基础天文学习与实践的时空条件限制，实现了天文学“从实践中来，到实践中去”的高效学习模式。

小　　结

天文学是通过接收天体发射或反射的辐射开展天体研究的科学。天体辐射是不同波段的电磁波，包括无线电波、微波、红外线、可见光、紫外线、X 射线和 γ 射线，人类肉眼只能看到其中狭窄的可见光波段。

天文观测的基本原理是利用人眼或望远镜，让天体辐射经过特定的光路系统，汇聚到视网膜或成像元件上，从而达到分辨暗弱天体或天体系统的目的。人眼的瞳孔直径只有 2 ～ 8mm，汇聚的天体辐射有限，而且在 0.1 ～ 0.4s 内就被快速刷新。天文望远镜可通过大口径的凸透镜或凹面镜汇聚更多星光，并配合目镜来放大角直径，还可在成像元件上叠加天体长时间的光信号，使原本看不到的星被看到，看得到的星更清晰。天文观测本质是人眼与星星之间的“约会”，受到天象、气象及生理等多因素的影响。

天文望远镜的结构包括光学系统和机械装置。光学性能主要包括望远镜的光学参数及对像差的控制能力。光学参数主要有口径、焦距、焦比、视场、放大率、极限星等。像差主要有球差、彗差和色差。机械性能主要包括望远镜的指向精度和跟踪精度。光学望远镜按照光学系统可分为折射式、反射式和折反射式。折射式通过凸透镜聚光，反射式通过凹面镜聚光。折射式按目镜类型又分为伽利略式和开普勒式。反射式按副镜类型分牛顿式和卡塞格林式。折反射式按改正镜类型分马克苏托夫式和施密特式。为满足日常观测的目视需要，也出现了反射式与折反射式的混合类型，包括“马卡式”和“施卡式”。

天文观测的辅助工具包括星图星表、天文年历及星空模拟软件。星空模拟软件整合了天文学的方法、理论和应用的多个环节，实现了天文学“从实践中来，到实践中去”的高效学习模式。

复　　习

一、名词解释

天体辐射　可见光波段　射电波段　红外波段　大气窗口　光学望远镜　地平式望远镜

赤道式望远镜 折射望远镜 反射望远镜 折反射望远镜 口径 焦距 焦比 放大率 分辨角 极限星等 球差 彗差 色差 敦煌星图 苏州石刻天文图 梅西耶星表 天文年历

二、思考题

1. 简述人眼观测与望远镜观测的联系与区别。
2. 简述视网膜成像与照相机成像的区别及其对天文学发展的意义。
3. 列举著名的空间望远镜，对比不同空间望远镜的科学目标。
4. 为什么射电望远镜的口径必须要做很大?
5. 绘制典型折射望远镜的光路图。
6. 简述折射望远镜的优缺点。
7. 绘制典型反射望远镜的光路图。
8. 简述反射望远镜的优缺点。
9. 绘制典型折反射望远镜的光路图。
10. 简述“施卡式”和“马卡式”望远镜的区别。
11. 试用星空模拟软件切换观测中心至地球北极及月球背面。
12. 试用星空模拟软件切换星空文化语言，比较中西星空区划方案的差异。
13. 试用星空模拟软件演示太阳、月球和行星的周日视运动和周年视运动。
14. 试用星空模拟软件对比太阳周日及周年视运动过程的天球坐标变化。
15. 试用星空模拟软件搜寻梅西耶天体 M31 与 M57，并近距离观测其形态。
16. 试用星空模拟软件模拟 2009 年 7 月 22 日发生在长江流域的日全食。
17. 试用星空模拟软件的望远镜模式，切换不同目镜或物镜对比其视场变化。

第二篇　天文学的基本理论

恒星、行星、卫星是天文学研究的基本天体类型，这些天体及其构成的天体系统的分类、结构、运动及演化规律是天文学基本理论的核心。第四章“恒星与星系”主要介绍恒星的性质、分类及演化过程，同时介绍恒星构成的银河系及河外星系的结构、分类及运动。第五章“太阳与太阳系”围绕离地球最近的恒星太阳，进一步解析恒星的结构及产能机制，并重点介绍太阳系行星、矮行星及小天体的基本特征及运动规律。第六章“月球与地月系”围绕地球的卫星月球，介绍月球的基本特征与运动规律。第七章“地球”围绕观测中心地球本身，讨论地球的运动规律及其天文效应。

第四章　恒星与星系

导　语

恒星与星系是构成宇宙的基本单元，也是天文观测的主体。不同距离和光度的恒星和星系搭建起宇宙的三维框架，它们有的独来独往，有的双宿双飞，有的三五成群，有的聚集成团。它们的一生丰富多彩，时而通红似火，时而寒冷如冰，最终却又和所有生命一样化为尘烟。

第一节　恒　星

一、恒星的距离

恒星距离是恒星研究的首要问题，对恒星距离的正确认识对于人类建立合理的宇宙结构和演化模型有重要意义。

（一）天体距离单位

天体距离遥远，衡量这些“天文数字”需要天文学自己特有的单位。天文学中度量天体距离的单位通常有三个：天文单位、光年、秒差距。

天文单位（astronomy unit，AU），即日地距离，约 14960 万 km。度量太阳系内部距离时常用到这个单位，例如，火星的轨道半径为 1.52AU；太阳系的直径以冥王星的轨道计算约为 100AU。

光年（light year，ly），即光走一年的距离，约 63240AU，是度量近距离恒星的常用单位。例如，牛郎星距离地球 16.7ly；织女星距离地球 24.0ly；牛郎星与织女星之间距离大约为 16 ly。

秒差距（parsec，pc），是比光年更大的单位，秒差距是最古老却又最直观的恒星测量单位。1 秒差距（pc）是以地球公转轨道半径（1AU）为基线观测恒星的视线方向张角为 1″时恒星的距离。1pc 等于 3.26 ly。度量恒星距离时也可用秒差距，度量星系距离时常用千秒差距（kpc）。

（二）天体距离测量

天体距离测量是天体测量学的基本任务。不同距离天体对应的测距方法不尽相同。三角视差法是测量近距离恒星的主要方法，源于古埃及。古埃及人丈量河流宽度时，通常先瞄准对岸的一个标志物，使视线垂直于河岸；然后垂直于该视线方向沿一侧河岸行走一段距离，再观测对岸同一标志物，测量最终视线方向与走动路线的夹角，同时测量出沿河岸走动的距离，通过三角函数就可以测量出河流的宽度，该方法的本质是利用不同方向观测同一地物的视差来测量距离。

我们在公转的地球上观测恒星时，因为地球位置有变化，观测恒星的视线方向也有微小的变化，所以恒星投影位置可能在更远的背景恒星中来回移动，日星连线与地星连线的夹角达到最大时，就是恒星的周年视差（图 4-1）。恒星距离越远，周年视差越小。恒星的周年视差为 1″ 时，恒星距离是 1pc；恒星的周年视差为 0.5″ 时，恒星距离是 2pc，也就是说，用**秒差距表示的恒星距离是其周年视差角秒值的倒数**。

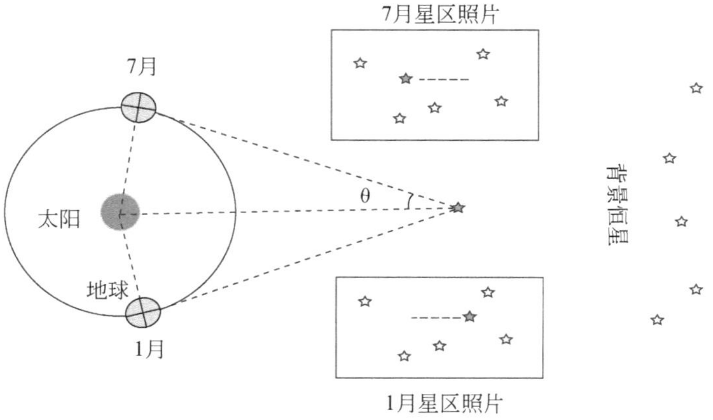

图 4-1　天体距离的测量

按此原理，离太阳系最近的恒星周年视差最大，最近的恒星半人马座 α 的周年视差为 0.76″，但人眼的分辨角为 18 ～ 77″，很难分辨出这种微小变化，这也导致恒星没有明显的周年视运动。然而，随着望远镜的发明，望远镜的分辨角可达 0.02″，可以分辨出恒星的周年视差，并以此测算出它们的距离。三角视差法只适用于距离 50pc 以内的恒星测量，更远的恒星或星系的测量仍需要借助其他方法。

地物距离估算

日常生活中，我们伸出手臂，用两眼交替观测自己伸出的同一手指，两眼视线方向也存在一个明显的夹角，使手指投影到远处不同地物的背景上。测绘学把手指在地物背景上的线距离变化称为跳眼间隔，并用以估算地物距离。通常人两眼距离约 6cm，手臂长约 60cm。两眼交替观测同一手指时，跳眼间隔若跨越某目标建筑上的 3 扇 1m 宽的窗户，那跳眼间隔为 3m，该建筑的距离就是 30m。

（三）太阳系最近的恒星

通过三角视差法，我们可以找到距离太阳系较近的“邻居”们，大部分都是比较亮的恒星，包括半人马座 α、小犬座 α、大犬座 α 等。其中，**半人马座 α** 是距离太阳系最近的恒星，也称“**比邻星**”，距离我们 4.22 光年，约 27 万个 AU，相当于最近恒星太阳距离的 27 万倍。然而，恒星是不是越近就越亮呢？显然不是，天狼星是全天最亮恒星，它的距离却只能排到第三。恒星亮度不仅与天体距离有关，还与天体本身的发光强度有关。

二、恒星的光亮

自行发光是恒星最重要的物理特征，衡量恒星发光能力的指标包括亮度和光度，也称目视星等和绝对星等。

（一）亮度——目视星等

早在公元2世纪，希腊天文学家依巴谷就把全天可见恒星按其明暗程度划分为1等星到6等星，星等越低，恒星越亮。1850年，英国天文学家普森通过测光技术测量了不同恒星的照度，即单位面积单位时间接收的星光能量，用E表示。他发现星等增加5等，照度衰减为原来的1/100，即星等每增加1等，照度衰减为原来的1/2.512。通过上述关系，普森提出根据天体照度计算出目视星等（m）的方法。

$$m = -2.512\lg E$$

其中，E为相对照度，0等星的照度为1。通过该公式，可估算出常见天体的目视星等（图4-2）。四季常见亮星的目视星等多在0等左右，全天最亮恒星天狼星的目视星等为–1.46，而金星和木星等行星的目视星等最低可至–4.4和–2.7，所以天气不佳的夜晚看到的单独亮星多为行星。满月的目视星等为–13.6，远低于夜间的恒星与行星，所以有“月朗星稀”之说。太阳的目视星等更是低至–26.7等，照度相当于最亮恒星的一千万倍。所以太阳出现在地平之上时，因为大气对太阳光的强烈散射，足以掩盖其他恒星，只有极少数发生日全食的时刻，才可能看到其他恒星。

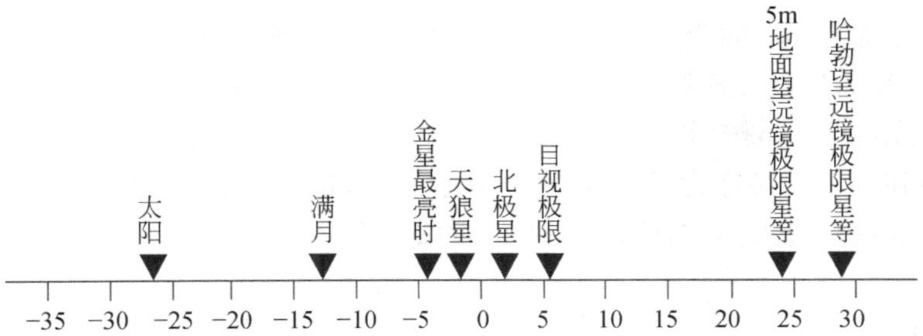

图4-2　天体目视星等

值得注意的是，肉眼的目视极限约6.5等，按此估算，全天肉眼可见的恒星为6000多颗，包括1等星22颗、2等星71颗、3等星190颗、4等星610颗、5等星1929颗，其余3000多颗均为6等以上。目视星等越高，恒星数量越多。然而，即使是1等星的照度，也仅相当于1km外的蜡烛光亮，容易受到地面光污染的影响。对人眼而言，宇宙中的绝大多数恒星，都属于沉默的大多数。然而，5m口径的地面望远镜的极限星等可达24等，脱离了大气层干扰的哈勃空间望远镜的极限星等可达29等。所以，凭借肉眼构建的宇宙只是宇宙的冰山一角，望远镜大大拓宽了人们的观测视野，为人们建立正确的宇宙观奠定了基础。

（二）光度——绝对星等

光度，也称绝对星等，即恒星在 10pc 处的目视星等，用以衡量恒星的绝对发光能力，通常用 M 表示。恒星发光能力强，但因距离遥远，星光也会显得黯淡。所以要比较恒星自身的发光能力，需要将恒星都放在相同的距离上，天文学把这个距离定为 10pc。假如天体的实际距离为 d，把它移到 10pc 时，按照天体照度的距离平方衰减定律可得到

$$d^2/10^2 = E_M/E_m$$

其中，E_M 和 E_m 分别为恒星在 10pc 处和原始位置的照度。按照照度与星等的关系，可得到

$$d^2/10^2 = 2.512^{m-M}$$

上式等号两边取对数，就可以得到目视星等与绝对星等的转换公式：

$$M = m+5-5\lg d$$

其中，M 为绝对星等；m 为目视星等；d 为天体距离。这个公式通常有两种应用场景。第一种应用场景是已知天体距离和目视星等，求天体绝对星等。第二种应用场景是已知目视星等和绝对星等，求天体距离。我们可以通过该公式计算太阳及附近恒星的绝对星等，太阳的目视星等为 –26.7，绝对星等为 4.8。天狼星的目视星等为 –1.45，绝对星等为 1.43；织女星目视星等为 0.03，绝对星等为 0.5； 牛郎星目视星等为 0.77，绝对星等为 2.19，不难发现，地球周边亮星的绝对星等都高于目视星等，说明它们多位于 10pc 以内。

（三）恒星的光谱

1. 恒星的光谱构成

恒星的光度和亮度是对恒星可见光辐射强度的整体度量。可见光由不同波长的光组成，这些光通过特定外形的介质后，因折射率不同，会分散成平行的彩色光带——即光谱。1665 年，牛顿首次通过三棱镜把白色的太阳光分解成红、橙、黄、绿、蓝、靛、紫连续分布的可见光光谱。光谱按形式可分为连续谱和不连续谱，按成因可分为吸收谱和发射谱，不连续吸收谱和发射谱又称为吸收线或发射线。多数恒星光谱是连续发射谱叠加不连续的吸收线，只有少数年轻天体才具有较亮的发射线（图 4-3）。

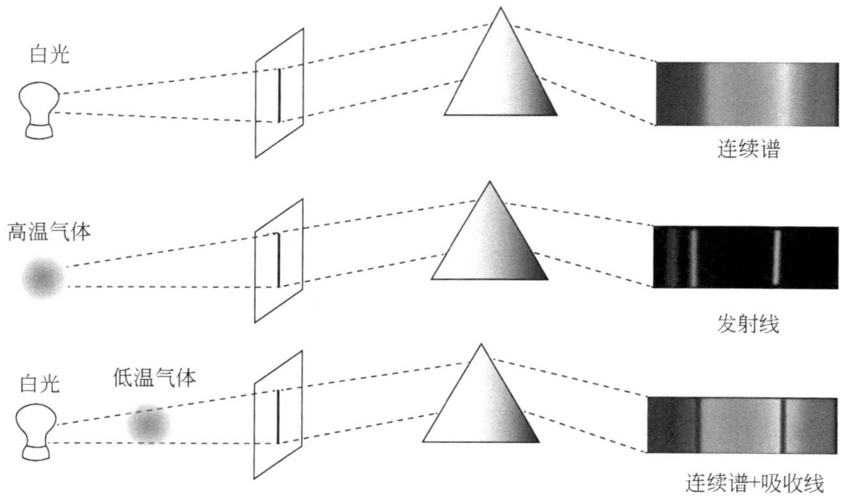

图 4-3　光谱的构成

恒星光谱中的暗的吸收线早期并未发现。直到 1815 年，出生于德国玻璃匠家庭的夫琅禾费制造的光谱仪，大大提升了光谱的精度，这些暗线才得以发现，并被称为“夫琅禾费线”。与此同时，德国物理学基尔霍夫发现某些元素燃烧时光谱中会形成亮的发射线，而这些发射线穿过外围该元素的低温稀薄蒸气时，会变成暗的吸收线。更重要的是，这些暗线的位置与恒星光谱中的暗线基本一致，暗示恒星大气中可能含有该元素。天文学家自此意识到恒星光谱蕴含了丰富的物理化学信息，可以帮助我们区分不同类型的恒星。

2. 恒星的光谱分类

1860 ～ 1870 年，意大利天文学家安吉洛 • 西奇为了分辨观察到的恒星，创造了早期的光谱分类法，后被哈佛分类法所取代。1885 年，美国哈佛大学天文台的卡农团队用物端棱镜方法对大量恒星光谱进行了测量分类。这个工作一直持续到 1924 年，共完成 22 万多颗恒星的光谱测量。

早期恒星光谱的划分是按照光谱氢吸收线的强度，分别划分为 A、B、C、…类别。哈佛分类法通过恒星表面温度划分，光谱型顺序调整为 O、B、A、F 、G、K、M。学生们为了记住这个重新排列后的顺序，编了句顺口溜“Oh！ Be A Fine Girl，Kiss Me”。新的光谱分类包括 7 个光谱型：O 型代表了表面温度最高的超过 30000K 的恒星，发的光偏蓝。M 型代表了表面温度最低的 3500K 左右的恒星，发的光偏红。每种光谱型按照温度范围又划分了 10 个亚型，太阳的表面温度约 5800K，光谱型为 G2 型。

哈佛大学卡农团队 39 年的工作，是近代天文史上的巨作，为后期天体物理学研究提供了基础资料。我国国家天文台的郭守敬望远镜（LAMOST）作为拍摄天体光谱的巡天望远镜，其物镜端用光纤铺设，可同时拍摄 4000 条光谱。LAMOST 建成不到两年时间，就拍摄了 172 万条光谱，效率提升近 200 倍，再次印证了观测技术对天文学发展的重要性。

3. 恒星光谱的意义

恒星光谱是天体物理学的基础，可反映恒星全方位的物理化学信息。如果说人类观测遥远的恒星，就像孙悟空的 “悬丝诊脉”，光谱就是那根重要的“丝”。

1）恒星的表面温度

恒星的表面温度是恒星光谱划分的主要参数。恒星发出的电磁辐射都是一个波段，并存在一个辐射最强的波长。根据维恩位移定律，天体辐射的最强波长与其表面温度成反比（图 4-4）。表面温度 23000K 的 B 型星——角宿一，最强波长在 100nm 左右。表面温度 5800K 的 G 型星——太阳，最强波长刚好在可见光波段 400 ～ 700nm 附近。表面温度 3400K 的 M 型星——心宿二，最强波长在 1000nm 左右。所以，高温的 O、B 型恒星通常

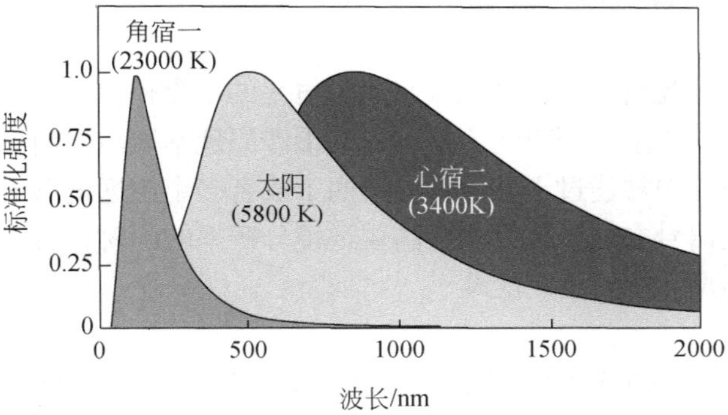

图 4-4　光谱波长与温度

颜色偏蓝，低温的 K、M 型恒星颜色偏红。

2）恒星的元素丰度

恒星由高温炽热的气体构成，并存在一定的温度梯度。恒星内部发射的光会经过相对低温的恒星大气，从而在光谱上形成不同的吸收线。通过这些吸收线的位置和强度，我们可以反推出恒星的化学组成。

3）恒星的运动速度

恒星的运动可能导致恒星光谱波长的变化，即多普勒效应。当恒星远离观测者时，星光的波长会偏长，从而导致光谱的红移；当恒星靠近观测者时，星光的波长会变短，从而导致光谱的蓝移（图 4-5）。通过计算恒星光谱的红移量和蓝移量，可揭示出恒星的运动方向和速度。

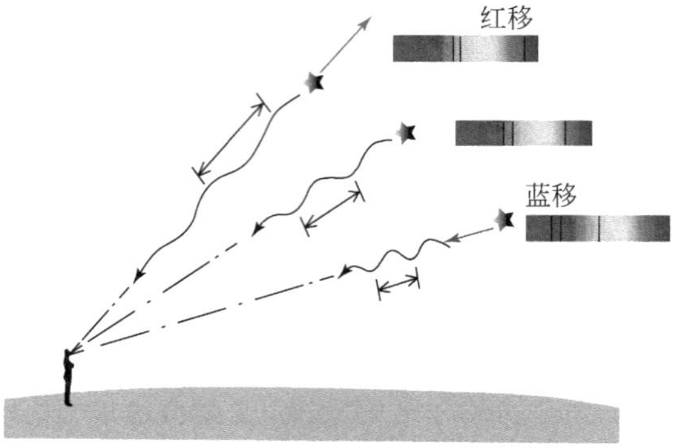

图 4-5　恒星光谱的红移与蓝移（修改自蔡森和麦克米伦，2016）

三、恒星的大小

地表物体的体积和质量，是最直观、最容易测量的物理量，但对于“看不清，摸不着”的天体来讲，测量它们的体积和质量，却困难重重。

（一）恒星的体积

遥远的恒星，除了太阳角直径在 0.5° 左右以外，大部分恒星的角直径小于 0.06″，犹如百公里外的一枚硬币，很难通过直接方法测量。角直径略大的恒星，可通过**干涉法**或**月掩星法**来测量，更多的恒星则只能采用**间接推算法**。

1. 干涉法

干涉法是通过恒星光自身的干涉现象来测量恒星的角直径，角直径越大，干涉现象越明显，该方法同样适用于双星角距离的测量。光的干涉原理本质是不同路径和相位光的叠加和消减。现代望远镜设计中常通过干涉原理，用两个或者多个望远镜形成的阵列独立接收不同相位的光波，再将其信号叠加。该方法提高望远镜分辨率的同时，有效降低单个望远镜的口径，在射电望远镜的设计中使用广泛。

2. 月掩星法

因为月球是距离地球最近的天体，月球绕地球公转时会掩盖背后的恒星，天文学上称“月掩星”。跟踪月掩星过程中的亮度变化与持续时间，可反推恒星的角直径。月掩星法只适用角直径较大且在月球轨道附近的恒星。

3. 间接推算法

多数恒星的体积是通过间接推算法得到的。假设恒星是理想黑体，根据热学定律，恒星的光度与半径的平方、温度的四次方成正比。对于大部分恒星，我们可通过光谱确定其光度和温度，从而反推恒星的半径与体积。

通过以上方法，可测量出恒星半径最大可达太阳的千倍，最小则不到太阳的百分之一。猎户座的参宿四的半径约是太阳的 900 倍，为典型的巨星。天狼星的伴星——天狼星 B 的半径则不足太阳的 1/100，为典型的矮星。这种半径上接近 5 个数量级的差别，导致恒星体积上呈现出 15 个数量级的差别，使宇宙呈现出“巨人”与“侏儒”同在的景象（图 4-6）。

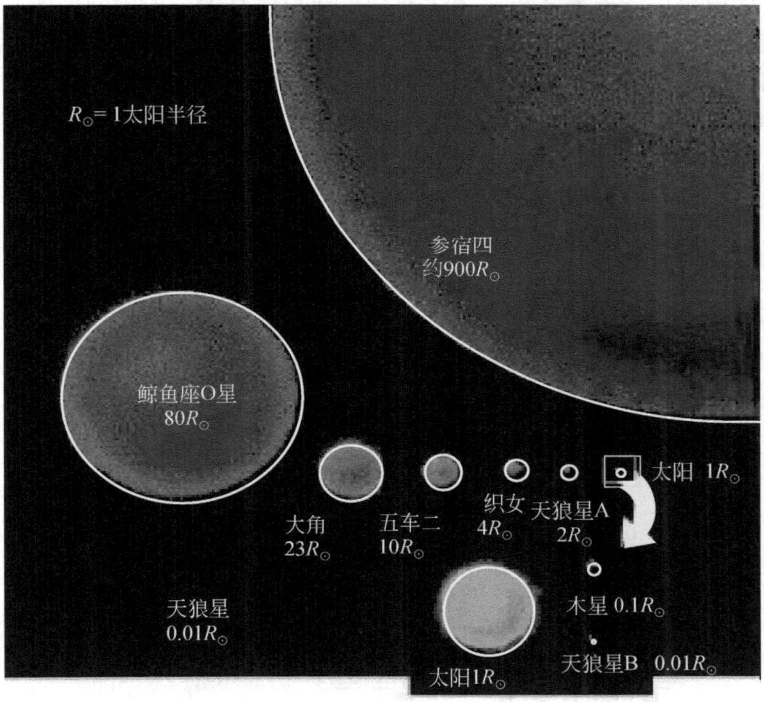

图 4-6　恒星的体积（修改自蔡森和史麦克米伦，2016）

（二）恒星的质量

恒星质量是恒星最重要的物理参数，决定恒星的演化速度和演化路径。恒星质量的测量方法主要包括两种：双星法和间接推算法。

1. 双星法

双星法要求恒星必须属于双星系统，也就是说两颗恒星在空间互相绕转。双星绕转规律符合开普勒第三定律，即天体轨道半径的立方与绕转周期的平方正比于天体质量和，而且双星绕共同质心的半径反比于恒星质量。虽然宇宙中的双星系统很多，但不是所有双星系统都能测量出轨道半径与周期。依靠这种方法测量出的恒星质量也只有百余个。

2. 间接推算法

大多数恒星质量只能通过间接推算法得到。从 20 世纪 20 年代开始，从大量恒星观测结果中人们发现，宇宙中 90% 的恒星，质量与光度都符合一个“质光关系”。即光度与质量的 2 ～ 4 次方成正比，光度越大，质量也越大。这些恒星通常为主序星，即处在青年期的恒星，体积适中。利用这个质光关系，我们可以通过恒星的光度反推质量。

通过不同方法计算恒星质量时发现，大部分恒星质量在 0.1 ～ 10 个太阳质量之间（图 4-7），变化幅度只有 2 个数量级左右。恒星体积的变化幅度可达 15 个数量级，恒星密度变化幅度也接近 11 个数量级。太阳的密度为 1.4，接近于水。超巨星的密度则只有水的百万分之一，好比一团云。矮星的密度则可达到水的数万倍，也就是说你在矮星上取 $1m^3$ 土，可能需要万吨的巨轮才能运走。为什么恒星体积和密度差异如此巨大，质量却相对稳定呢？这与恒星质量在恒星形成与演化过程中扮演的重要角色有关。恒星的形成源于一定质量的原始星云通过自我引力收缩，使得内部升温引发核聚变。如果质量太小，不足以使内部达到核聚变的临界温度形成恒星；如果质量太大，又会大大加快它的演化速度，使恒星过早消亡。这使得宇宙中恒星的质量都处于一个相对狭窄的范围。从这个角度而言，我们看到的恒星都是宇宙中最好的“体重管理专家”。

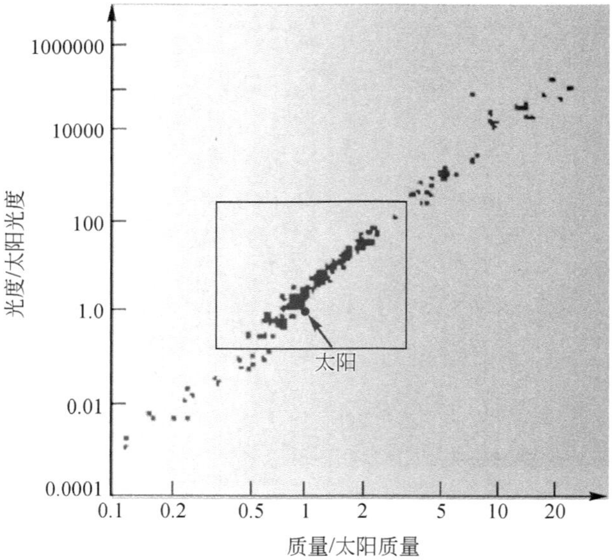

图 4-7　恒星的质量

四、恒星的运动

恒星之所以为恒星，是因为恒星之间的相对位置基本不变。然而，天体的静止都是相对的，天体的运动是绝对的。

（一）恒星运动的发现

公元 8 世纪初，唐代开元年间的僧一行进行了一次大规模的恒星位置测量，发现很多恒星的位置相对于古代有明显变化，但当时的理论和技术条件还不足以解释这种变化。1718年，英国天文学家哈雷对比古希腊依巴谷和托勒密在不同时代的观测结果发现，天狼、毕宿五、大角、参宿四的位置有了明显变化，哈雷由此提出恒星相对位置并不是恒定的。事实上，所有的恒星都在缓慢地运动，太阳带着太阳系的天体也在宇宙空间运动。当恒星运动的速度和方向与太阳不同时，位于太阳系的我们就可以观测到恒星的运动。

（二）恒星的运动速度

地球上观测恒星的空间运动速度通常划分为沿视线方向的视向速度及垂直视线方向的切向速度（图4-8）。恒星的视向速度可通过恒星光谱的多普勒效应估算。恒星的切向速度则通过天体在天球上投影位置的变化来估算，以角速度表示时称自行速度，单位为″/a 。肉眼可见恒星的自行速度通常小于0.1″/a，数百年还不到10″，远远低于人眼能分辨的范围。然而，不同于地球公转导致恒星投影位置的来回移动，恒星的自行是恒星自身的运动，是非周期性的。人们可以通过比较不同年份同一天区的照片来确定恒星的自行量。

现代望远镜观测到的恒星自行量最大的是蛇夫座的巴纳德星，每年10. 3″，其次是绘架座的卡普坦星，每年8.8″。虽然每年恒星的自行量很小，但如果经过数万年的演化，恒星之间的相对位置仍会发生明显变化。这一点从北斗七星的演化可以看出来（图4-8）。

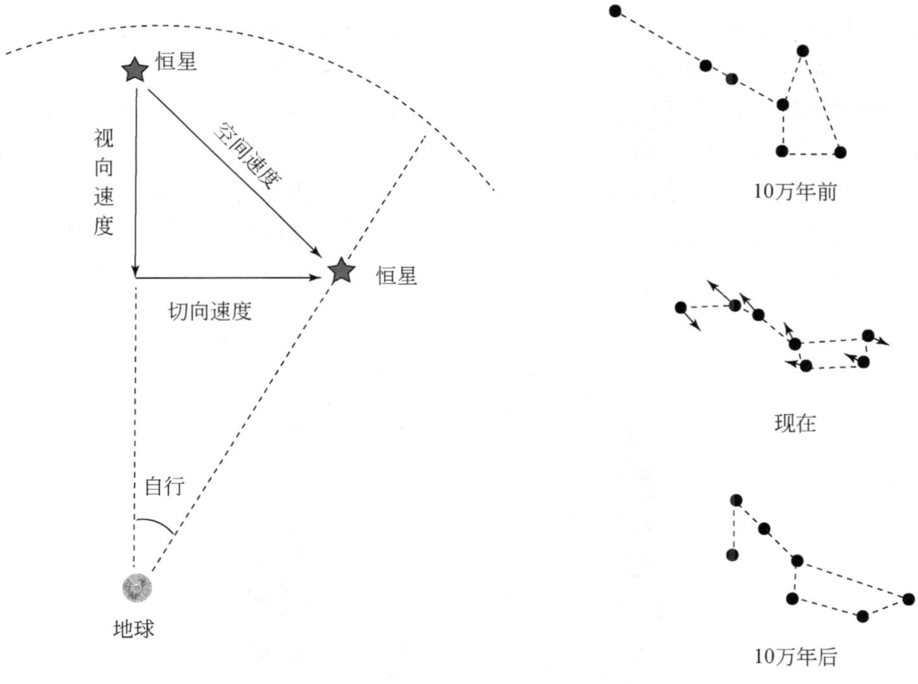

(a)恒星空间运动的分解　(b)北斗七星的自行

图4-8　恒星的自行

值得注意的是，通常说的自行速度是角速度，换算成切向速度时，还需要乘以恒星的距离。从常见恒星的自行速度和切向速度可以看出，毕宿五比参宿四的自行速度大，但毕宿五比参宿四的切向速度小（表 4-3），说明毕宿五比参宿四近得多。事实上，毕宿五的距离是 68 光年，参宿四的距离则达到 520 光年。同时，毕宿五和参宿四的视向速度为正，说明它们在离我们而去，而天狼星和大角星的视向速度为负，说明它们在向我们飞来。

表 4-3　恒星的自行

星名	自行速度 /（″/a）	切向速度 /（km/s）	视向速度 /（km/s）	空间速度 /（km/s）
天狼	1.315	16.6	−7.6	18.5
大角	2.287	120.4	−5.2	120.6
毕宿五	0.205	20.4	54.1	58.8
参宿四	0.032	30.3	21	36.8

（三）太阳的运动

太阳是距离我们最近的恒星，太阳也在运动，但地球与太阳同处太阳系，我们如何去观测太阳的运动呢？1783 年，英国天文学家赫歇尔分析了天狼星、北河三、南河三、轩辕十四、大角、牛郎星等七个恒星的自行，发现这些恒星都背离武仙座而朝向天鸽座方向自行（图 4-9）。他认为这种自行不同于恒星自身的随机运动，可能是太阳在向武仙座方向运动的反映。这就好比我们在道路上开车快速行驶，路边的树会背向前方路尽头的一点散开，而背后的树木则朝向后方路尽头的一点汇聚。通过这个方法，我们推算出太阳相对这些恒星的空间速度为 19.7km/s。恒星的这种快速运动不免让我们担心恒星的碰撞，但恒星之间的距离是恒星直径的百万倍，恒星相撞的概率相当于太平洋里两只鱼相遇的概率。

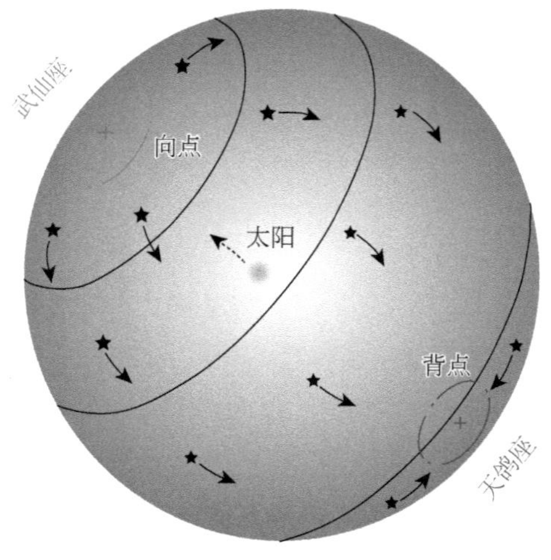

图 4-9　太阳的自行

五、恒星的演化

（一）赫罗图的发现

恒星的演化过程是恒星天文学的核心科学问题。丹麦天文学家赫茨普龙和美国天文学家罗素分别于1911年和1913年根据测得的恒星光度和温度绘制了一张图，统称“赫罗图”。赫罗图的纵坐标是光度，通常用指数形式表示。横坐标是表面温度，从左到右由高到低排列（图4-10）。

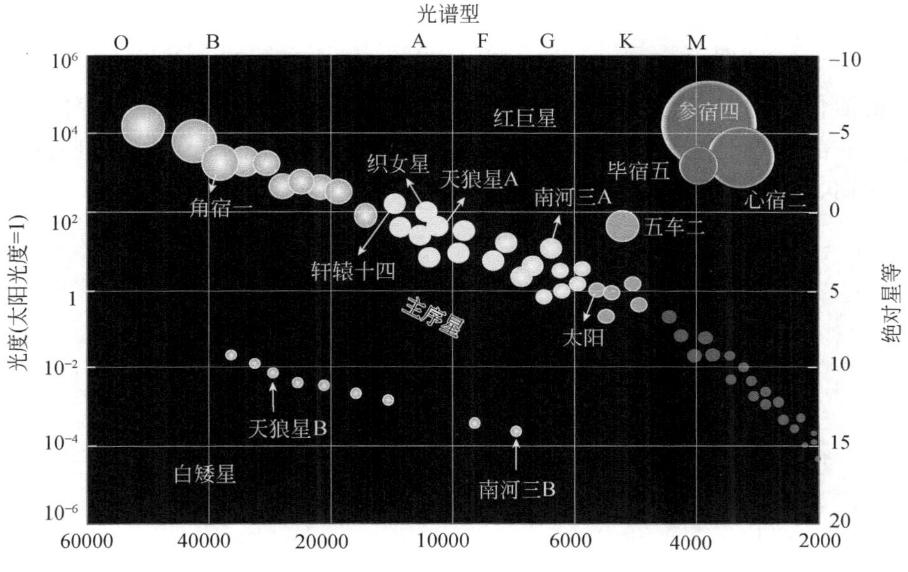

图4-10　赫罗图

赫罗图上的大多数恒星都分布在从左上方至右下方的狭长区域，称“主星序”，而处于主星序的恒星称“主序星”。与此同时，赫罗图的右上角有一部分恒星光度明显高于主序星，发出的光偏红，按照前述恒星光度与体积的关系，可推知恒星体积很大，称为“红巨星”。此外，赫罗图的左下角有一部分恒星的光度明显低于主序星，发出的光偏白，可推知该恒星体积很小，称为“白矮星”。

从常见的亮星在赫罗图上的分布来看，太阳、织女星、轩辕十四、角宿一、南河三大部分恒星处于主星序，而五车二、毕宿五、参宿四、心宿二这些发红的恒星多属于红巨星，光度较低的白矮星肉眼看不清楚，需借助望远镜。这三类天体在赫罗图上的不同分布实际反映了恒星演化的不同阶段，所以天文学家把赫罗图比喻为“恒星的全家福”。

（二）赫罗图的意义

赫罗图虽然只是展示了恒星的光度与温度关系，却提供了一个研究不同恒星物理性质的最佳切面。赫罗图可以清晰地展现恒星不同物理特征的相关关系及演化规律，从而更好地指导恒星分类。

根据主序星的质量－光度关系，我们可以推知主星序左上角的质量通常较大，而右下角的质量通常较小。根据恒星温度和半径的关系，低光度和高温度通常意味小半径；高光度、低温度通常意味大半径，所以赫罗图左下角的恒星体积偏小，而右上角偏大。此外，恒星演化过程中会伴随着温度和光度的同步变化，通过赫罗图可推知其年龄及预测其演化路径。20 世纪 40 年代，美国天文学家摩根和基南以赫罗图为基础，提出恒星的二元分类系统，称为摩根 – 基南系统（MK 系统）。MK 系统继承了哈佛系统的光谱型之外，增加了光度型。光度型分为 7 级：Ⅰ（超巨星）、Ⅱ（亮巨星）、Ⅲ（巨星）、Ⅳ（亚巨星）、Ⅴ（主序星）、Ⅵ（亚矮星）和Ⅶ（白矮星），分别对应赫罗图从右上到左下的不同位置。按照 MK 系统，太阳为 G2V 型星，表示太阳是一颗光谱型为 G2 的主序星。

（三）恒星的演化

恒星的演化路径和演化速度与质量密切相关。典型类太阳质量恒星的完整演化过程可划分原恒星、前主序、主序星、红巨星、白矮星五个阶段（图 4-11），分别对应恒星的胚胎期、少年期、青年期、中年期和老年期。

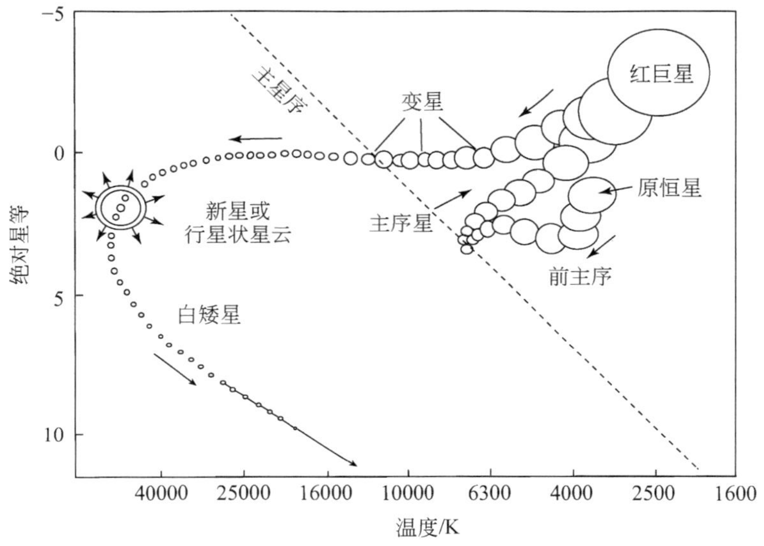

图 4-11　恒星的演化

1. 原恒星阶段

恒星形成的早期，通常需要一团质量足够大的星云，星云受到星风等因素激发，向内的引力超过由热运动和湍动产生的向外的压力，星云开始收缩，形成原恒星。星云是恒星的襁褓，很多著名星云附近都可以观测到恒星的形成过程。

2. 前主序阶段

原恒星诞生后，恒星继续收缩至太阳半径，中心温度会迅速升高至 3000 ～ 5000K，此时星体开始发光。这个阶段恒星演化的质量依赖性开始显现。质量大的恒星在前主序的时间短，质量小的恒星在前主序的时间长。

3. 主序星阶段

当恒星内部温度升高至 1500 万 K，达到氢聚变成氦的临界温度时，引发热核反应，向外的辐射压力与向内的引力相平衡。恒星停止收缩进入主序星阶段，并在主序期度过其一生 90% 的时间。主序星演化的质量依赖性表现得更为明显。质量与太阳相似的恒星，在主星序的持续时间约为 100 亿年。如果恒星质量达到太阳质量的 25 倍，在主序星的时间则骤降至 300 万年。如果恒星质量是太阳质量的 0.5 倍，在主序星的时间则突增为 2000 亿年。

4. 红巨星阶段

恒星核心区氢全部聚变成氦时，核反应向外推移，外层的氢在氦核表面聚变，体积急剧膨胀，表面温度下降，恒星的光开始变红。猎户座的参宿四、天蝎座的心宿二都处于红巨星阶段。太阳在 50 亿年以后也会迈向红巨星阶段，届时，太阳的体积会膨胀并吞没太阳系的行星（图 4-12）。

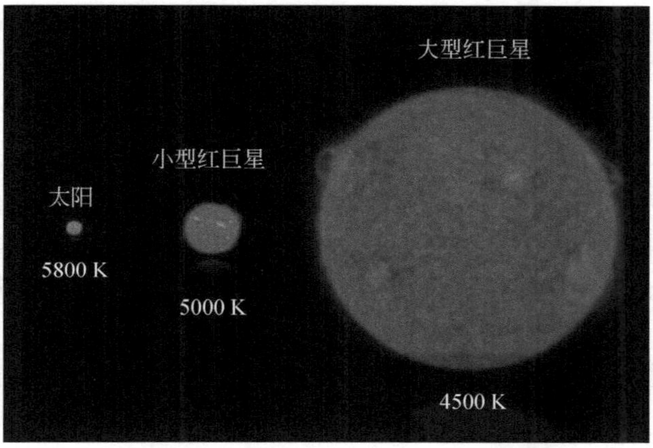

图 4-12　红巨星

5. 白矮星阶段

与太阳质量类似的恒星演化到晚期阶段，氦核增大，核心收缩，外层膨胀，直至核壳分离，也就是我们常说的“氦闪”，形成行星状星云（图 4-13），内部残留的核会形成白矮星，逐渐冷却。

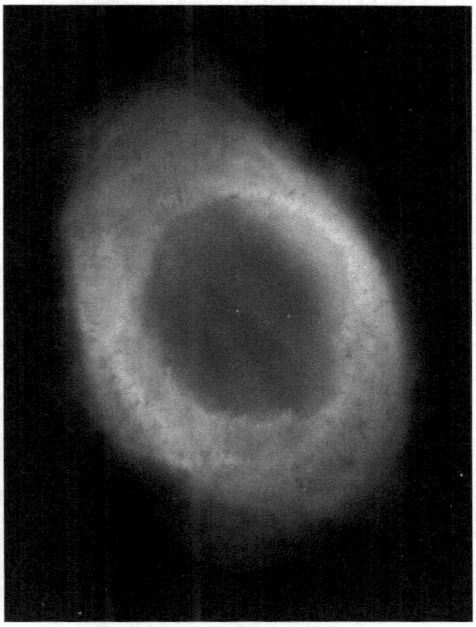

图 4-13　行星状星云

通过赫罗图，我们可以跟踪类太阳质量恒星从原恒星进入前主序阶段，再进入主序星阶段，然后变成红巨星，最后发生氦闪，形成行星状星云和白矮星的全过程。然而，恒星质量很大时，氦核会进一步聚变，当聚变至铁时，因为铁具有最小原子结合能，核聚变从放出能量变成吸收能量，向外辐射压力骤减，星体发生灾难性大坍塌，导致超新星爆发，外壳物质抛射，核心成为致密星。若核心致密星的质量小于 1.44 个太阳质量，形成白矮星；若大于 3.2 个太阳质量，形成黑洞；若介于其间，就会形成中子星。恒星质量较小的时候，则直接穿越主星序，变成白矮星。

第二节 双星、变星、星团、星云

恒星在宇宙中很少独来独往，它们或互相绕转或聚集成团。恒星在不同演化阶段，其光度和温度也会发生变化，从而呈现出不同的形态，包括双星、变星、星团、星云等。

一、双星

双星是指目视或望远镜观测时距离很近的恒星，超过两个时称合星，如三合星、四合星，或统称聚星。聚星本质上是一种嵌套的双星系统，例如，三合星实际就是两个星在相互绕转的同时，共同又与第三颗星相互绕转。宇宙中的双星接近 70%，太阳系周边的双星也超过一半，我们常见的角宿一、心宿二、天狼、南河三、五车二等亮星都是双星系统。双星按照其是否有空间联系分为光学双星和物理双星。

（一）光学双星

光学双星是指两颗目视投影位置相近，但实际并无空间联系的恒星，也称“假双星”。北斗七星的开阳星与其旁的“辅”星，最早被认为是光学双星。开阳星距离地球 78 光年，辅星距离地球 81 光年，两星之间的角距离为 12′，接近人眼的最小分辨角，中亚阿拉伯地区称其为“试验”星，意在通过该星来考察人的眼力。现代观测表明这两颗恒星之间实际有力学联系，属物理双星，共同从属于一个由七颗星组成的聚星系统。

（二）物理双星

物理双星是空间位置接近而且有力学联系的双星系统，是真正意义上的双星系统。19 世纪初，英国的威廉·赫歇尔最早发现了物理双星，并提出双星沿椭圆轨道相互绕转，类似于地球绕日旋转的轨道。物理双星按观测方法可划分为目视双星、分光双星和食变双星。

1. 目视双星

目视双星是指两星距离较远、绕转周期较长的双星系统。天狼星就是一颗目视双星（图 4-14）。1844 年，德国贝塞尔发现天狼星的自行轨迹不是直线，而是波浪线。他大胆预言天狼星附近有一颗伴星，绕转周期大约为 50 年。后来，人们发现了这颗目视星等为 8 等的伴星质量为天狼星的一半，是一颗白矮星。双星中主星和伴星的演化阶段往往不同，光

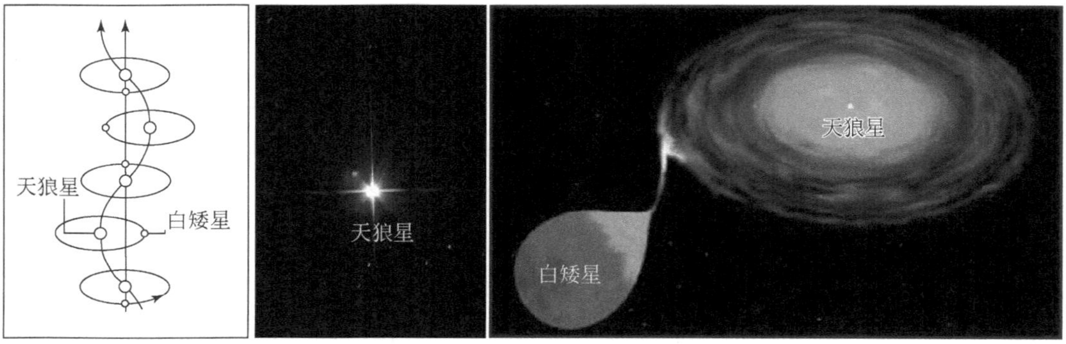

图 4-14 目视双星

谱型和颜色也不相同。通常主星的体积较大，偏红偏黄，温度较低，观测相对容易；伴星体积较小，偏蓝偏绿，温度较高，观测相对困难。

2. 分光双星

当双星的两个子星的距离很近时，不能通过望远镜直接分辨出来，只能通过恒星光谱分辨出来，称为分光双星。在分光双星相互绕转过程中，恒星光谱会发生周期性的红移和蓝移。五车二、角宿一等都是分光双星。

3. 食变双星

食变双星是两颗星绕转时发生了相互遮挡，使恒星亮度出现了周期性变化。英仙座 β，中文称“大陵五”，也称“鬼”星，是人们最早发现的食变双星，最亮时目视星等为 2.2 等，最暗时目视星等为 3.4 等，变光周期为 2d20h40min。

二、变星

虽然恒星光度在其生命周期的绝大部分时间内保持稳定，但恒星演化过程中，因其内部平衡被打破，恒星体积及光度可能发生周期性或非周期性变化。从观测角度而言，恒星亮度在一天到几百天的短时间内发生明显变化，就称其为变星。变星同双星一样，按其光变机制可分为光学变星和物理变星。

（一）光学变星

光学变星，也称为几何变星，同双星中的食变双星，是由双星系统相互遮挡导致了恒星亮度的变化。这种变星是外部原因导致的，又称为外因变星，占变星总数的 20%。

（二）物理变星

物理变星是因为恒星内部物理原因导致的亮度变化，也称为内因变星，占据变星总数的 80%。物理变星按照其变光形式分为脉动变星和爆发变星（图 4-15）。

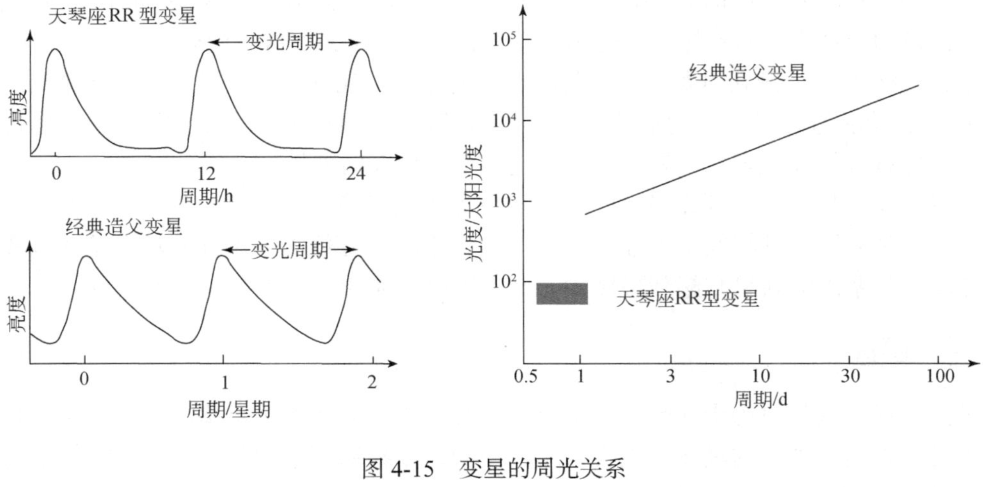

图 4-15　变星的周光关系

1. 脉动变星

脉动变星是体积周期性膨胀收缩导致光度周期性变化的恒星，它与恒星演化过程中靠近赫罗图上的不稳定带有关（图 4-11）。该不稳定带中，恒星向内的自引力及向外的辐射压处于失衡状态，导致体积周期性膨胀收缩。这里主要介绍两类变光周期完全不同的脉动变星。

天琴座 RR 型变星，也称短周期造父变星，变光周期为 0.05 ～ 1.5d，星等变幅为 1 ～ 2 等，绝对星等在 0.5 等左右。经典造父变星，也称长周期造父变星，命名源于仙王座 δ，中文名为“造父一”，最早为英国的古德利克发现。经典造父变星的变光周期为 1 ～ 50d，星等变幅为 0.1 ～ 2 等，周期越长，光度越大。造父变星的发现为我们测量恒星的距离提供了新办法。通过造父变星的变光周期可以推断出其光度——绝对星等，通过直接观测可以得到其亮度——目视星等，通过绝对星等与目视星等的换算公式，就可推断出它的距离。

2. 爆发变星

爆发变星是恒星演化晚期，光度在短时间突然增亮的现象，按照增亮幅度可分为新星和超新星。所以新星并不是新产生的恒星，只是爆发之前不容易被观测到而已，中国古代把新星与超新星称为“客星”。

1）新星

新星是星等数天内骤降 9 等以上，光极大时绝对星等可达 –7.6 等，而后慢慢暗淡下去的恒星。新星爆发较为频繁，并以 100 ～ 5000km/s 的速度向外抛射物质。银河系每年出现 60 个，仙女座星系每年出现 20 ～ 30 个。一般认为，新星爆发与密近双星演化阶段的差异有关，可多次爆发。密近双星中演化速度较快进入白矮星阶段的恒星，可能吸积附近演化速度较慢且仍处红巨星阶段的恒星物质，在白矮星表面发生爆炸，从而使原本暗弱的白矮星突然增亮。

2）超新星

超新星是数天内骤降 17 等以上，光极大时绝对星等可达 –17 或 –19 等，而后慢慢暗淡下去的恒星。超新星的爆发比新星强数万倍，抛出速度超过 10000km/s 的气壳，中心遗留的物质形成白矮星、中子星或黑洞等致密天体，周边气壳形成星云。相比于新星的频繁出现，超新星的观测记录屈指可数。最著名的超新星爆发记录源于公元 1054 年我国史书《宋会要》记录的金牛座超新星爆发，也称“天关客星”。原文中这样记载：“至和元年五月，晨出东方，守天关，昼见如太白，芒角四出，色赤白，凡见二十三日……岁余稍没。”这段话完整记录了超新星爆发的形式、过程和持续时间。18 世纪，人们在该天区发现了蟹状星云，也就是“天关客星”爆发后的遗迹，至今仍在向外扩散。

新星和超新星爆发达到光极大时的绝对星等都相当稳定。人们形象地把它们称为宇宙里的“标准烛光”，其瞬间辐射能量最高可达太阳的上万倍。当遥远的星光暗淡到我们无法观测时，星系内的新星和超新星爆发无疑为深空天体测距又提供了一盏明灯。

三、星团

星团是指恒星数目为十几颗到几十万颗，存在物理联系的恒星集团。星团中成员星的空间密度显著高于周围的星场。人类可见的星团，多指银河系内部的星团，按成员星的分布及数量可分为疏散星团和球状星团。

（一）疏散星团

疏散星团 [图 4-16（a）] 具有不规则外形，包括十几个到几百个恒星，直径为 6 ～ 50

光年。疏散星团成员星相对稀疏，可通过望远镜分解成单颗恒星。银河系的疏散星团多分布在银道 ±15° 范围内的银盘中，金牛座的毕星团和昴星团就是典型的疏散星团。毕星团是距离太阳最近的星团。昴星团是中国古人常说的“七姐妹星团”，目视有七个亮点，但实际包括 200 多颗恒星。

（二）球状星团

球状星团 [图 4-16（b）] 具有球状或者扁球状的外形，包括几千到几十万颗恒星，恒星密度从球心向外逐渐变得稀疏，直径为 130 ～ 300 光年，普遍比疏散星团大。银河系的球状星团多分布在银盘上下的银晕中。

观察疏散星团和球状星团的赫罗图可以发现，疏散星团的恒星大部分位于主星序，只有少部分大质量恒星开始偏离主星序，而球状星团的恒星大部分开始偏离主星序，向红巨星转化。所以，疏散星团的平均年龄低于球状星团，这对我们理解银河系结构的演化有重要意义。

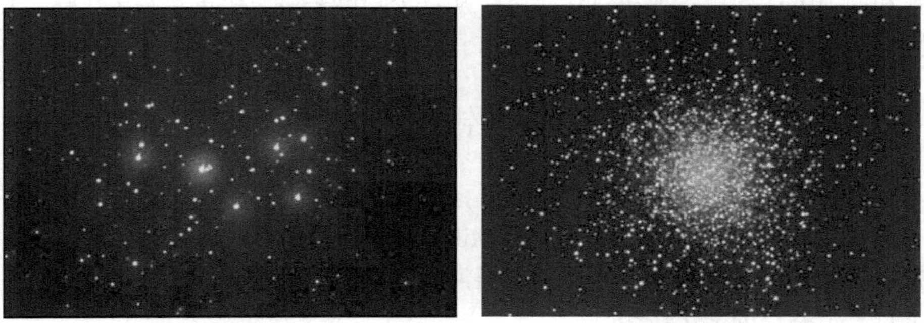

(a)疏散星团　(b)球状星团

图 4-16　星团

四、星云

早期的星云是从观测角度而言的“云雾状天体”，最早为英国的威廉·赫歇尔发现。随着观测技术和照相术的提高，早期认定的很多星云实际是银河系内的星团或河外星系。现代的星云专指气体尘埃物质构成的天体。

（一）星云与星际介质

星云与星际介质并无实质差异，一般认为星云密度超过 10 个原子 /cm^3，星际介质低于 10 个原子 /cm^3，但该密度仍比地球上获得的最高真空度（32000 个原子 /cm^3）稀薄得多。所以遥远星际空间中的“星云”不同于地球大气层中的“蒸气云”，实际是大尺度的空间气体和尘埃叠加在视野中后产生的印象。然而，这些稀薄的尘埃与气体，会对星光产生选择性吸收和散射，导致星光的削弱及光谱的红移，类似于地球大气尘埃对太阳光的影响，使我们早晚看到的太阳及周边天空明显泛红。所以要准确测量恒星的亮度及距离，要考虑星际物质的影响。

（二）星云的分类

星云按形状可划分为弥漫星云和行星状星云。弥漫星云主要指稀薄无定形的星云。它们就像宇宙空间里的“袅袅炊烟”，可延伸几十光年，亮度很低。行星状星云呈圆盘状，就像宇宙空间的“大烟圈”，直径只有几百到几万个天文单位，它们是类太阳质量恒星演化到晚期壳核分离的结果，普遍还存在向外的膨胀，速度为 10 ～ 50km/s。

星云按发光性质可分为发射星云、反射星云和暗星云。发射星云通常气体成分多，附近有一个或数个高温恒星，恒星的紫外辐射激发了周边星云发光。反射星云的尘埃成分较多，自身不发光，但可反射周边恒星的光。暗星云含更多尘埃，不发光也不反光，但可通过周边背景星光衬托出它的存在，如猎户座的马头星云。

（三）星云的成因

从恒星的演化过程来看，星云是恒星诞生的摇篮，又是恒星演化的归宿。宇宙中现存的星云，除一部分为宇宙大爆炸时期产生的第一代星云，其他多为天体与天体系统演化到晚期爆炸和抛射形成的第二或第三代星云。从这个角度来讲，宇宙年龄虽已达百亿年，但却只能算是“三世同堂”。

第三节　银　河　系

北半球夏日的夜晚，仰望苍穹，总有一条银白色宽窄不一的光带横过天空，这就是银河。西方人认为银河是天后赫拉的乳汁（Milky Way），东方人认为银河是分隔牛郎织女的王母娘娘的银簪。南半球澳大利亚则把银河当作天堂慰问将士的一团篝火，人们对银河的想象都打下了各自的文化烙印。

从科学角度的而言，公元前 5 世纪，古希腊德谟克利特就提出银河是由无数恒星构成的。公元前 3 世纪，亚里士多德认为银河是纯粹的大气现象，是地球发出的水蒸气。直到 1609 年，意大利天文学家伽利略首次将天文望远镜指向夜空中的银河时，才确认银河是无数恒星的大集合，是类似于太阳的无数恒星构成的天体系统。

一、银河系的大小

银河系的尺度在河外星系没有发现的时代，直接代表了宇宙的尺度。1785 年，英国威廉·赫歇尔通过自制的大型天文望远镜开展了银河系恒星的计数工作，他假定银河系 11.76 万颗恒星的光度相同，提出银河系是一个接近平坦的盘，太阳几乎在中心。

然而，威廉·赫歇尔对于所有恒星光度相等的假设不符合现实。1901 年，荷兰天文学家卡普坦根据恒星数目、亮度与自行，重新估算出银河系的直径为 10kpc，太阳在偏离银心的位置，但这个模型现在看来明显偏小，史称“卡普坦的小银河”。1918 年，美国天文学家沙普利通过计算银晕中球状星团的距离，估计出银河系的直径为 100kpc，太阳在远离银心的位置，但这个模型明显偏大，史称“沙普利的大银河”。直到 20 世纪 30 年代，人们发现星际介质会削弱恒星的亮度，导致估算的银河系直径偏大。校正星际物质的消光影响后，银河系的直径最终定格在 30kpc，也就是 10 万光年左右，银心在人马座方向，太阳距离银心 8kpc，约 2.6 万光年。

赫歇尔家族

英国的赫歇尔家族是天文学史上的重要家族，家族中的威廉•赫歇尔（1738—1822年）、卡罗琳•赫歇尔（1750—1848年）、约翰•赫歇尔（1792—1871年）在天文学方面都各有建树。最为杰出的是威廉•赫歇尔，他是英国皇家天文学会第一任会长，恒星天文学的创始人，被誉为恒星天文学之父。威廉的贡献主要体现在大型望远镜制造、星表编制、天王星发现、双星发现、太阳自行测定与银河系结构绘制等方面。妹妹卡罗琳作为威廉的助手，协助哥哥编制星表的同时，也独立发现了很多星云和彗星。儿子约翰继承了父亲的衣钵，对南天球的恒星开展了系统观测，开创了天体照相术。1849年，约翰还撰写了经典天文学教材《天文学纲要》，这本教材被中国近代科学先驱李善兰翻译成中文，取名《谈天》，对中国近代的科学思想启蒙有重要影响。

二、银河系的结构

银河系的尺度确定以后，银河系的结构问题随之而来。然而，身处银河系的人们认识银河系，常有“不识庐山真面目，只缘身在此山中”的感觉。从地球上去观测周边的银河系，银河系的大部分被掩盖。人们一方面通过衍射能力极强的射电望远镜开展对银河系的深度观测，一方面也从河外星系的结构中寻找启示，从而描绘出我们自己的星系——银河系的结构。银河系的结构可划分为核球、银盘、旋臂和银晕（图4-17）。

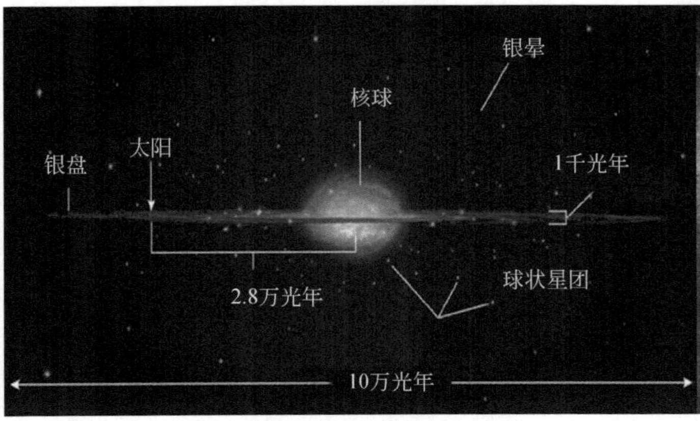

(a)银河系侧视结构图

(b)银河系俯视结构图

图4-17　银河系的结构

核球是银心方向的球形恒星密集区，恒星密度相当于银河系平均密度的10万倍，直径约为14000光年。银河系质量的20%集中在中央核球上，成员星主要由变星、红巨星和矮星构成，年龄结构明显偏老。核球的中心有银核，若不是星际尘埃的强烈消光作用，人们可看到亮度超过满月的银核。

银盘是银河系的主体结构，直径8万光年，占据银河系质量的80%。银盘内恒星的分布具有明显的水平和垂直分异。中央厚，约1万光年，边缘薄，3000～6000光年。垂直于银盘方向1kpc范围内称为薄盘，1～5kpc范围内称为厚盘，薄盘内恒星占据绝对优势，而且普遍年轻。

旋臂是银盘中的恒星密集区，按照旋臂的投影星座方向，划分为圆规座旋臂、盾牌-半人马座旋臂、英仙座旋臂、人马座旋臂四条旋臂。最近的观测研究表明其实际只有盾牌-半人马座、英仙座两条主旋臂。旋臂中恒星大多为OB型星、疏散星团和发射星云等年轻天体，这些年轻天体构成的星族泛称“盘星”。

银晕是包围银盘的近似球形的晕，由稀疏的恒星和星际物质组成，直径为10万光年。银晕中四处散落着球状星团，年龄明显偏老，这些年老天体构成的星族泛称“晕星”。

三、银河系的自转

银河系的自转速度与银河系内物质的分布有关。天文学中，若天体与天体系统的物质呈现球状均匀分布，物质运动速度会随半径增加而增加，称为**刚体自转**。相反，如果物质高度集中在中央，物质的运动就像太阳系行星那样遵循开普勒定律，速度随半径增加而减小，称为**开普勒自转**。研究发现，银河系自转在核球部分接近刚体自转，而外侧接近开普勒自转，这种混合自转方式称为**较差自转**（图4-18）。银河系整体的绕转周期为2.25亿年，称为“宇宙年”。银河系内部恒星的运动较为复杂，银盘中的恒星沿波浪形轨道在银盘中穿行，银晕中的恒星则在银盘上下穿行，核球部分的恒星则绕银心高速转动。

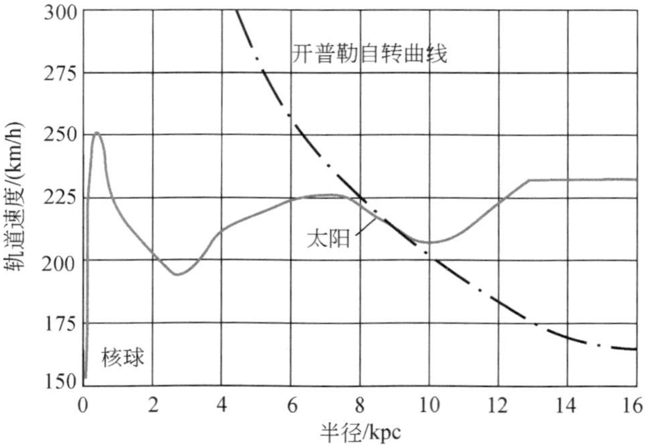

图4-18 银河系的运动

四、银河系的质量

根据银河系自转周期2.25亿年，按照开普勒第三定律，我们可以计算出太阳绕银心运动的半径以内，也就是8kpc以内的银河系质量约为1000亿倍太阳质量，由此推算15kpc以内的质量约为2000亿倍太阳质量。这个质量远比我们可观测到的恒星质量大，可能与银河系中的暗物质有关。

暗物质

1970年，美国科学家薇拉·鲁宾研究了包括银河系在内的60多个漩涡星系的旋转曲线，发现星系外围恒星线速度随半径增加不降反升，也就是说，星系外围不是开普勒自转，而是接近刚体自转。这种运动方式暗示银河系的外围银晕中可能存在大量看不见的**暗**

物质，改变了银河系远端的引力场，这些物质可达到可见银河的质量的数倍甚至数十倍。2006年，以道格拉斯·克洛为首的美国天文学家，利用钱德拉X射线望远镜对子弹星系团（1E0657-558）进行观测时，偶然发现了星系碰撞时暗物质与正常物质的分离过程，从而证实了暗物质的存在。

五、银河系的演化

通过观察银河系的结构及其不同部分成员星的特点，天文学家可描绘出银河系的演化模型。银河系是几个较小的天体系统合并而成的。早期银河系的形状不规则，其间充满了气体，并没有特定的运动方向和位置。后期银河系的转动导致气体和尘埃落向银道面，形成自转盘，业已形成的恒星留在原处，构成银晕，银盘中新形成的恒星承继了它的整体运动，绕着银心进行有序的轨道运动，但银晕中的恒星则在银盘上下做无序运动。

第四节 河外星系

一、河外星系的发现

河外星系是银河系之外的星系。因为遥远的河外星系在望远镜里就像银河系里的星团或星云，以至于早期人们把它们列入“星团星云”表中。

（一）概念的提出

1755年，德国哲学家康德在《一般自然史与天体理论》中提出，银河系是孤立的宇宙岛（universal island），望远镜中观测到的弥漫星云可能是银河系外的宇宙岛，是由很多恒星构成的恒星集团，银河系的扁平形态可能是由转动引起的。但在当时的技术条件下，康德卓越的直觉还不能被完全证实。

（二）早期的探索

1784年，法国彗星观测学家梅西耶和他的朋友们，为了方便彗星观测者，将夜空中容易误认为彗星的“星云”编制为星表，包含了110个星云，即梅西耶（M）星表，如图4-19所示。梅西耶当时用的是6～8cm口径的望远镜，观测能力有限。这项工作后来被英国的赫歇尔父子延续，但他们使用的是50cm口径的望远镜，M星表也最终演化成包含7840个云雾状天体的星云和星团新总表（New General Catalogue，NGC）。赫歇尔发现M星表中的某些星云的确可分解成恒星，他就此断言，其他不能分解的星云可能在更大的望远镜里被分解。同时，他也承认有些弥漫星云或行星状星云似乎又不可分解。1855年，英国的罗斯用1.84m口径望远镜分解了50个云雾状天体，肯定了宇宙岛的存在。然而，人们发现分解成恒星的云雾状天体可能是银河系内的星团，而行星状星云或反射星云也可能呈现出恒星的光谱。这场争论一直持续了100多年，并在20世纪20年代演化到顶点。1920年4月26日，支持漩涡星云是银河系内气体云的美国天文学家沙普利，与支持漩涡星云是河外星系的科蒂斯，在美国科学院开展了一次名为“宇宙的尺度”的大辩论（The Great Debate），但这场辩论因双方拿不出足够的证据去说服对方，无果而终。

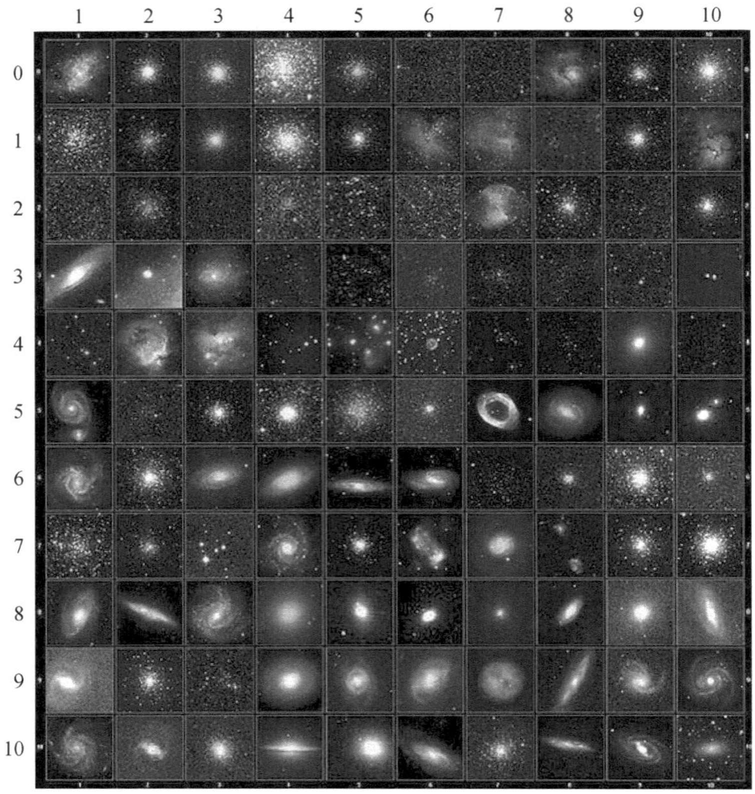

图 4-19　梅西耶星表

（三）哈勃的发现

1924 年，美国天文学家哈勃利用当时世界上最大的威尔逊山天文台 254cm 口径反射望远镜拍摄了 M31（仙女座大星云）等若干个大星云的边缘，并将其分解成了单独的恒星。哈勃进一步选取了这些恒星中的造父变星，通过它们的周光关系估算出地球与 M31 的距离为 285kpc（实际距离为 770kpc），该距离远大于当时观测到的银河系中最远球状星团的距离 80kpc。这一发现证实了旋涡星云是类似于银河系的恒星系统，银河系不是宇宙的全部。1925 ～ 1935 年，他用类似的方法找到了距离银河系较近的多个星系，组成了含 20 多个星系的“本星系群”。

哈勃深场（Hubble Deep Field）

为纪念哈勃的杰出贡献，1990 年 4 月 24 日，美国肯尼迪航天中心“发现者”号航天飞机成功发射了口径 2.4m 的哈勃空间望远镜。1995 年 12 月 18 日至 12 月 28 日，哈勃空间望远镜对大熊座上方仅 144 平方角秒的区域进行了拍摄，由于拍摄天区太暗淡，整张影像由连续 10 天的 342 次曝光照片叠加而成，这张照片被称为“哈勃深场”。当科学家还在抱怨这项工作占用了哈勃太多宝贵时间时，“哈勃深场”的照片让人们惊呆了，这个 144 平方角秒的区域竟然包含了 3000 多个星系。科学家尝到了甜头，2003 ～ 2004 年，科学家整合 113 天的 800 张照片，叠加成“哈勃超深场”。2012 年，科学家整合 10 年的照片叠加成“哈勃极深场”（图 4-20）。2019 年，哈勃空间望远镜退役前拍摄了“哈勃遗产场”，这是迄今最完整、最全面的宇宙图谱，由哈勃 16 年间拍摄的 7500 张星空照片拼接叠加而成，包含约 265000 个星系，已经能回溯到 132 亿光年的宇宙大爆炸早期。

(a)哈勃极深场附近天区与月球视直径比较　(b)哈勃极深场

图 4-20　哈勃极深场

二、河外星系的分类

河外星系被确认以后，面对着千姿百态的星系，1926 年，哈勃按照星系形态把星系划分为五类：椭圆星系、透镜状星系、旋涡星系、棒旋星系和不规则星系（图 4-21）。

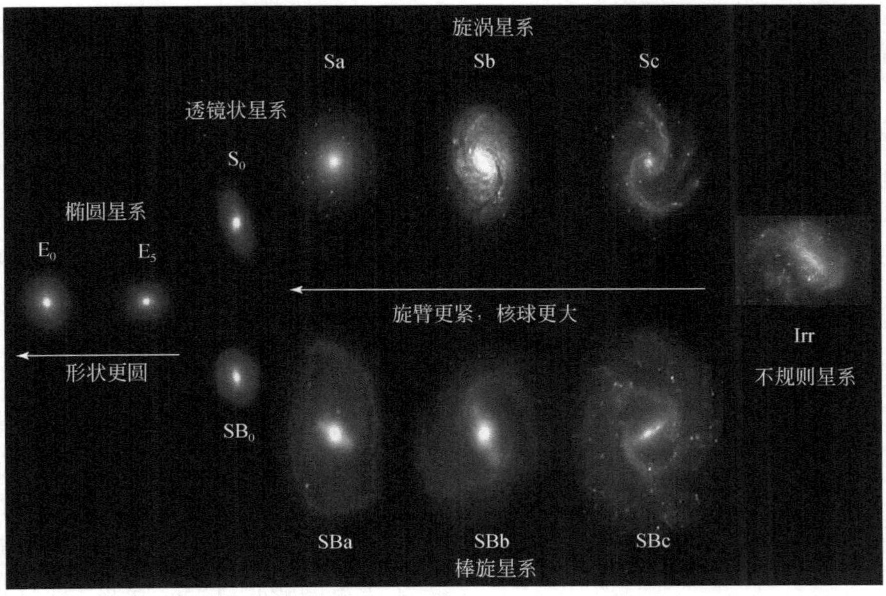

图 4-21　星系的分类

椭圆星系外形为正圆形到椭圆形，中心亮，边缘渐暗，呈黄色或红色。用 E 表示。按偏心率从低到高可进一步划分为 E_0 ～ E_7 八种亚型 。椭圆星系成员星年龄结构偏老，以“晕星”为主，又被称为“老人国”星系。典型的椭圆星系包括 M105 和 NGC4150。

透镜状星系外形介于椭圆星系和旋涡星系之间。一般用 S_0 表示，有棒状结构的用 SB_0 表示。恒星以老化的恒星为主，只有少量的年轻恒星，而且已经消耗或丢失了大部分星际物质。典型的透镜座星系为 NGC5010。

旋涡星系外形似漩涡，有旋臂结构，用 S 表示。按照旋臂缠绕方式，由紧到松划分为 Sa、Sb、Sc。这类星系有明显的核心，核心呈凸透镜形，核心外是一个薄薄的圆盘，并有若干旋臂，旋臂上有高热的年轻恒星，发淡蓝色光芒。典型的旋涡星系为 M31 和 M101。

棒旋星系外形也似漩涡，与旋涡星系类似，但核心为棒状结构。旋涡星系和棒旋星系统称为“螺旋星系”。约三分之二的螺旋星系是棒旋星系，简写为 SB。棒旋星系同样按照旋臂松紧划分为 SBa、SBb、SBc 三个亚型。成员星结构与旋涡星系类似。典型的旋涡星系包括 M58 和 M91。银河系可能是一个 SBb 或 SBc 型星系。

不规则星系没有特定的形状，没有明显的核和旋臂，没有盘状对称结构或看不出旋转对称性的星系，用 Irr 表示。成员星与 Sc 星系类似甚至更年轻，“盘星”占据主导。典型的不规则星系包括 M82 以及南天的大小麦哲伦星系。

宇宙空间中，螺旋星系超过 60%，椭圆星系小于 30%，不规则星系小于 10%。从成员星的构成上，椭圆星系的成员星明显偏老，不规则星系的成员星则偏年轻，而漩涡和棒旋星系中年龄分布广，星系盘里多年轻和年老恒星，星系晕里只有年老恒星。

三、河外星系的运动

（一）哈勃定律

1929 年，哈勃发现很多星系的光谱发生明显的红移，暗示星系在普遍退行。他通过 24 个旋涡星系的距离与谱线红移的关系发现，星系越远，退行速度越大，最大视向速度可达 1200km/s（图 4-22），并由此推导出著名的哈勃定律：

$$V = HD$$

其中，V 为星系退行速度；D 为星系距离；H 为哈勃常数。1948 年，他测得长蛇星系团的退行速度高达 6000km/s，但速度与距离关系依然成立。迄今为止，哈勃定律已被众多的观测事实所证实，哈勃常数也越来越精确。2009 年，美国国家航空航天局根据最新观测结果确定的哈勃常数为 74.2 ± 3.6km/(s·Mpc)，即距离每增加百万个 pc，退行速度增加约 74.2km/s。

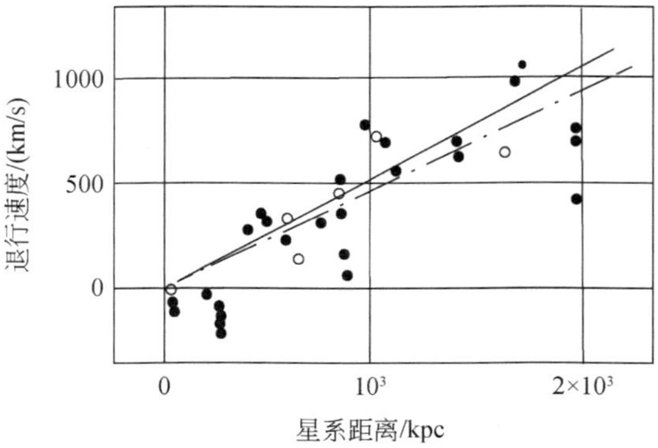

图 4-22　星系的退行

哈勃定律的提出，意味着只要测出行星退行速度，就可以知道星系的距离，这为我们测量遥远天体及天体系统的距离提供了一种简单方法。同时，哈勃定律暗示了宇宙的膨胀过程。假如宇宙膨胀速度均匀，可通过哈勃定律计算出现代宇宙的年龄137亿年，这个年龄实际是哈勃常数的倒数。

（二）星系碰撞

星系在宇宙空间中的运动，相比于恒星在星系内的运动显得更为拥挤。星系群中星系距离是星系直径的100倍，而星系中恒星距离是恒星直径的100万倍。所以星系发生碰撞的概率较大，这种碰撞可能导致星系合并或分裂，从而加速或减缓星系的演化。

四、类星体

（一）定义

类星体又称为似星体，直径小，亮度大，距离遥远。类星体的直径介于恒星与星系尺度之间，更接近恒星，但却是宇宙中最明亮的天体，比正常星系亮1000倍，最远的类星体距离地球可达到100亿光年以上。

（二）成因

20世纪90年代中期，随着观测技术的提高，人们发现类星体只是某“宿主星系”的活动星系核，因其光芒过于明亮，掩盖了宿主星系的光线。该活动星系的核心位置有一个特大质量黑洞，在黑洞的强大引力作用下，附近的尘埃、气体以及一部分恒星物质围绕在黑洞周围，形成了一个高速旋转的巨大吸积盘。吸积盘内侧靠近黑洞视界的地方，物质掉入黑洞里，伴随着巨大的能量辐射，形成了物质喷流。类星体强大的磁场约束着这些物质喷流，使它们只能沿着磁轴方向高速喷出。如果这些喷流刚好对着观察者，我们就观测到了类星体。因为类星体距离遥远，人们推想类星体本身可能是星系演化早期普遍经历的一个阶段，随着星系核附近“燃料”的逐渐耗尽，类星体将会演化成普通旋涡星系或椭圆星系。

第五节　星系群与星系团

随着越来越多的河外星系被发现，人们意识到星系与恒星一样，分别构成宇宙的高级单元和低级单元。不同的恒星可以构成双星、聚星、星团，不同的星系也可以构成双重星系、星系群和星系团。

一、星系群、星系团与超星系团

星系群由相互关联的100个以下星系组成的星系群体，尺度多为1～2 Mpc。星系群形状不规则，主要成员为旋涡星系、不规则星系和某些矮椭圆星系，巨椭圆星系和透镜状星系则较少。银河系属于一个以它为中心的星系群，称为本星系群，包括仙女星系、麦哲伦云和三角星系等40个星系。

星系团是比星系群更高一级的天体系统，数量超过100个，2～3个星系团可构成更高一级的**超星系团**。银河系所处的星系团为**本星系团**，即室女座星系团，包括1300个星系，**本超星系团**是以室女星系团为中心，由50个左右星系团和星系群组成的结构。

麦哲伦云

麦哲伦云是银河系的两个卫星星系，都是本星系群的成员，是最靠近银河系的河外星系，也是开展星系天体物理研究的重要对象。麦哲伦云常出现在20°N以南的地平面之上，是肉眼清晰可见的云雾状天体，葡萄牙航海家麦哲伦于1521年环球航行时，首次对它们作了精确描述，后来就以他的姓氏命名。

大麦哲伦星系（Large Magellanic Cloud，LMC）是不规则星系，位于剑鱼座和山案座内，视直径约6°大小，相当于12个月球视直径，实际直径约1.5万光年，是银河系最大的卫星星系，距离地球约17.9万光年。

小麦哲伦星系（Small Magellanic Cloud，SMC）同为银河系的卫星星系，原本是棒旋星系，因受到银河系的扰动才成为不规则星系，但核心仍残留着棒状结构。它位于杜鹃座，夜空中看似模糊的光斑，视直径约2°，相当于4个月球视直径，距离银河系20万光年。

从宇宙更大尺度结构来讲，星系的分布不均匀，具有类似海绵的孔隙结构，由细长的纤维和周围的巨洞（voids）组成，宇宙大部分物质位于纤维结构上，该纤维结构由超星系团构成，约占整个空间体积的1%～2%。与后发星系团距离（100Mpc）差不多的几千个星系集中在一个称为“长城”（Great Wall）的带状纤维结构中，长约170Mpc，宽约60Mpc，厚约5MPc，星系密度比周围高约5倍。这是宇宙中已知的最大纤维结构，纤维结构附近布满星系稀少的圆形巨洞（直径20～100Mpc）。

二、宇宙的层次与结构

恒星是构成宇宙的基本单元，通过引力束缚形成了不同层次不同尺度的天体系统。从小到大可划分为恒星、星团、星系、星系群、星系团、超星系团、大尺度结构及整个可观测宇宙，它们像“套娃”一样嵌套形成现代宇宙的结构。若以光年和太阳质量（M　）衡量这些天体系统的层次和尺度，可绘制出宇宙结构图，如图4-23所示。

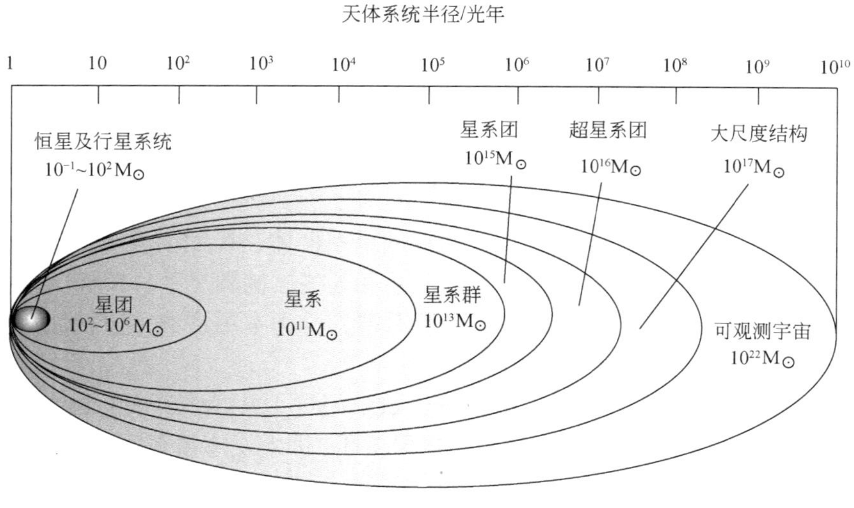

图4-23　宇宙的结构

第六节　宇　宙　学

一、宇宙大爆炸模型的提出

20 世纪早期，哈勃观测到星系广泛退行，引发了天文学家对于宇宙整体演化的思考。第二次世界大战以后，为解释宇宙膨胀的观测事实，不同天文学家建立了两种对立的模型。一种模型是英国天文学家弗雷德·霍伊尔等提出的稳恒态宇宙模型。该模型认为，宇宙膨胀过程中新物质在星系远离后留下的空间中不断产生，从而使宇宙状态看起来并无变化。另一种则是由比利时的勒梅特提出，俄罗斯的伽莫夫完善的大爆炸模型。该模型认为宇宙是由一个致密炽热的奇点于 138 亿年前一次大爆炸膨胀后冷却形成的。大爆炸（Big Bang）一词正是来自霍伊尔 1949 年在广播节目上对勒梅特理论的戏谑之语。宇宙大爆炸模型如图 4-24 所示。

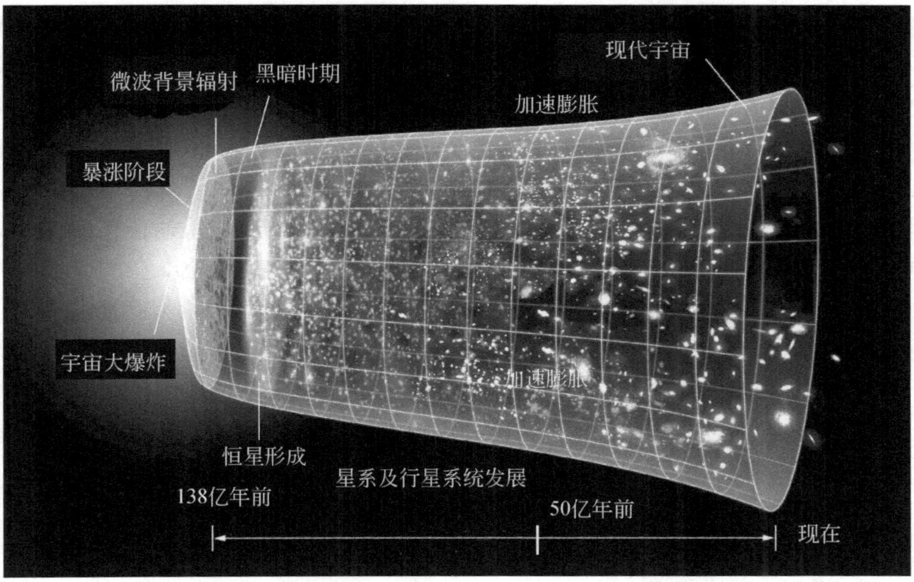

图 4-24　宇宙大爆炸模型

二、宇宙大爆炸模型的证据

宇宙大爆炸模型的早期证据主要是星系的普遍红移，后来伽莫夫等提出了大爆炸最初阶段的氢氦合成理论，解释了现代宇宙中 3∶1 的氢氦比。他的同事拉尔夫·阿尔菲和罗伯特·赫尔曼从理论上预言了宇宙大爆炸可能形成微波背景辐射。1965 年，美国彭齐亚斯和威尔逊从观测上确认了宇宙微波背景辐射的存在，大爆炸宇宙模型也成为标准的宇宙演化模型。

（一）宇宙初期元素合成

伽莫夫认为宇宙大爆炸刚开始几秒钟之内，宇宙中充满了光子、电子、质子、中子等基本粒子。那时宇宙的温度超过 100 亿 K，在正负电子和中微子媒介下，质子和中子处于热平衡的状态，不断地相互转变。当温度下降到 100 亿 K 以下时，正负电子发生湮灭而大量消失，质子和中子失去热平衡，不再相互转变，它们的数量比最终维持在 7∶1。当大爆炸发生 3min 以后，宇宙温度下降到 10 亿 K，质子和中子开始聚变，最终形成稳定的氦核以及少量的锂、铍等轻元素。因为中子数量少于质子，所以聚变反应将中子全部用完后，氦核的合成过程也即结束，反应结束后还剩下大量的质子，也就是氢核。考虑到每生成一个氦核要消耗 2 个质子和 2 个中子，通过计算就可得出反应结束后，氦的丰度为 1/4，氢的丰度为 3/4。这与今天宇宙中观测到的两种主要元素比例基本一致，而且这两种元素占据了宇宙化学组成的 99%。宇宙中更重的元素是后来恒星内部核聚变形成的，由于铁元素是原子结合能最小的元素，聚变过程到铁元素后即停止，比铁还重的元素是超新星爆发过程中通过中子俘获过程形成的。

（二）宇宙微波背景辐射

宇宙微波背景是宇宙大爆炸早期遗留下来的辐射。大爆炸理论认为，宇宙演化早期，恒星和行星尚未形成之前，致密高温的等离子体与粒子辐射充满着整个宇宙，宇宙处于不透明的状态。随着宇宙膨胀冷却至某温度时，质子和电子结合形成中性原子，宇宙开始逐渐透明。此时，光子开始自由穿越整个空间，但因空间膨胀，光线波长越来越长，最终转化为波长最长的微波。

20 世纪 60 年代初，美国科学家彭齐亚斯和威尔逊为了改进卫星通信，建立了高灵敏度的号角式天线接收系统。1964 年，他们发现天空中似乎存在无处不在的微波噪声。起初认为可能是受天线上的鸟粪影响，但清除以后这种噪声依然存在，为此他们咨询了附近普林斯顿大学的罗伯特 · 迪克教授，罗伯特认为微波噪声可能来源于宇宙大爆炸早期的残余辐射，相当于温度接近 3K 的黑体辐射，也称为 3K 背景辐射。现代社会中，电视上看似杂乱无序的雪花就有微波背景辐射的贡献。宇宙微波背景辐射的发现是大爆炸宇宙模型发展的里程碑，彭齐亚斯和威尔逊因此获得了 1978 年的诺贝尔物理学奖。

三、宇宙大爆炸模型的发展

20 世纪 90 年代后期到 21 世纪初，宇宙背景探测者（Cosmic Background Explores，COBE）、哈勃空间望远镜（HST）和威尔金森微波各向异性探测器（Wilkinson Microwave Anisotropy Probe，WMAP）等空间望远镜搜集到的海量新数据使大爆炸理论又有了新的突破。

（一）暴涨宇宙模型

根据早期测量数据，宇宙微波背景辐射谱非常精确地符合温度约 3K 的黑体辐射谱，而且具有高度的各向同性。然而，根据大爆炸模型，早期宇宙膨胀速度很快，原始宇宙“火球”的各部分并不能达到完全热量平衡。鉴于此，美国理论物理学家阿兰古斯提出了“暴涨”宇宙模型，该模型减缓了宇宙大爆炸早期的膨胀速度，使早期宇宙“火球”有充足时间达到热平衡，而后则经历了一个爆发性的补偿膨胀，最后再回归经典的大爆炸过程。这个暴涨过程发生在宇宙大爆炸的 10^{-35}s 到 10^{-33}s 之间，宇宙的尺度突然增大了 10^{26} 倍，也就是一百亿亿亿倍。

然而，霍金等理论物理学家认为，宇宙在形成初期极小尺度上的量子涨落仍可能导致温度涨落，这种涨落随宇宙暴胀可能导致宇宙物质分布的不均匀，从而形成星系团等大尺度结构。1989 年 11 月，美国宇宙背景探测者（COBE）发射升空。1992 年 4 月，美国物理学家乔治·斯穆特和约翰·马瑟根据 COBE 的观测结果，宣布找到了宇宙微波背景辐射的涨落，而且和理论预测相符。2001 年 6 月 30 日，美国国家航空航天局又发射了威尔金森微波各向异性探测器（WMAP）。WMAP 的观测再次证明暴涨理论的正确预言。乔治·斯穆特和约翰·马瑟凭此也获得了 2006 年的诺贝尔物理学奖。

（二）宇宙的加速膨胀

宇宙大爆炸理论成为标准宇宙演化模型以后，人们进一步思考这种膨胀会持续到什么时候。通过理论计算发现，因万有引力的存在，宇宙膨胀速度会递减，经过特定临界点后，宇宙会停止膨胀开始收缩，进入大塌缩状态。

为了测量宇宙膨胀速度的变化，美国劳伦斯伯克利国家实验室的波尔马特和哈佛大学的施密特组织的多国研究团队计算了不同距离星系中超新星的红移速度，但他们发现了宇宙的膨胀速度并没有递减而是在增加。该现象后来获得了多方面观测的证实。施密特和波尔马特也分享了 2011 年的诺贝尔物理学奖。

宇宙加速膨胀的事实说明宇宙中可能存在一种普遍的斥力，这种斥力对抗引力，使宇宙持续膨胀而免于坍缩。美国芝加哥大学的迈克尔·特纳形象地称其为暗能量。暗能量和暗物质一样，不会吸收、反射或发射光芒，人类无法使用现有技术对它们进行观测。根据估计，宇宙中大约有 5% 由普通物质组成，即我们看到的星系、恒星等，还有 22% 为暗物质，它们可产生引力影响，剩余的 73% 则是暗能量。暗能量的发现使宇宙本应走向的大坍缩可能变成大撕裂，从而使宇宙的将来变得更加扑朔迷离，有待科学家继续探索。

小　　结

恒星与星系是构成宇宙天体与天体系统的基本单元，也是夜间星空构成的主体。度量恒星距离的基本单位包括天文单位（AU）、光年（ly）和秒差距（pc）。通过三角视差法可以度量 50pc 以内近距离恒星的距离。恒星的亮度不仅与恒星距离有关，还与恒星自身的发光能力有关。通常用目视星等和绝对星等衡量恒星的亮度和光度。恒星照度每增加 2.512 倍，星等减小 1 等。恒星光谱通常由连续发射谱和不连续吸射线构成，蕴含了恒星温度、颜色、运动速度及化学组成等丰富信息，是天体物理学研究的基础。恒星体积差距巨大，质量相对集中，暗示质量对于恒星形成与演化的决定性作用。恒星具有普遍的空间运动，视向速度可以通过恒星光谱的多普勒效应检测，而切线方向的自行可通过恒星投影位置的变化来判断。赫罗图是不同光度不同温度恒星的“全家福”，按照恒星在赫罗图上的不同位置，可划分为主序星、红巨星和白矮星。类太阳质量恒星的演化阶段通常包括原恒星、前主序、主序星、红巨星以及白矮星，而大质量恒星演化到晚期可出现超新星爆发，中心形成白矮星、中子星或黑洞等致密天体。

恒星的组合及存在形式多种多样。双星是指恒星投影位置接近的恒星，包括光学双星和物理双星。光学双星是指投影位置相近，但并未发生物理联系的双星。物理双星是指真正发生物理联系的双星系统，按照观测方法分为目视双星、分光双星和食变双星。星团是具有物理联系的稠密恒星集团，可划分为球状星团与疏散星团，多分布于银河系的银晕和银盘中。变星是恒星亮度短时间内发生明显变化的恒星，包括几何变星、脉动变星和爆发变星。其中，脉动变星按照变光周期可划分为长周期造父变星和短周期造父变星，造父变星的周光关系可以辅助恒星测距。爆发变星按照爆发强度可分为新星与超新星，新星可再现，超新星则是大质量恒星演化到晚期的毁灭性过程。新星与超新星光极大时的光度恒定，可作为遥远天体测距的“标准烛光”。星云是稀薄气体分子和星际尘埃的组合，以密度 10 个原子 /cm^3 区别于更稀薄的星际介质。星云是恒星的襁褓，也是恒星的归宿。按照星云的形状可划分行星状星云和弥漫星云，按照发光性质又可划分反射星云、发射星云与暗星云。

银河系是太阳系所在的星系，是千亿个恒星构成的恒星集团。银河系的直径为 30 kpc，太阳距离银心 8 kpc。银河系结构包括核球、银盘、旋臂及银晕。康德首次提出了宇宙岛的概念，哈勃的观测证实了河外星系的存在，并按照星系的形状划分为椭圆星系、透镜状星系、漩涡星系、棒旋星系以及不规则星系。与此同时，哈勃还发现河外星系的普遍退行现象，距离越远，退行速度越大。星系同恒星一样，有成群成团的现象，一般 100 个以下称为星系群，超过 100 个星系称星系团。银河系所在星系群为本星系群，包含仙女星系、大小麦哲伦星系和三角星系等约 40 个星系。银河系所在星系团为本星系团，即室女座星系团。

宇宙学是研究宇宙整体形成和演化的学科。现代宇宙学的标准模型是大爆炸宇宙模型。宇宙星系的普遍红移、氢氦元素丰度以及无处不在的 3K 宇宙微波背景辐射是大爆炸宇宙学的主要证据。然而，宇宙微波背景辐射的各向同性，暗示宇宙大爆炸早期有一个缓慢膨胀达到热平衡而后快速暴涨的阶段，但早期小尺度的量子涨落仍可导致不同局部的温度涨落，进而导致暴涨后星系团等大尺度宇宙结构的形成。暗能量的存在驱动着宇宙的加速膨胀过程，这种加速膨胀使宇宙将来面临的大坍缩可能变成大撕裂。

复　习

一、名词解释

恒星　双星　变星　星云　星团　天文单位　光年　秒差距　光度与亮度　目视星等与绝对星等　维恩位移定律　多普勒效应　红移与蓝移　光学双星与物理双星　目视双星、分光双星与食变双星　几何变星、脉动变星与爆发变星　短周期与长周期造父变星　新星与超新星　疏散星团与球状星团　弥漫星云与行星状星云　发射星云、反射星云与暗星云　赫罗图　主序星、红巨星与白矮星　脉冲星与中子星　黑洞　星系　银河系刚体自转　开普勒自转　河外星系　旋涡星系　棒旋星系　不规则星系　星系群　星系团本星系群　本星系团　大爆炸宇宙模型　稳恒态宇宙模型　暗物质　暗能量

二、思考题

1. 请用天文单位表示月球、行星、太阳以及半人马座 α 与地球的距离。
2. 简述用三角视差法测量恒星距离的原理及其适用范围。
3. 恒星绝对星等比目视星等小，说明恒星距离在 10pc 以内还是之外?
4. 恒星的距离增加 10 倍，恒星的目视星等如何变化?
5. 为什么恒星体积差异可以很大，但质量却相对集中？
6. 如何区分太阳系周边恒星的自行与太阳的自行?
7. 简述恒星光谱的哈佛分类及其意义。
8. 简述双星、变星 、星云、星团、星系的分类。
9. 请在赫罗图上描绘出类太阳质量恒星的演化路径。
10. 简述星际物质对天体观测可能产生的影响。
11. 银河系的大小和结构? 银河系的结构是如何确定的?
12. 银河系的自转与太阳系天体运动有何不同?
13. 通过云雾状天体中的恒星及其产生的恒星光谱是否可确认其为河外星系?
14. 简述哈勃定律的内容及其意义。
15. 简述“造父变星法”与“标准烛光法”测量天体距离的原理。
16. 简述大爆炸宇宙模型的主要证据。
17. 如何理解宇宙微波辐射的各向同性及天体分布的不均匀性?

第五章　太阳与太阳系

导　语

太阳是距离地球最近的恒星，是深入理解恒星内部结构及其产能机制的天然实验室。围绕太阳运行的行星、矮行星、小天体构成的太阳系，为我们理解恒星系统内天体分布、运动规律及演化过程提供了最佳参考。从哥白尼发表《天体运行论》至今，人类真正科学地认识太阳系不到 500 年，其间经历了曲折漫长的论证过程，甚至有人付出了自由和生命的代价。

第一节　太　阳　系

一、日心体系的建立

（一）托勒密宇宙地心体系

人类文明的大部分时间里，面对日月星辰围绕地球的周日视运动，总是倾向于相信地球或者地球上的某处是宇宙的中心。地心说的典型代表是古希腊托勒密的宇宙地心体系。

公元 2 世纪，托勒密根据古希腊天文学家伊巴谷的观测结果及亚里士多德的宇宙学体系，撰写了 13 卷的《天文学大成》，成为西方世界系统学习天文学的重要参考。托勒密地心体系 [图 5-1（a）] 的理论观点主要包括三方面：第一，坚持地圆、地心和地静观，即地球是圆的，地球是宇宙中心，地球是静止的。第二，否认天体的自由运动，认为天体是镶嵌在同心球层上绕地球运动的。第三，认同本轮和均轮对天体视运动的解释，同时认为天球可能还存在偏心圆的夹层。

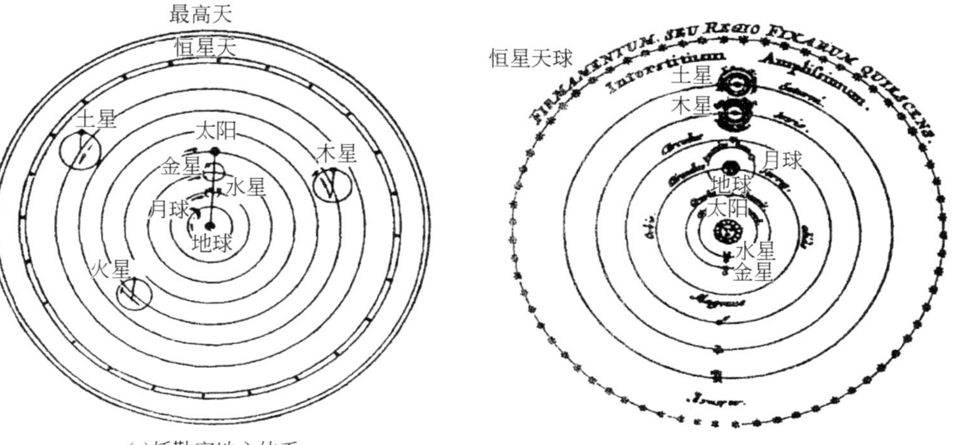

(a)托勒密地心体系　　(b)哥白尼日心体系

图 5-1　宇宙地心体系和日心体系

本轮与均轮的概念，最早由古希腊的阿波罗纽斯提出，目的是解释地心说体系中行星向西的逆行。行星逆行是日心体系中行星与地球位于太阳同侧时发生的视运动（详见第八章）。然而，地心体系中，绕地旋转的行星视位置不可能出现逆行。为了解释这个现象，阿波罗纽斯提出行星运动轨道除了绕地的大圆轨道外，还存在一个局部的小圆轨道，前者称为均轮，后者称为本轮，两轨道运动的叠加导致从地球观测行星出现周期性的顺行和逆行。

公元12世纪，阿拉伯哲学家将亚里士多德的学术思想重新介绍到西欧以后，著名的经院哲学家托马斯·阿奎那从维护封建秩序和教会神权出发，运用亚里士多德的思想来论证基督教信仰，大量引用了托勒密的著作，托勒密无形之中成为中世纪欧洲神学当道、科学停滞不前的替罪羊。

（二）哥白尼的日心体系

1506年，在中世纪欧洲政教合一的背景之下，波兰教士哥白尼开始用业余时间撰写了6卷的《天体运行论》，并在其临终前出版。《天体运行论》建立了全新的日心宇宙体系，认为地球和其他行星都绕日公转。公转（revolution）这个词在西方语言中还有“革命”的意思，暗示地球公转的发现对天文学的革命意义。然而，哥白尼的日心体系中，保持了近圆的轨道，也保持了实体天球的概念，同时也部分保留了本轮和均轮的概念[图5-1（b）]。后世的开普勒在评价《天体运行论》时说道：“哥白尼在数学天文学理论的建立过程中，只是在转述托勒密体系，而非转述自然”。

然而，认识《天体运行论》的局限性，必须要认识到哥白尼自身也是一个虔诚的天主教徒。他用科学观察否定了天主教会毫无根据却又影响深远的自然理论，同时又在论著中充满了对天主智慧与慈爱的颂扬。他在《天体运行论》的导言中写道：“如果真有一种科学能够使人心灵高贵，脱离时间的污秽，这种科学一定是天文学。因为人类看到天主管理下的宇宙庄严秩序时，会感到一种动力促使人规范生活，秉持道德，所以我们可从万物中看出造物主确实是真善美之源”。

无论如何，哥白尼《天体运行论》的提出，铺平了通向近代天文学的道路，开启了整个自然科学大步向前迈进的新时代。《天体运行论》出版后的70年间，曾经遭到马丁·路德的斥责，但未引起罗马教廷的注意。后来布鲁诺等公开宣传日心说，危及了教会统治。1600年2月17日凌晨，布鲁诺被烧死在罗马的鲜花广场。1616年，天主教会正式下达了著名的“1616年禁令”，禁止任何人以口头或文字形式传授或捍卫日心说，《天体运行论》也被列为禁书。

（三）文艺复兴后的科学实践

文艺复兴后期，欧洲人文主义思想的兴起以及陆续的科学实践使日心体系逐渐为人们所接受。其中，最为重要的发现主要来源于以下几个方面：第一，意大利的伽利略1609年发明了天文望远镜，通过望远镜他发现月球了表面的环形山，木星的卫星以及金星的位相变化。第二，德国的开普勒总结了丹麦的第谷对行星的精确观测成果，提出行星运动的三大定律。第三，英国的牛顿通过万有引力公式推导出了开普勒定律。第四，英国的亚当斯通过天王星的摄动预测了海王星轨道，指导了海王星的发现。第五，德国的贝塞尔等利用大口径望远镜发现了恒星周年视差。恒星周年视差一直是困扰日心说的难题，但恒星过于遥远，周年视差很小，肉眼和普通望远镜难以分辨。恒星周年视差的发现彻底扫清了困扰日心说的最大障碍。

伽利略与天文望远镜

伽利略·伽利雷（1564—1642 年）是意大利天文学家、物理学家和工程师，被称为“现代科学之父”。1609 年，伽利略受荷兰眼镜商人的启发，设计了第一台天文望远镜，极大地拓宽了人们的视野，揭开了近代天文学发展的序幕。1632 年，伽利略出版了《关于托勒密和哥白尼两大世界体系的对话》，次年就被判终身监禁，但他一直坚持科学研究直至去世。伽利略注重基础理论研究，同时强调科学仪器和实验的重要性。仪器方面，伽利略发明了脉搏计、温度计、望远镜及重力摆等。实验方面，人们耳熟能详的是伽利略在比萨斜塔开展的自由落体实验。伽利略对近代自然科学的影响，已经不局限于天文学和物理学本身，而是为自然科学的研究方法提供了指引。正如他自己所说，“你无法教别人任何东西，只能帮助别人发现一些东西”。1992 年，伽利略获得罗马教廷平反。2009 年，伽利略发明望远镜 400 年后，为了纪念伽利略，该年被确立为国际天文年。

时至今日，人类对于太阳系的探索仍然没有停止。1977 年，美国旅行者 1 号空间探测器发射，携带地球上人类的信息，在经历了 35 年的漫长飞行以后，2012 年才飞出太阳系。今天的人们已经意识到，太阳只是茫茫宇宙中的沧海一粟，它不是银河系的中心，更不是宇宙的中心。

二、太阳系天体分类

围绕太阳旋转的行星是太阳系天体的主要成员。它们屈指可数，并没有严格的定义。长久以来，人们约定俗成地认为水星、金星、地球、火星、木星、土星、天王星、海王星、冥王星就是行星，也就是我们常说的九大行星。这种认知一直延续到 2003 年一颗小行星的发现。这颗代号为 2003UB313 的小行星，处于太阳系边缘，体积比冥王星大，偏心率和轨道倾角都较高。有人认为它应该有资格和冥王星一样成为行星，而有人则认为，它和冥王星都具有高偏心率和高轨道倾角，是行星中的另类，应该和冥王星一起被清除出行星行列。

2006 年 8 月在布拉格举行的第 26 届国际天文学联合会大会中，行星的定义也成为重要议题。然而，就在天文大会临近结束时，行星学会的讨论因分歧太大停滞不前。最后科学家决定把讨论结果拆分成四个决议，逐一表决。最后勉强通过了行星与矮行星定义的决议。这个决议列出了行星（planet）的三个条件：①必须绕日旋转。②质量足以克服固体引力以达到流体静力学平衡形状，即近于球形。③必须清邻，也就是轨道附近没有类似天体。

矮行星（dwarf planet）与行星的主要区别就在于第三个条件，即“未清邻”。也就是说矮行星轨道附近，应该还有与其类似的天体。这次大会同时也确定冥王星就是一颗典型的矮行星。

（一）太阳系天体分类

按照上述决议，太阳系的天体可划分为行星、矮行星、小天体三类（图 5-2）。其中行星包括水星、金星、地球、火星、木星、土星、天王星、海王星。矮行星以冥王星为典型代表，还包括谷神星、阋神星和鸟神星等。小天体则包括小行星、彗星、流星等。

图 5-2　太阳系天体

（二）太阳系行星分类

行星的定义明确以后，行星内部的分类也更为清晰。按照物理性质，太阳系的八大行星可为两大类：类地行星和类木行星。

类地行星主要包括靠近太阳的水星、金星、地球、火星四个行星，它们体积小、密度大、质量小、扁率小、卫星少、无光环，以重物质为主。

类木行星主要包括远离太阳的木星、土星、天王星、海王星四个行星。它们体积大、密度小、质量大、扁率大、卫星多、有光环，以轻物质为主。

另外，因为类木行星中，木星和土星体积格外硕大，也称为**巨行星**，而天王星和海王星距离太阳遥远，也称为**远日行星**。同时，还可以地球为参照划分为**地内行星和地外行星**。以小行星带为参照划分为**带内行星和带外行星**。

三、太阳系天体运动

行星是太阳系天体的主体。共同绕日旋转的行星具有相似的运动规律，同时也因形成位置及演化速度体现出复杂性。

（一）行星运动的规律性

太阳系行星运动具有以下共同特点：第一，**共面性**，以地球公转的轨道平面黄道为参照，大部分行星公转轨道面与这个平面的夹角都很小。第二，**同向性**，从黄北极观测，行星公转与自转方向大多是自西向东，与地球自转方向相同。第三，**近圆性**，行星的轨道形状接近圆，偏心率很小。第四，**轨道半径的指数依赖性**，也就是我们常说的提丢斯 - 波得定则。该定则揭示行星公转半长径由内向外呈现出指数型增长，但该定则并无合理的物理学解释。第五，**符合开普勒三大定律**。

1600 年，开普勒受邀赴布拉格，作为当时欧洲著名的天文仪器制造专家和天文测量专家第谷的助手。第谷去世以后，开普勒继任了第谷的职位。他系统地汇集了第谷的精确观测成果，总结出行星运动定律，包括**轨道定律、面积定律与周期定律**（图 5-3）。根据轨道定律，行星公转的轨道是一个椭圆，太阳位于其中的一个焦点上。这一点突破了早期行星运动是圆周运动的认知。根据面积定律，行星与太阳的连线单位时间内扫过的面积相等。也就是说，太阳在近日点附近运动得更快，而在远日点附近运动得更慢。这一点的证明在尚没有微积分的时代实属不易。天才的开普勒在纸上把图画好以后，剪下了这几块面积，放在天平上称量，发现它们的质量相等，从而间接证实了面积定律。根据周期定律，行星周期的平方与轨道半长径的立方之比是一个常数。这个“常数”实际是太阳质量与特定行星质量的和，因为太阳质量占据太阳系的99.86%，所以不同行星与太阳质量的和的差异也很小。这个定律同样适用于双星系统，并可以由此估算双星系统的质量。

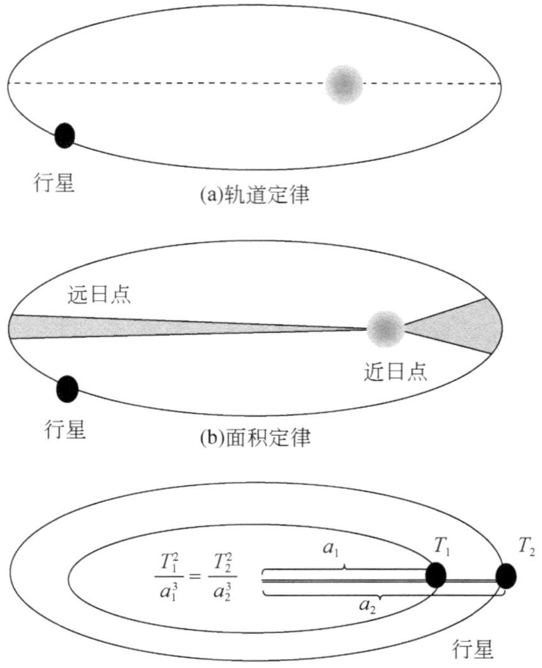

(a)轨道定律　(b)面积定律　(c)周期定律

图 5-3　开普勒行星运动定律

开普勒为现代天体力学的创立奠定了基础，他基于观测提出的行星运动三大定律后来被牛顿通过万有引力公式逐一推导而出，是牛顿眼中的巨人。1611 年，开普勒发明了由两片凸透镜构成的开普勒望远镜。2009 年，为纪念开普勒对行星运动研究的贡献，美国发射了开普勒太空望远镜，用以观测太阳系外的行星。

（二）行星运动的复杂性

虽然太阳系行星运动的规律性明显，但对比太阳系天体的轨道参数（表 5-1），仍可发现一些另类。从轨道半长径来看，木星是内侧火星的 3.4 倍，不太符合提丢斯 - 波得定则，中间似乎缺少一颗行星，而这之间恰好对应了太阳系的小行星带。从轨道偏心率与轨道倾角来看，水星稍大，分别为 0.206 和 7.0°。从自转周期来看，金星自转周期甚至大于公转周期，也就是说在金星上一天就可以经历四季。从行星赤道与轨道交角来看，多在 20° ～ 30°，但木星只有 3°5′，天王星和金星则超过 90°，导致两者从黄北极看是逆向自转。

形象来说，太阳系天体中，只有木星老大哥是好好站着围绕太阳转，其他主要行星都是斜躺着晒太阳，天王星更是睡着晒，而金星几乎倒立着晒。

表 5-1　太阳系天体轨道参数（自金祖孟和陈自悟，1997）

太阳系天体	轨道半长径（天文单位）	公转周期	轨道偏心率	轨道倾角	自转周期	赤道与轨道交角	赤道半径/km	质量（地球=1）	体积（地球=1）	密度（水=1）	表面重力（地球=1）
水星	0.387	88 日	0.206	7.0°	58.6 日	＜28°	2440	0.0554	0.056	5.46	0.37
金星	0.723	225 日	0.007	3.4°	243 日	117°	6050	0.815	0.856	5.26	0.88
地球	1	1 年	0.017	0°	23 时 56 分	23°26′	6378	1	1	5.52	1
火星	1.524	1.88 年	0.093	1.9°	24 时 37 分	23°59′	3395	0.1075	0.15	3.96	0.38
木星	5.205	11.9 年	0.048	1.3°	9 时 50 分（赤道）	3°5′	71400	317.94	1316	1.33	2.64
土星	9.576	29.5 年	0.055	2.5°	10 时 14 分（赤道）	26°44′	60000	95.18	745	0.7	1.15
天王星	19.28	84 年	0.051	0.8°	24 ± 3 时	97°55′	25900	14.63	65.2	1.24	1.17
海王星	30.13	165 年	0.006	1.8°	24 ± 4 时	28°48′	24750	17.22	57.1	1.66	1.18

四、太阳系的演化

太阳系的演化过程是人类解决了地心与日心之争后面临的第二个宇宙难题。从中世纪的宗教束缚摆脱出来的人们，见证了牛顿力学对物体与天体运动的普适性以后，仿佛找到一根救命稻草，强调量变而忽视质变，使社会陷入机械唯物主义的深渊。牛顿晚年在太阳系演化的解释上，一直苦苦寻找推动天体运行的第一推动力，最终把这第一推动力诉诸上帝。在此背景下，哲学家康德与天体力学家拉普拉斯 1755 年和 1898 年分别通过超凡想象和科学推理，描绘了太阳系的演化模型。这就是著名的**康德 - 拉普拉斯星云学说**。

康德 - 拉普拉斯星云学说的理论核心认为太阳系早期的物质基础是弥散星云，而形成太阳系的动力来源是自引力，自引力导致星云收缩，使“云”变成了“星”。康德 - 拉普拉斯星云学说把太阳系演化划分为五个阶段：第一阶段，太阳原始星云碰撞集聚；第二阶段，星云继承的初始动量使其开始旋转，两极物质向赤道地区集中；第三阶段，中心与赤道区域物质的压缩导致中心形成原始太阳，周边形成绕中心旋转的盘状圆环体；第四阶段，原始太阳和圆环体进一步演化，形成太阳与行星星子。第五阶段，星子之间开始相互碰撞合并，形成现在的行星（图 5-4）。

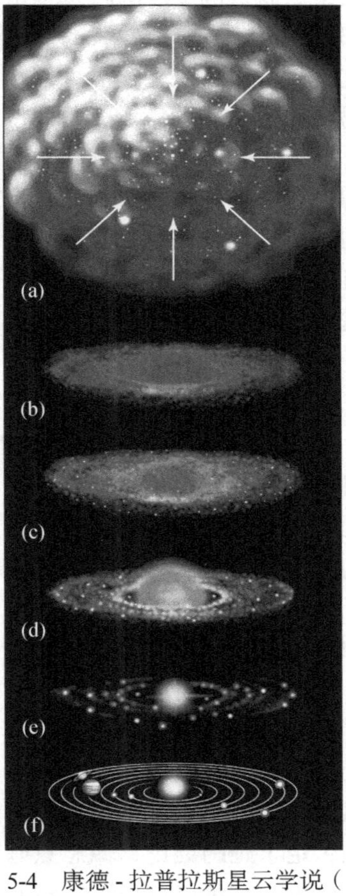

图 5-4　康德 - 拉普拉斯星云学说（自埃里克 · 蔡森和史蒂夫 · 麦克米伦，2016）

康德 - 拉普拉斯星云学说是哲学思辨与理论推导的统一，提醒我们在探索未知世界的过程中，不能拿已有的理论去约束自己，需要有大胆的想象和批判精神，才能酝酿出更大的理论突破。康德作为一个哲学家，把科学家所倡导的批判精神发挥到了极致，撰写了《纯粹理性批判》《实践理性批判》《判断力批判》三大著作，使人们正确认识已知和未知的关系。其中，《纯粹理性批判》被认为是带来了哲学上的哥白尼式转变。正是得益于这种批判精神，康德提出了星云假说，预言了河外星系，突破了传统天文学理论的窠臼，成为天文学史上浓墨重彩的一笔。

第二节　太　　阳

一、太阳概况

太阳是太阳系的中心天体，是距离地球最近的恒星，也是我们深入了解恒星的物理特征、化学组成和产能方式的窗口。

（一）太阳的物理特征

太阳角直径为32.5′，实际半径是地球的109倍。太阳质量是地球的33万倍，占据太阳系总质量的99.86%。太阳的平均密度为1.4g/cm^3，中心氦核的密度可达150g/cm^3，而外部日冕部分只有10^{-7}g/cm^3。太阳的自转周期为25.1～35.0d，赤道地区转得快，极地转得慢，这一点可以通过太阳表面黑子的移动看出。太阳的表面温度为5800K，但中心核反应堆的温度为1500万K，外部日冕中则可达到1000万K。

太阳光的功率为3.8×10^{26}W，目视星等为–26.7等，绝对星等为4.83等。然而，从太阳上观测地球，地球不过是宇宙空间里角直径为0.3′的一个小圆点，只能接收太阳1/20亿的能量。地球接收太阳光的功率约为1.8×10^{17}W，这个功率已经相当于全球发电机组总装机容量的几十万倍。如果把这个功率分解到大气圈顶的每平方米区域内，大约为1367W，这就是我们常说的太阳常数。

（二）太阳的化学组成

1835年，法国实证主义哲学家孔德说，人类可能永远也了解不了太阳与恒星的化学组成，因为人类不可能获得太阳样品在地球上开展化学实验。幸运的是，组成太阳的化学元素却在太阳光谱中留下了信息——夫琅禾费线，这些暗线与地球上某些元素燃烧后形成的光谱发射线惊人的一致。1925年，英国女博士佩恩通过这些暗线的位置和强度，计算了太阳不同元素的丰度，得出惊人的结果。作为太阳系中最重的天体，太阳竟由最轻的氢和氦构成，其中氢元素占73.5%，氦元素占24.8%，其他重元素累计不超过2%。

然而，当时的恒星光谱学研究显示，恒星光谱上几乎所有吸收谱线都能在地球元素的燃烧光谱实验中找到，人们倾向于认为恒星的化学成分与地球相似。佩恩与当时美国著名天文学家罗素交流，罗素直呼不可能，并称“天堂里不需要那么多氢，一点点就够了”。佩恩非常失望，她再次检查了所用的方法，认为自己并没有犯错。然而，她的导师沙普利也否定了她的结论，佩恩只好修改了博士论文中的措辞，说测量数据显示出氢和氦的含量高得令人“难以置信”。然而，四年后，罗素也发现了这个现象，并在论文中引述了佩恩的研究，表示“这一结论不容置疑”，佩恩的成果自此也得到广泛引用。这位在剑桥因为性别歧视未拿到学位的女性，最后成为哈佛大学史上首位女性教授和系主任。

现在我们知道，太阳作为一个主序星，作为宇宙中 90% 恒星的代表，其元素丰度接近宇宙。行星地球的元素丰度及其壳幔核的元素分异是恒星形成过程中外围行星系统内部元素分异的结果，并不能代表恒星整体，更不能代表宇宙。

（三）太阳产能方式

太阳是主序星，拥有 10^{26} W 的巨大功率，而且已经燃烧了近 50 亿年。到底是什么产能机制使太阳持续燃烧，使其成为几乎取之不尽、用之不竭的能源。人们展开了各种奇妙的猜测，如果太阳是烟煤组成，可以燃烧 4780 年；如果太阳一直自我收缩释放热量，可持续 3000 万年；如果太阳吸引流星燃烧，那太阳的引力可能增大，行星公转半径会缩小。这些猜测与观测事实都相去甚远。

1. 太阳产能理论

20 世纪 20 年代，英国爱丁顿受到爱因斯坦质能方程的启发，提出太阳中心可能存在热核聚变反应。1938 年，美国贝特进一步提出了氢聚变成氦的路径，受到美国俄裔天文学家伽莫夫的推崇，伽莫夫是宇宙大爆炸模型的提出者，他和同事阿尔菲在描述宇宙大爆炸初期氢聚变氦的过程的经典论文中，特意添加了贝特的名字，只是为了让三名作者听起来像“α β γ”。后来，伽莫夫还出版了《太阳的生与死》大力宣传贝特的工作，贝特也由此获得了 1967 年的诺贝尔奖。

2. 太阳产能过程

根据贝特等的相关理论，氢聚变氦可能有两种路径，恒星核反应路径与恒星质量有关。质子 - 质子（PP）反应链是控制类太阳质量恒星的主要路径，碳氮氧 (CNO) 循环反应链是控制较大质量恒星的产能路径，太阳热核反应 98% 是通过 PP 反应链，只有 2% 是通过 CNO 反应链。

1）PP 反应链

当主序星质量在 2 个太阳质量以下，中心温度在 700 万～ 2000 万 K，主要通过 PP 反应链产能。这里的质子，实际就是失去电子的氢核。PP 反应链就是氢核的逐级合并过程（图 5-5）。

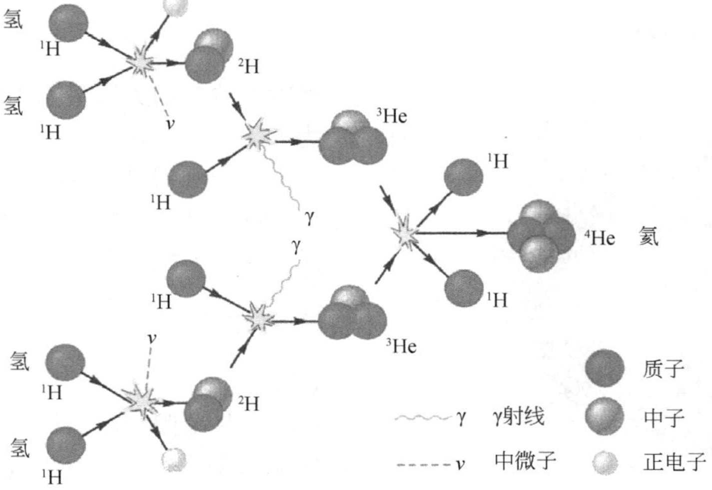

图 5-5　PP 反应链产能方式（自蔡森和麦克米伦，2016）

2）CNO 反应链

如果恒星质量超过 2 个太阳质量，中心温度超过 2000 万 K，则主要通过 CNO 反应链产能。该反应的本质是氢核与碳核逐级合并成氮核、氧核，又反向衰变成氮核、碳核和氦核的过程。

上述两个反应链的最终结果都是四个氢核合并成一个氦核并放出能量的过程。现代天文学认为，太阳中心区中 10% 太阳质量的氢聚变完成后，辐射压与自我引力就会失衡，走向消亡。这部分氢聚变产生的能量大概为 1.28×10^{44}J，如果除以太阳现在的功率 3.8×10^{26}W，可以估算出太阳寿命约 100 亿年，而太阳现在的年龄约 50 亿年。

太阳的核聚变过程中，还会发出正电子、γ 光子、中微子等粒子，它们与聚变中产生的氢核和氦核一起构成宇宙线。通常正电子容易与负电子合并湮灭，发出 γ 光子，γ 光子容易被大气层吸收。只有中微子能携带 5% 的核聚变能量，从太阳内部直接以光速传出，穿越大气层，直达地球。所以，中微子探测是太阳产能监测及验证太阳结构模型的重要手段。

3. 太阳产能监测

中微子是一种不带电、质量极小的亚原子粒子，每秒大约有 10^{15} 个中微子穿过我们的身体。中微子传播过程中其形态可发生转变，但与普通物质几乎不发生任何作用。科学家一直致力于寻找能与中微子反应的物质，从而探测中微子。1998 年，日本科学家梶田隆章用 2700m 以下的 5 万 t 纯水，2001 年，加拿大科学家麦克唐纳用 2000m 以下的 1000t 重水，利用电子与高能中微子作用，捕获了所有类型的中微子，验证了太阳内部的核反应理论，分享了 2015 年的诺贝尔物理学奖。

4. 太阳产能模拟

太阳的产能方式启发了人们通过热核聚变的方式去获取高效的能源。天文学家也启动了自己的“造星运动”—— 国际热核聚变实验堆计划，也称“人造太阳”计划。该计划是全球规模最大、影响最深远的国际科研合作项目。中国基于能源长远需要，2003 年参加了这个计划。2006 年，中国自行设计研制了世界上第一个全超导托卡马克核聚变实验装置——东方超环，为该计划的实施迈出了坚实的一步。

二、太阳结构

人们平时能看到的太阳只是太阳的表面，在此表面之上为太阳大气，在此表面之下为太阳的内部结构（图 5-6）。不同于地球的内部结构可通过地震波反演，太阳内部结构是通过理论构建的太阳质量、密度、温度、压力与太阳半径的关系模型推算的。

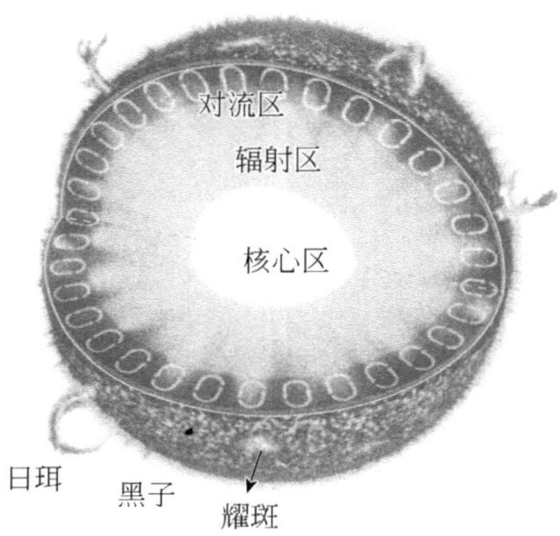

图 5-6　太阳的内部结构

（一）内部结构

1. 核心区

太阳核心区是太阳中心的核反应区，可从日心拓展至 0.25 个太阳半径，占太阳质量的 50%，密度达 $151g/cm^3$，具有 1500 万 K 的高温，即氢聚变成氦的临界温度。

2. 辐射区

辐射区是太阳中部核反应能量的传递区，范围为 0.25 ～ 0.8 个太阳半径，占据太阳质量的 49.9%。该区密度和温度向外快速减小。核心区产生的高能 γ 光子经过辐射区物质吸收再辐射，能量逐渐降低，自内向外依次为 γ 射线、X 射线、远紫外、紫外及可见光。

3. 对流区

对流区是太阳外层向太阳表面传递能量的区域，范围为 0.8 ～ 1 个太阳半径，质量小于 0.1%，密度降至 $0.2g/cm^3$。该区主要通过对流或者湍动的方式向太阳大气传递热量。

（二）太阳大气

太阳大气是指可直接观测的太阳表面以上的层次。自下而上划分为光球层、色球层与日冕，温度向上逐渐递增（图 5-7）。

1. 光球层

光球层是指太阳大气温度极小的高度向下约 500km，向上约 200km 的圈层。它是太阳大气最底层，也是密度最大和温度最低的层次。肉眼看到的可见光主要来源于光球层，太阳半径按照光球层确定，太阳的化学组成也是通过光球层光谱的夫琅禾费线确定。

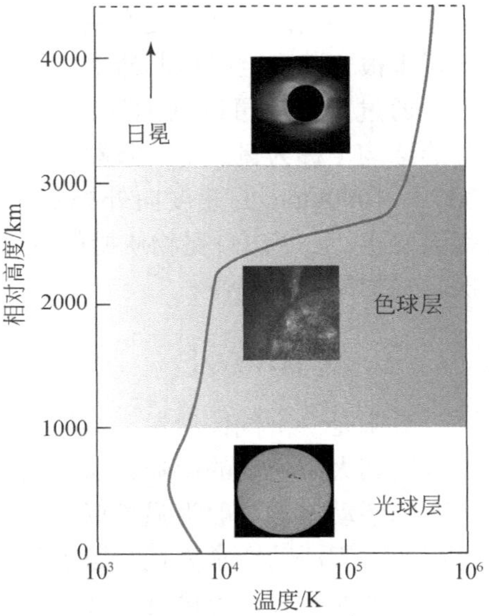

图 5-7　太阳的大气结构

太阳光球层通常分布很多米粒结构，角直径为 0.25″～ 3.5″，数量超过 500 万个。米粒为日面小尺度的浅对流现象，也可发展成为米粒簇、超米粒和巨米粒的大尺度深对流结构。通常高温气体在米粒中心上升，散发热量后从周边下沉，从而呈现出中心亮、边缘稍暗的特征。这些米粒不断破碎和再生，寿命为十几到几十分钟，使得高分辨率的光球看起来像“一锅粥”。

2. 色球层

色球层是太阳光球层之上到日面高度约 2000km 的区域。色球温度比光球层高，接近 10000K。色球层由稀薄和透明的气态物质构成，主要产生发射线，特别是氢的发射线（Hα）。色球可见光波段的辐射不到光球辐射的千分之一，只有在发生日全食时，才能看到太阳外圈玫瑰红色的色球。

1868 年，英国天文学家洛基尔通过色球光谱的放射线，第一次发现了氦元素。1939 年，法国天文学李奥研制出了单色滤光器，建成了世界上第一台“色球望远镜”。色球望远镜可以过滤掉不需要的光，只让特定波长通过，这样人们不用等到日全食就可以观测色球。

色球表面呈现网络结构，最突出的特征是日芒和日浪。日芒是日轮边缘的针状物，它们是从宁静色球射向日冕的细长喷流，始于色球中层，向上延伸 10000 多 km，宽度为 800km，速度为 20 ～ 25km/s，寿命为 5 ～ 10min，数目随高度增加而减小。日浪是色球周期性的大规模物质抛射现象，形状笔直或顶部稍弯，抛射速度和高度都比日芒高，寿命约为 10 ～ 30min，常在 1h 后原地重复。

3. 日冕

日冕是太阳大气的最外层，可延展到几倍太阳半径甚至更远，主要由质子、离子与自由电子组成，是非常稀薄的电离气体。日冕温度高达 100 万～ 1000 万 K，是色球层的 100 ～ 1000 倍，色球层上部与日冕下部温度急剧增加，这种升温可能与太阳内部高能粒子流在日冕磁场中的能量耗散有关。

日冕的可见光辐射仅为光球的百万分之一，不易观测，只有日全食时才能看到日轮周围白色羽毛状的日冕。1931 年，同样是法国的李奥，在望远镜中央加装了小圆锥镜，像月球一样遮住日轮，制造出日冕仪。然而，地球大气散射和衍射的可见光仍比日冕亮几个数量级，早期的日冕仪建在空气相对稀薄的高海拔天文台上，从而减少大气散射的影响，而近来被安装在空间探测器上，从而彻底消除地球大气的影响。

通过日冕仪可以观测到，日冕上存在很醒目的亮束延展结构（称为冕流）和底部较暗的结构（称为冕洞）。日冕经常出现瞬间的激烈运动，呈环状、泡状、云状增亮，并以 300 ～ 1000km/s 的速度向外抛射，称为日冕物质抛射。太阳活动极大期，日冕呈圆形，每天发生 2 ～ 3 次日冕物质抛射事件。太阳活动极小期，日冕呈椭圆形，每 10 天发生 1 ～ 3 次日冕物质抛射事件。

三、太阳活动

太阳是一个气体恒星，结构并非一成不变，而是处于动态平衡中。这种平衡短时间尺度内受到太阳活动的影响，长时间尺度内受到太阳演化的影响。太阳活动通常发生在太阳表面的活动区，一般为强磁场区。太阳活动在不同太阳大气层位表现形式不同。发生在光球层的太阳活动通常表现为黑子和光斑，可通过可见光直接观测。发生在色球与日冕中的太阳活动通常表现为耀斑与日珥，需要色球望远镜或日冕仪观测。

（一）太阳黑子和光斑

1. 太阳黑子

世界上最早的太阳黑子记录来自公元前 28 年我国汉朝的《汉书 • 五行志》。原文中这样描述，“成帝河平元年三月乙未，日出黄，有黑气，大如钱，居日中央”。西方亚里士多德时代认为太阳是完美无缺的，直到 1610 年，意大利天文学家伽利略首次采用望远镜观测到了太阳黑子，并发现其随太阳自转而移动。

1）黑子形态

黑子是光球上不规则的黑色区域，单个黑子直径最大可达约 4 万 km，相当于 4 个地球。一个成熟黑子由中心暗黑部分和周围灰色部分组成，前者称为黑子本影，后者称为黑子半影。本影的绝对温度在 4000K 左右，半影在 5400K 左右，均低于光球层的表面温度 5800K。

2）黑子分布

黑子在日面上的分布不均匀，通常成对成群出现，每个黑子群中有几个至几十个太阳黑子，每个黑子的直径大小约有几百至几万千米。黑子多集中在日纬 8° ～ 30° 的范围，低纬与高纬地区的黑子较少。

3）黑子周期

1843 年，德国天文爱好者施瓦布通过 1826 ～ 1843 年连续的黑子观测，首次发现日面上黑子数量可能存在 11 年左右的周期变化。1848 年，瑞士天文学家沃尔夫提出通过黑子群数和个数来计算黑子相对数。经过沃尔夫的搜集和整理，每日黑子相对数记录向前推至 1818 年，月均值推至 1749 年，年均值可推至 1610 年。 这些记录确认了黑子相对数 11 年左右的周期性，最短为 9.0 年，最长为 13.6 年。黑子相对数年均值高的极大年附近，称为太阳活动高年；反之称为太阳活动低年。通常把相邻的极小年之间的时长称为太阳活动周。为便于记录，人们规定从 1755 年极小年起算的活动周为太阳活动第 1 周，以此类推。

4）黑子演化

黑子起初是单个黑点，逐渐发展成两个磁场极性相反的大黑子，大黑子间又出现很多小黑子。随着大黑子逐渐增大，距离越来越远，黑子也开始逐渐分裂，直至最后消失。太阳活动周开始时，南北半球黑子群在日面的平均纬度在 30° 附近，而后黑子逐渐向太阳赤道转移，在日纬 15° 附近达到极大年，其后继续移动到日纬 8° 左右。太阳活动周结束时，新的黑子群又开始在高纬出现。如果以日面纬度为纵坐标，时间为横坐标，黑子的分布图就像一串翩翩起舞的“蝴蝶”（图 5-8）。

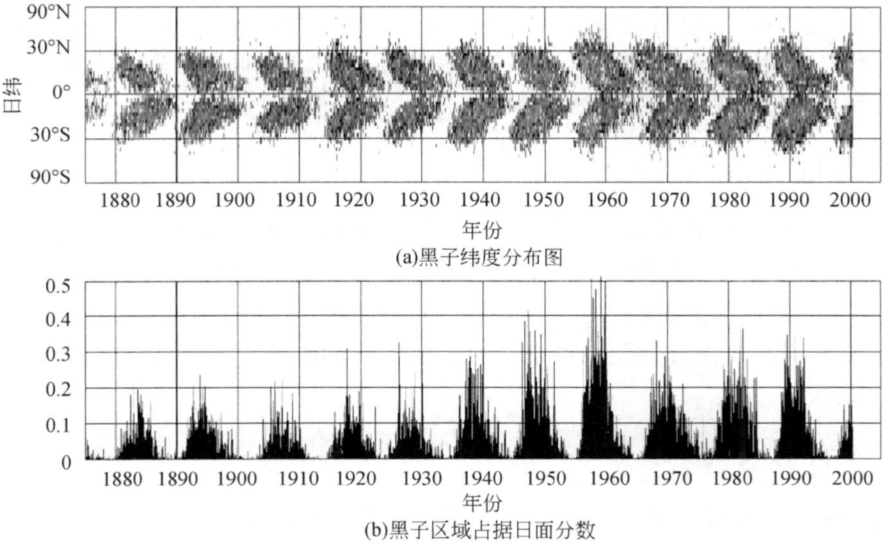

图 5-8　太阳黑子演化

5）黑子形成

黑子作为太阳表面温度较低的区域，通常认为其形成与其表面强磁场有关。成熟黑子群一般由两部分组成，包括前导黑子和后随黑子。前导黑子和后随黑子的磁场极性相反，一个表现的如北磁极（N），一个表现的如南磁极（S），11 年互换一次极性。该区磁场比地球磁场要强上万倍，这种强磁场抑制了对流区带电离子向外的热量传递，使日面局部的表面温度和亮度下降，形成了视觉上的黑子。

2. 光斑

光斑是光球边缘部分的大块增亮区域，比光球亮 10% 左右，平均温度高于光球 300 ～ 400 K。光斑常伴随黑子出现，并先于黑子出现几小时或几天，纬度分布与黑子类似但更广。光斑寿命比黑子长，也具有类似黑子群的偶极性质和 11 年的活动周期。

（二）耀斑与日珥

1. 耀斑

耀斑是色球局部地区急剧增亮 10 倍以上的现象，产生在色球和日冕的过渡区，也称为色球爆发。耀斑短时间段内释放巨大能量，各波段辐射和粒子辐射同步加强，对日地空间天气影响较大。

2. 日珥

日珥是发生于色球层突出日面边缘的物质抛射现象，主要为色球与日冕的冷气体云，高约几万千米，可形成浮云、喷泉、圆环、拱桥等不同结构，从地面观察就像“太阳的耳朵”。它们有的持续存在，有的一闪而过。通常把结构稳定、寿命可持续几个月的称为宁静日珥。结构不稳定、常与耀斑伴生的称为活动日珥。活动日珥比宁静日珥的温度高得多，其磁场也强得多。

从机制上而言，太阳活动是太阳磁场变化导致的太阳大气物质与能量的异常流动，监测太阳磁场变化对于太阳活动预报有重要意义。然而，太阳活动的演化规律与形成机制仍未解决。太阳活动周的形成是《科学》杂志遴选出的 125 个重大科学前沿问题，也是太阳物理领域至今悬而未决的世纪难题。

四、日地关系

太阳是地球能源的提供者，也是地球空间环境的塑造者。日地关系是太阳物理学与地球物理学的交叉学科。太阳活动产生的太阳风伴随的电磁辐射与粒子辐射，可能干扰地球磁层和大气层，给地球上人类的生产生活造成严重影响。所以人们常说，“太阳一打喷嚏，地球就发高烧”。认识日地关系可以从太阳风造成的电磁效应、气候效应、生物效应三个角度去理解。

（一）电磁效应

地球磁场是因为地核对流形成的一个类似条形磁铁的对称磁场，但在太阳风的影响下，地球磁场可能演化成一个不对称的彗星状磁场，这就是地球磁层。地球磁层近日端高约 10 个地球半径，远日端形成一个圆柱状的磁尾，半径约 20 个地球半径，长度可达几百个地球半径。磁层内部靠近地球两侧 1500 ～ 20000km 高度范围内是对称的范艾伦辐射带，纬度大致在南北纬 40° ～ 50°，是地球磁场俘获的高能粒子区。范艾伦辐射带按照高度分两段：内带（1500 ～ 5000km）和外带（13000 ～ 20000km）。内辐射带高能质子多，外辐射带高能电子多，两者之间辐射较少（图 5-9）。

1. 磁暴

太阳活动激烈时，磁层近日端压缩至 6 ～ 7 个地球半径，可引发磁暴。磁暴是持续十几个到几十个小时的全球性磁场扰动，所有地磁要素都发生剧烈变化。磁暴常伴随 X 射

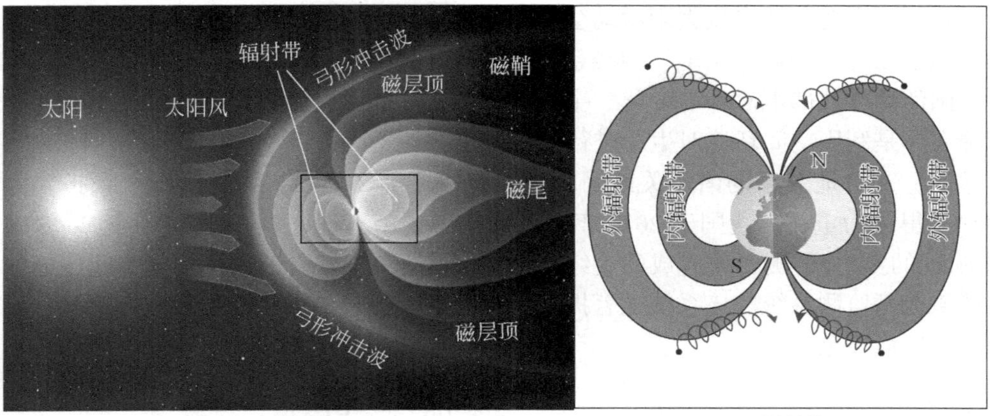

(a)太阳风　(b)辐射带

图 5-9　地球磁层与范艾伦辐射带

线到达电离层底层，与中性大气成分相互作用，使电离层电离度突然增加，造成地球昼半球短波和中波无线电信号衰减或完全中断，长波和超长波信号则突然加强，一般持续几分钟到 1h。

磁暴还可能导致卫星姿态与轨道发生变化，影响对地观测与卫星通信，同时快速变化的磁场使地面大型输电线路可能产生感应电流。1989 年 3 月 6 ～ 19 日，大耀斑引起的强磁暴导致全球卫星轨道下降，通信卫星异常，轮船飞机导航失灵，美国和加拿大北部电网烧毁，引起国际社会震惊。2005 年 5 月 5 日，同样是大耀斑引起的强磁暴，导致我国华东和华南地区电力输送和移动通信中断。

2. 极光

太阳风携带的带电离子进入地球磁场后，通常产生围绕磁力线的磁黏滞现象，并随磁力线向磁极汇集，与大气分子或离子碰撞放电，形成极光。太阳活动激烈时，地球两侧范艾伦辐射带急剧膨胀，部分带电粒子也会溢流到地球高纬地区，形成较强的极光。极光是唯一能用肉眼看到的高层大气物理现象，集中于磁纬 60° ～ 70° 的区域内，形成极光椭圆带。极光椭圆带附近的挪威、俄罗斯、美国阿拉斯加等地区是观测极光的最佳场所。极光因为大气状况与太阳风强度差异，呈现出幕状、席状与波浪状等不同形态，这些绚丽的极光在太阳风带给地球诸多困扰的同时，也带来了一丝慰藉。

（二）气候效应

气候变化主要与地球大气底层对流层的变化有关。太阳的电磁辐射，除可见光和一部分无线电波及近紫外线以外，其余电磁辐射或粒子辐射多被高层大气吸收，很难到达大气底层。迄今为止，虽然地球不同地区不同时间段都能找到太阳活动与气温、气压、降水及其灾害事件的统计关系，太阳活动周期也是十年际气候变化的主要周期之一，但太阳活动导致的高层大气变化向底层大气的传导机制还不明确。

（三）生物效应

地球生物赖以生存的光和热，都直接或间接来自太阳。地表生物对太阳活动的响应程度不尽相同。现有资料发现太阳活动会影响树轮增长、粮食产量、蝗虫飞行和鱼类繁殖，同时太阳活动对人类循环系统、神经系统、生殖系统的发病率也有控制作用。从机理上而言，太阳活动导致的电磁环境变化、宇宙线增强，可能影响生物机能和促使基因变异。航空育种实际是利用空间环境对生物进行基因改造的例子。

然而，在日地关系的诸多关键问题尚未解决之前，加强日地空间天气预报，监测太阳活动显得尤为重要。我国于2012年建设完成了子午工程，该工程是利用120°E附近和30°N附近的15个监测台站建成的连续监测地球表面20km以上到行星际空间环境的大型空间环境地基监测系统。该系统显著提高了我国空间天气的预报能力和服务水平，保障了我国空间环境安全。

第三节　类地行星

类地行星是性质类似地球的行星，包括距离太阳较近的水星、金星、地球与火星（图5-10），具有体积小、密度大、质量小、扁率小、卫星少、无光环，以重物质为主的共同特点。

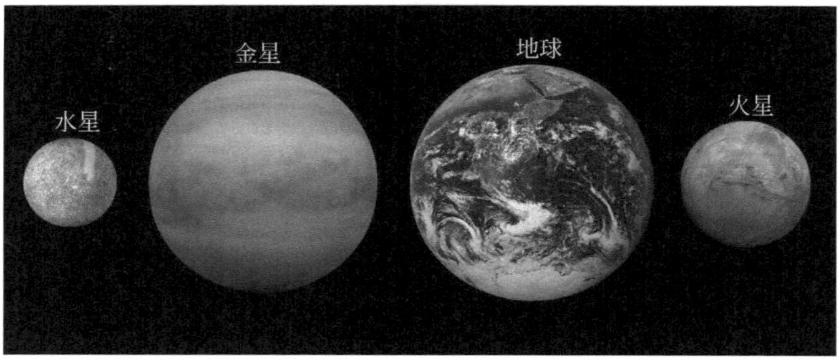

图 5-10　类地行星

一、水星

（一）基本参数

水星，中国古称“辰星”，西方称墨丘利（Mercury），意为神的使者，是距离太阳最近、偏心率最大、公转速度最快的行星。水星也是太阳系最小的行星，半径刚过地球的1/3，密度为5.43 g/cm³，仅次于地球。水星大气稀薄，压力不到地球的百亿分之一，表面温度变化大，白天可达427℃，夜晚可降至–173℃。水星表面遍布陨石撞击形成的环形山，暗示水星是被太阳俘获的小天体掉入太阳的最后一道屏障。

（二）探测历史

1973年11月3日，美国发射“水手10号”探测器，主要任务是探测金星和水星。探测器1974年2月5日飞临金星做了探测后，借助金星引力改变轨道方向，折向水星，3月29日到达水星附近，成为唯一来到水星附近的探测器，并向地面发回几千张珍贵的照片。

（三）标志特征

水星的标志特征是水星近日点的进动现象，该现象为爱因斯坦广义相对论的验证提供了重要证据。16 世纪，丹麦天文学家第谷发现，因太阳与其他行星对水星轨道的摄动，水星近日点位置存在明显的进动现象。1859 年，法国天文学家勒威耶发现水星近日点进动的观测值比理论值要大，差值为每世纪 43″。人们猜想可能存在一个比水星更靠近太阳的行星，通过引力摄动改变了水星的理论轨道，但并未发现这颗行星。直至 1915 年，爱因斯坦提出太阳附近的时空可能因为强大的引力发生了扭曲，并根据广义相对论计算出了该差值，成功地解释了水星近日点的反常进动。

水星的第二个标志特征是水星凌日，水星作为地内行星可能挡住太阳，但水星距离地球较远，视直径只有 4.5″～ 13″，犹如一个小黑点在太阳表面轻轻划过，需要借助望远镜观测。

二、金星

（一）基本参数

金星中国古称“太白”，西方称维纳斯（Venus），即爱神。金星的基本参数与地球类似，是体积、质量、密度最接近地球的行星。金星具有浓厚的大气层，相当于 93 个大气压，成分以二氧化碳为主，约占 97%，浓厚的大气使金星的反照率达到 0.76，使金星成为太阳系最亮的行星。此外，金星表面地势相对平坦，以火山地貌为主，陨击坑较小且年轻，金星表面笼罩了火山爆发产成的 20 ～ 30km 厚的酸雾，这些酸雾阻碍了空间探测器对金星表面的探测。

（二）探测历史

1961～1985 年，苏联共发射 16 个金星探测器。同时，美国在 1962 年和 1967 年发射了“水手 2 号”，1978 年发射了金星探测器“先驱者 1 号”“先驱者 2 号”，1989 年发射了“麦哲伦号”。

（三）标志特征

金星的第一个标志特征是金星的逆向自转，导致金星上的太阳每天西升东落。

第二个特征是金星的位相变化，因为视直径大，金星绕太阳旋转过程中会呈现类似于月球的位相变化。第三个特征就是金星凌日，金星距离地球更近，体积比水星大，所以金星凌日更为明显（详见第八章）。

三、地球

（一）基本参数

地球是人类生活的行星。西方用大地女神盖亚表示地球。地球是体积、质量、密度最大的类地行星。地球距离太阳位置适中，并拥有足够引力束缚了大气，这些大气经过几十亿年的演化，孕育了生命，形成了以氮气、氧气为主的次生大气，原始大气中的还原性组分大部分转移进了生物圈与岩石圈。地球具有固体表面，以海洋为主。整体气候温和，温差较小，适宜生命生存。目前国际气象组织记录的地球表面最高温是美国加利福尼亚州的死亡谷的 56.7℃（1913 年 7 月 10 日），最低温是南极冰盖的 –89.6℃（1983 年 7 月 21 日）。

（二）标志特征

地球的标志特征就是有人类定义下的生命存在，地球宜居性的定义也是围绕以人为代表的高级智慧生命。这提醒人类在探索地外文明的时候，不要局限地球人对于生命尺度、形式及其生存范围的认知，也许就在我们眼皮底下的每一个原子里就有另外一个世界。

四、火星

（一）基本参数

火星中国古称“荧惑”，西方称马尔斯（Mars），即战神。火星半径大约为地球的一半，与水星相当，质量约为地球的1/7。火星表面只有0.006个大气压，主要为稀薄的二氧化碳，常有尘暴发生。火星地貌以火星沙漠、盾状火山、干涸河床为显著特征。地表富含红色的赤铁矿，两极有干冰组成的极冠，最近研究发现火星局部地区有稳定液态水的存在。火星的平均温度为–55℃，季节变化明显，夏天可达27℃，冬天低至–133℃。

（二）探测历史

火星与地球的距离仅远于金星，但火星没有金星的浓密酸性大气，从而成为行星探测的首选。人类火星探测活动基本2年左右出现一次高潮。截至2018年，人类发射了46个探测器飞往火星。最早进入火星轨道的是1971年美国的“水手9号”。虽然这些探测大部分以失败告终，抑或是中途夭折，抑或是淹没在茫茫的火星尘暴之中，但也不乏顺利达到火星并软着陆的例子。例如，欧洲航天局发射的“火星快车号”以及美国国家宇航局发射的“勇气号”“机遇号”“好奇号”等。我国2020年发射的“祝融号”也成功登陆火星表面。

（三）标志特征

火星的标志特征是火星的红色表面与白色极冠。火星的红色表面是火星土壤铁氧化物富集的体现。火星的白色极冠类似于地球两极的冰盖，只是这些冰盖主要由干冰构成。从火星的河网分布及沉积物上判断，火星有水动力作用过的痕迹。

第四节　类木行星

类木行星是性质类似木星的行星，包括远离太阳的木星、土星、天王星、海王星（图5-11），具有体积大、质量大、密度小、扁率大、卫星多、有光环，以轻物质为主的共同特点。

一、木星

（一）基本参数

木星，中国古称岁星，西方罗马神话中称朱庇特（Jupiter），即希腊神话中的宙斯，众神之王。木星是太阳系体积与质量最大的行星，是地球半径的11.3倍，质量大于其他行星之和。木星表面是浓密的氢氦大气，超过100个大气压，木星大气在南北半球形成了

图 5-11　类木行星

5 ～ 6 对明显的纬向环流。木星反照率接近 0.54，是太阳系亮度仅次于金星的行星。

（二）探测历史

木星探测最早源于 1972 年美国的“先驱者 2 号”，但影响力最大的是 1989 年美国发射的“伽利略号”探测器，它飞行 6 年后，1995 年 12 月抵达环木星轨道，2003 年 9 月坠毁于木星，取而代之的是 2011 年发射、2016 年入轨的“朱诺号”。

（三）标志特征

木星的标志性征之一是木星大红斑。这个大红斑实际是木星 23°S 处形成东西约 26000km、南北约 14000km 的椭圆形反气旋。该反气旋从 1664 年发现以来一直持续至今。木星另外一个标志特征是木星强大的磁场，可达地球的 15 倍。太阳活动强烈的时候，可在木星两极观测到绚丽的极光。此外，木星是太阳系的卫星大户，也是最早发现卫星的其他行星。伽利略于 1610 年 1 月 7 日发现木星的四颗大型卫星，并分别命名为艾奥 (Io)、欧罗巴 (Europa)、盖尼米得 (Ganymede) 和卡里斯托 (Callisto)，后统称为“伽利略卫星”。通过望远镜可以观测出这四颗卫星相对于木星的位置变化。截至 2018 年，已发现的木卫总数达到 79 颗，其中木卫三盖尼米得比水星还大。

二、土星

（一）基本参数

土星，中国古称镇星。罗马神话中用萨图恩（Saturn）代表土星，即朱庇特的父亲。土星体积与质量仅次于木星，半径是地球半径的 9.4 倍，但密度比水小，仅 0.7 g/cm^3，是太阳系密度最小的行星。土星的扁率为 10%，是太阳系扁率最大的行星。土星表面环境与木星类似，也具有浓密的氢氦大气，但土星具有氨气和甲烷凝结形成的厚层雾霾。

（二）探测历史

土星探测最早源于 1973 年美国发射的“先驱者 11 号”探测器，影响最大的是欧洲航天局 1997 年发射的“卡西尼号”和“惠更斯号”。1659 年，荷兰天文学家惠更斯观测发现，土星周边的两个“耳朵”实际上是一个环绕土星的扁平圆环。1675 年，法国天文学家卡西尼在对土星光环进行观测时，发现光环中间有一条黑暗的缝隙，这条缝隙后来称为卡西尼环缝。

1997 年 10 月，欧洲航天局为纪念两位科学家对土星研究的贡献，将以两位科学家命名的“卡西尼号”携带“惠更斯号”一同发射，飞往土星。1998 年和 1999 年，重达六吨的“卡西尼号”两次借助金星的“引力弹弓”效应加速，2000 年又借助木星引力加速后，终于在 2004 年 7 月 1 日抵达土星轨道，开始对土星大气及光环进行系统考察。同时，“卡西尼号”释放了“惠更斯号”着陆器，进入土卫六泰坦的大气层，并实现软着陆。调查结果发现，土卫六表面存在液态物质，与地球早期类似，被认为是太阳系中最像地球的地方。

2017 年 4 月 26 日，在兢兢业业执行任务 20 年后，“卡西尼号”第 23 次穿越土星与最内缘土星环之间 2400km 的缝隙时，一头扎进土星上层大气，并将高频天线对准地球，最后发送了珍贵的土星大气数据，直到化为灰烬，“卡西尼号”任务至此结束。

（三）标志特征

土星的标志特征是土星的环带。环带是类木行星的共同特征，但土星环带尤为壮观，可能与某颗卫星被土星潮汐力瓦解有关。因为土星相对位置的变化，地球上观测到的土星环有时候像一个大草帽，有时候只能看到一条线。同时，土星也是卫星大户，其中最著名的土卫六即泰坦，直径为 5150km，也比水星大。

三、天王星

（一）基本参数

天王星，命名源自罗马神话中的天神乌拉诺斯（Uranus），即朱庇特的爷爷。天王星半径约为地球半径的 4 倍，但因距离遥远，肉眼很难观测到。天王星表面也是浓密的氢氦大气，大气热量交换效率高，纬度差异小，表面温度 –210℃～–200℃，“全球基本同此凉热”。同样，天王星大气含甲烷冰较多，多散射蓝绿光，使天王星的颜色偏蓝。

（二）探测历史

天王星距离相对遥远，运动速度慢，早期并未确认其为行星，而是当作恒星。1781 年 3 月 13 日，威廉 • 赫歇尔用自制的 227 倍天文望远镜观察星空时，发现了一颗异常明亮的星星。后来，他换上 460 倍和 932 倍的目镜观测，发现这颗星的直径随着天文望远镜的放大率增加而增大。他断定这是藏于太阳系里的一颗新的行星，而不是恒星，轰动了全世界，天王星也成为望远镜时代发现的首颗大行星。美国“旅行者 2 号” 探测器在 1986 年 1 月 24 日最早飞越天王星。

（三）标志特征

天王星赤道与公转轨道高达 97°55′ 的夹角，使得天王星的运动看起来更像是在公转轨道上绕自转轴向前翻滚，两极出现长达 42 年的极昼极夜。天王星的环带也几乎垂直于黄道面，可能挡住后面的天体，产生“掩星”现象。

四、海王星

（一）基本参数

海王星，罗马神话中用海神（Neptune），也就是朱庇特的兄弟代表它。海王星是距离地球最远的行星，半径是地球的3.88倍，距日距离是地球的30倍。海王星大气中同样富含甲烷冰，颜色泛蓝。

（二）探测历史

1781年，威廉·赫歇尔发现天王星之后，1800～1830年，人们发现天王星的运行速度忽快忽慢。有人猜想，天王星轨道外侧可能还有一颗人们从未见过的行星，影响了天王星的轨道。

1845年，英国青年数学家亚当斯计算出该天体的轨道，并把结果交给了英国皇家天文台，但天文台并未理会。1846年，德国柏林天文台的伽勒博士，按照法国青年数学家勒威耶写给他的信当夜开始搜索，经过半小时的观察，就找到这个颗星。后来，亚当斯和伽勒分享了发现海王星的荣誉。

1989年8月25日，美国的“旅行者2号”探测器飞越天王星3年后，来到海王星，最近距海王星4827km，使人类第一次看清了海王星的面貌。

（三）标志特征

海王星的标志特征是海王星南极周围的两条宽约4000km的巨大黑色风云带和一块面积如地球大的风暴区，即海王星大黑斑。该大黑斑逆时针旋转，每转一圈需10天。最近观测发现这个大黑斑已经消失，而且海王星表面形态有明显时间变化，可能与太阳活动有关。

第五节　矮　行　星

矮行星是体积介于行星和小行星之间的绕日天体。过去曾将矮行星纳入小行星或者行星，直到2006年将它们单独划为一类，并把冥王星、谷神星等以前认定的行星和小行星纳入矮行星的范围（图5-12）。

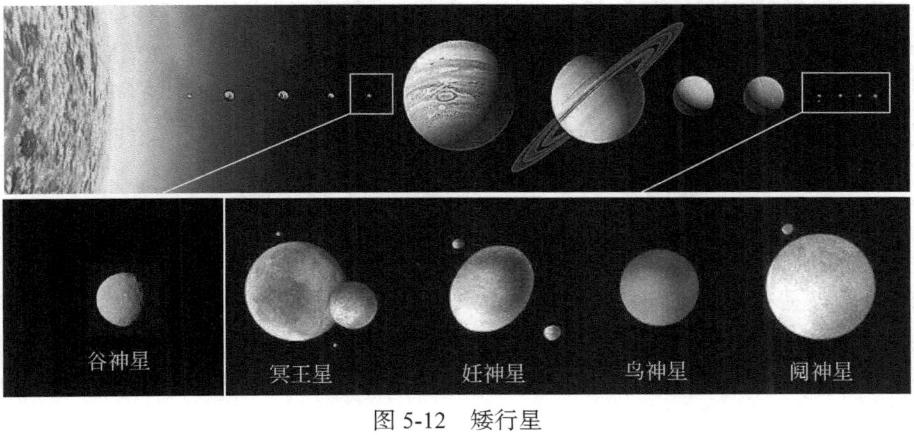

图5-12　矮行星

一、冥王星

（一）基本概况

冥王星是最大的矮行星，命名来源于朱庇特的兄弟冥王布鲁托（Pluto）。冥王星直径只有2300km，比月球还要小，质量更不到地球的1/400。冥王星偏心率为0.25，轨道倾角达到17.1°，公转周期为248年。1979～1999年，冥王星甚至进入海王星的轨道以内。冥王星表面主要由甲烷、氮氧化物、一氧化碳的冰物质构成，反射率大。冥王星表面温度为–230～–260℃，最冷时接近绝对零度。

（二）探测历史

1930年，美国天文学家汤博发现了冥王星，并把其纳入行星之列。1978年，美国天文学家克里斯蒂发现了冥王星的卫星卡戎。卡戎直径约800km，与冥王星相距1.9万km。因为冥王星轨道参数明显不同于其他行星，2006年国际天文大会以后，冥王星和卡戎一起被划为矮行星。同年，美国发射了探测冥王星的空间探测器“新地平线号”，该探测器是人类历史上发射的起始速度最快的太空探测器，已于2015年飞掠冥王星。

二、阋神星

阋神星（Eris）体积为冥王星的1.56倍，轨道偏心率比冥王星更大，达到0.44，距日距离在38～97天文单位变动。轨道平面与黄道面夹角大于45°，公转周期为560年。**阋神星被正式命名前，暂时编号为2003UB313，命名为齐娜（Xena），2003年被美国布朗团队发现。2007年，中国天文学名词审定委员会将Eris的中文译名确定为“阋神星”，取自“兄弟阋于墙，外御其侮”**的意思，暗示阋神星的发现对太阳系行星分类的重大影响。

三、谷神星

谷神星（Ceres）是位于火星与木星轨道之间的小行星带内的矮行星，直径为950km，一直被认为是最大的小行星。1801年元旦，谷神星被意大利天文学家皮亚齐首次发现。1801年尾，谷神星被德国的奥博斯再次发现并确认，并以意大利西西里岛的谷物女神克瑞斯（Ceres）命名。2006年以后，被划为矮行星。

迄今为止，除冥王星、阋神星、谷神星之外，冥王星轨道外的妊神星和鸟神星也被认定为矮行星。妊神星（Haumea）的质量大约是冥王星的1/3，距离太阳35～51AU，轨道倾角27°，2008年以夏威夷生育之神命名。鸟神星（Makemake）直径相当于冥王星的2/3，距离太阳39～53AU，轨道倾角29°。2008年以复活岛创造人类之神命名。

太阳系的边界：柯伊伯带与奥尔特云

20世纪50年代，美国天文学家柯伊伯认为海王星轨道之外包含许多微星，它们是环绕着太阳的原行星碎片，因质量小未能结合成行星，这个碎片集中带也被称为“柯伊伯带”。从1992年人们发现了第一个柯伊伯带天体，至今已有约1000个柯伊伯带天体被发现，直径从数千米到上千千米不等，包括与冥王星相当的阋神星、妊神星和鸟神星等。然而，柯伊伯带并不是太阳系的边界。荷兰天文学家奥尔特通过彗星研究发现，轨道半径为3万～10万天文单位的彗星数目很多，它们的远日点多在冥王星之外。他由此推算太阳系周边有球状的彗星储库，充满了微小冰封物质，它们是原始太阳星云的残留物，后被称为“奥尔特云”。柯伊伯带与奥尔特云的提出使太阳系结构更趋完整，也从侧面印证了太阳系演化的星云假说（图5-13）。

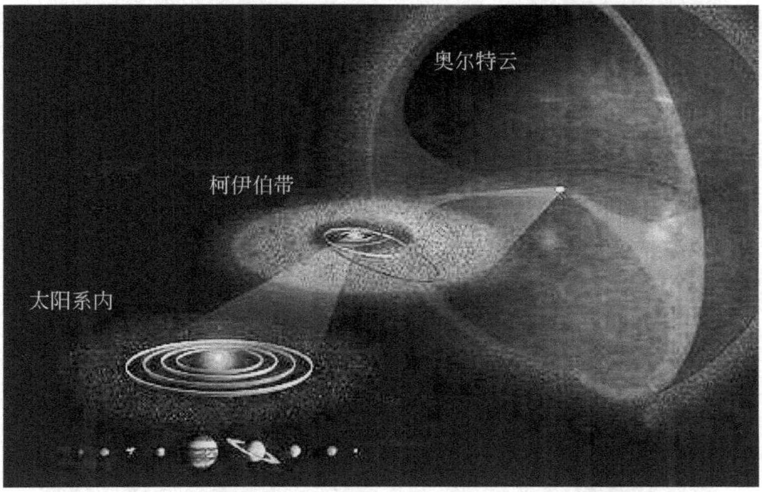

图5-13　太阳系外围

第六节　太阳系小天体

太阳系的小天体包括小行星、彗星和流星体，它们是太阳系这个“庞大工程”竣工后剩下的“边角料”，分布在太阳系的外围或者行星和矮行星之间，增加了太阳系空间环境的复杂性。小行星直径比行星与矮行星小，多数直径大于1m，小于100km，无规则形状。直径1m以下的小天体称流星体，有彗尾结构的称彗星。

一、小行星

（一）小行星的发现

提丢斯和波得提出太阳系行星轨道半径的指数增长规律后，天王星的发现给出了最好的例证。人们由此坚信在火星和木星轨道之间，即火星轨道半径的两倍——2.8AU附近，应该还有一颗未发现的行星。18世纪末，欧洲天文学家在哥达天文台领导下把全天划分为24个区，搜寻这个行星，但无果而终。1801年元旦，意大利人皮亚齐发现金牛座里有一颗星图中没有的星，但报告给哥达天文台时，这颗星已经移动，无法找到。德国的高斯通过数学计算了行星的轨道，并由德国奥伯斯在1801年末重新发现了这颗星，距离恰好为2.8AU，并命名为谷神星。

随后，奥伯斯还发现了智神星、婚神星、灶神星等诸多小行星。现代小行星探寻过程中，因小行星相对恒星有明显的周年视运动，天文学家常通过叠加若干张夜间相同天区的照片识别小行星，效率大大提高。迄今发现并编号的小行星已达 15 万颗。2006 年，因行星定义修改，谷神星被划归为矮行星（图 5-14）。

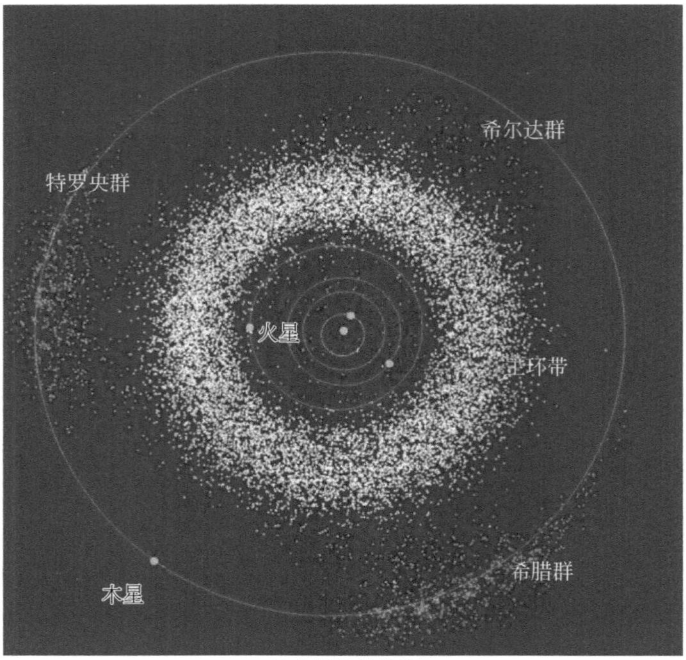

(a)小行星的轨道

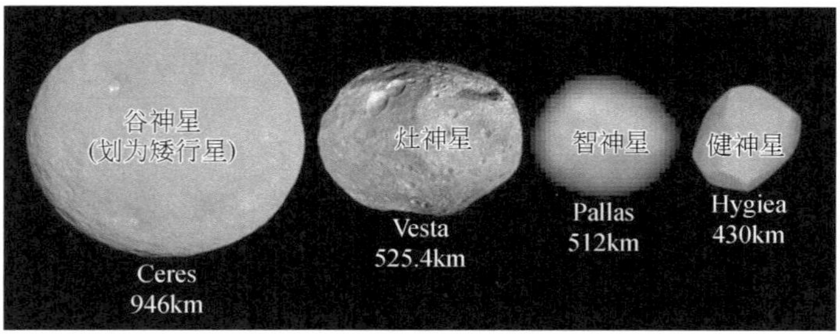

(b)主要小行星

图 5-14　小行星

（二）小行星的分布

小行星主要分布在火星、木星轨道之间的主环带中。同时，木星的轨道以及太阳系周边的柯伊伯天体带中都有大量小行星分布。

（三）小行星的大小

小行星的直径越大，颗数越少。直径超过 100km 的小行星只有 200 颗，而直径小于 1km 的小行星有接近百万颗。小行星的质量、体积都集中在区域较大的球状小行星上，其他小行星质量很小，形状也不规则。

（四）近地小行星

近地小行星指轨道与地球轨道相近或相交的小行星。近地小行星在太阳或行星的摄动下，可能改变轨道与地球相撞。已知直径大于 1km 的近地小行星有数百个，直径小于 1km 的近地小行星有数万个，其中对地球有潜在威胁的上千个。1997 年发现的小行星 1997BR，距离地球 7.5 万 km，而月球距离地球也不过 39 万 km。对于宇宙中以每秒几十千米运动的地球和小行星来说，这颗小行星相当于子弹擦眉而过。美国亚利桑那州陨石坑，直径 1.2km，深 180m，被认为是 49000 年前大气中裂解的小行星碎块撞击形成。根据计算，直径 10km 的中等小行星以 10km/s 速度撞击地球的能量，相当于 30 亿个广岛原子弹。地质历史上多次生物大灭绝事件被认为与体积较大的小行星撞击地球有关。

国际社会为应对这些潜在威胁，美国和澳大利亚联合建立了 1.8m 望远镜的空间警戒网，中国紫金山天文台也建设了近地观测望远镜，迄今已发现了千余颗小行星。2013 年 12 月，联合国成立国际小行星预警组织，加强国家间的小行星信息交流，搜寻“天外来客”，一旦发现危险的近地小天体，联合国和平利用外层空间委员会将负责协调各国防御力量，发射宇宙飞船撞击或摧毁目标天体，使地球免受打击。

二、彗星

彗星，中国古称孛星、妖星、扫把星，彗星的出现一度被认为是不祥的征兆。彗星只是在高偏心率轨道上绕日运行的冰物质，多形成于太阳系外围的柯伊伯带和奥尔特云。我国是记录彗星最早的国家，长沙马王堆三号汉墓出土的《天文气象杂占》中绘制的 29 幅彗星图是世界上最早的彗星图形资料，比欧洲要早近千年。

（一）彗星的分类

彗星按照回归周期可划分为**周期性彗星与非周期性彗星**。回归周期 200 年以上的为长周期彗星，200 年以下的为短周期彗星。周期性彗星轨道均为椭圆，非周期彗星的轨道为抛物线或者双曲线。然而，彗星的轨道并不完全稳定，回归过程中可能因受到周边大行星的引力摄动而变轨，形成远日点在木星、土星、天王星与海王星等附近的彗星族。例如，木星族彗星包括 80 颗短周期彗星，周期小于 13 年。典型的木星族彗星——布鲁克林 2 号彗星，早期受木星摄动以后变轨，周期从 29 年变为 7 年。

哈雷彗星

哈雷彗星是典型的短周期彗星，回归周期为 76 年，最近一次回归在 1986 年。17 世纪，英国天文学家哈雷在牛顿的帮助下，计算了 24 颗彗星的轨道，并发现 1531 年、1607 年、1682 年的彗星有相同的轨道，并预测了它在 1758 年的回归，这颗彗星后来也被称为哈雷彗星。哈雷彗星在我国的最早记载可追溯至周武王伐纣之年，即公元前 1057 年。《淮南子·兵略训》中记载：“武王伐纣……彗星出，而授殷人其柄。时有彗星，柄在东方，可以扫西人也！”从公元前 240 年起，哈雷彗星的每次回归我国均有记载。

彗星的回归周期普遍较长，肉眼可见的彗星几年才能看到一颗，但有了望远镜以后，每年可以看到 30 颗左右的彗星。1995 年，欧美合作发射了太阳和太阳风层探测器（solar and heliospheric observatory，SOHO），该探测器主要拍摄太阳及周边影像，并实时发布到互联网。1999 年，澳大利亚天文爱好者 Lovejoy 在 SOHO 系列图片中发现了两颗彗星，开创了天文爱好者通过 SOHO 照片寻找彗星的先河。众多天文爱好者以他为榜样一跃成为“猎彗能手”，久而久之，专家们也被挤出了发现擂台。截至 2015 年，通过 SOHO 探测器已发现彗星近 3000 颗，绝大部分是天文爱好者所发现。

（二）彗星的结构

彗星的结构包括彗头和彗尾。彗头包括彗核与彗发。**彗核**由固态尘埃颗粒、水冰及甲烷冰等构成，直径 1 ～ 40km。**彗发**是彗核的蒸发和升华物，可延伸 10 万 km。**彗尾**是受太阳辐射影响形成的尾状结构，包括**尘埃彗尾和离子彗尾**，可延伸 1 亿 km，相当于 100 个太阳直径。尘埃彗尾和离子彗尾可同时出现，前者颜色泛白，后者颜色泛蓝，通常背离太阳方向延伸，但存在一定的偏角，与彗星的运行速度和方向有关（图 5-15）。

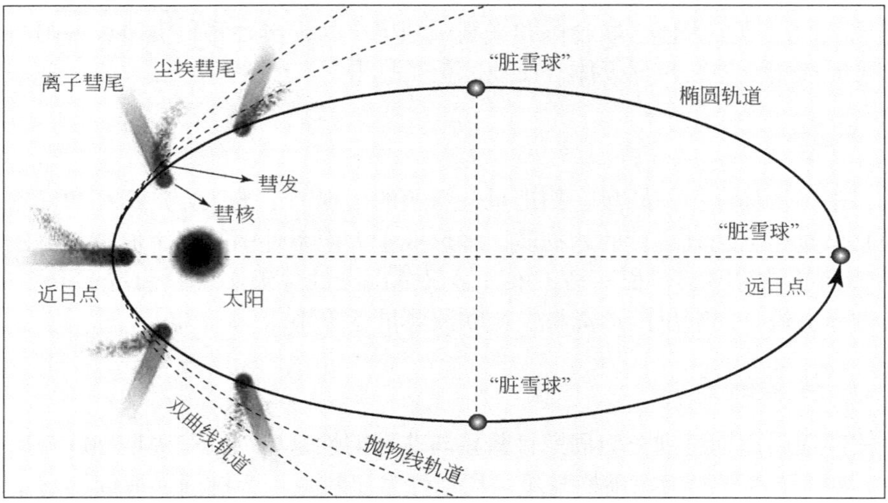

图 5-15　彗星轨道

（三）彗星的演化

彗星的完整结构只是在近日点附近才凸显出来。彗星距离太阳超过 3AU 时，彗星只有一个封冻的彗核，类似于“脏雪球”。当距离接近 3AU 时，彗发开始出现，接近 1.5AU 时，彗尾开始出现。反过来，当彗星与太阳距离再次增长至 1.5AU 时，彗尾消失，增长至 3AU 时，彗发消失。所以，彗星每次经过近日点，因为彗核的蒸发和升华，并不能“全身而退”，彗核的体积也会逐步萎缩，结构变得不稳定，甚至发生分裂。

最典型的彗星分裂现象是**比拉彗星**。比拉彗星最早在 1772 年就被发现，回归周期为 6.6 年。1826 年，奥地利人比拉在相隔 21 年后也观测到这颗彗星。1846 年，比拉彗星分裂为两部分。1872 年与 1885 年，仙女座出现了壮观的流星雨，一小时可达 10000 颗，被认为是比拉彗星的残骸。近百年来，仙女座流星雨已衰减到每小时 2 颗左右，说明比拉彗星基本瓦解殆尽。

掠日彗星

掠日彗星是指近日点十分接近太阳的彗星，距离可至太阳表面数千千米。较小的掠日彗星接近太阳时会被完全蒸发掉，较大的掠日彗星可通过近日点多次，但强大的太阳潮汐力仍会使其分裂瓦解。ISON 彗星是一颗掠日彗星，同时也是一颗非周期彗星，形成于数十亿年前的太阳系边缘。2013 年 11 月 25 日，ISON 彗星向近日点移动，在“奔日”的路上越来越亮，显现出漂亮的彗尾，其后彗尾开始分裂，亮度越来越暗，彗核逐渐瓦解。

三、流星

（一）流星的定义

流星体（meteoroid）是围绕太阳运动的微小天体，直径多小于 1m，质量小于 100t，又称**宇宙尘**。流星体绕太阳运动过程中受地球吸引，以 11 ～ 73km/s 的速度进入地球大气，被大气烧蚀，成为肉眼可见的流星（meteor）。通常亮度低于 –5 等的流星称为火流星，流星的高度多为 70 ～ 130km，位于大气电离层的下部，略低于极光的层次。

（二）流星的分类

流星按照出现的时间分为偶发流星与流星雨。偶发流星是偶然出现的流星，出现的时刻不定，主要源于被地球引力俘获的天体碎片。流星雨是每年特定时段集中出现的流星爆发现象。流星雨发生时，流星视觉上会从星空中特定的辐射点迸发出来，天文学通常按照其辐射点附近的星座命名流星雨，如狮子座流星雨、天琴座流星雨等。春秋《左传》记载，“鲁庄公七年夏四月辛卯夜，恒星不见，夜中星陨如雨”，这是世界最早的天琴座流星雨观测记录。

（三）流星雨的形成

流星雨的形成通常与彗星瓦解有关。濒临瓦解的彗星就像一辆装满“煤渣”的大卡车在彗星轨道上颠簸前行，彗星碎片会逐渐散落在整个彗星轨道。当地球运动至彗星轨道附近时，彗星碎片受地球吸引进入地球大气层，形成流星雨（图 5-16）。例如，每年 7 ～ 8

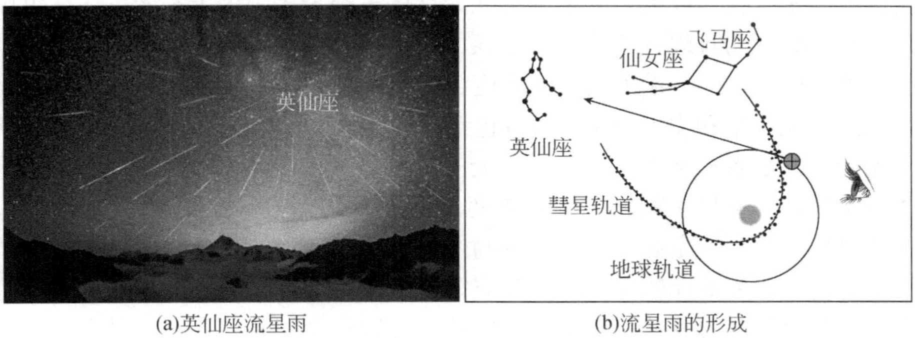

(a)英仙座流星雨　　(b)流星雨的形成

图 5-16　流星雨

月的英仙座流星雨与斯威夫特 - 塔特尔彗星（回归周期 135 年）的瓦解有关。每年 11 月份的狮子座流星雨与坦普尔 - 塔特尔彗星（回归周期 33 年）的瓦解有关。

（四）流星雨的观测

1. 观测日期

不同流星雨的观测日期取决于彗星轨道与地球轨道接近时的位置。每年较大的流星雨有 1 月的象限仪流星雨、4 月的天琴座流星雨、8 月的英仙座流星雨、11 月的狮子座流星雨和 12 月的双子座流星雨。彗星碎片在彗星轨道上分布不均匀，同一流星雨每年的流量有大有小。狮子座流星雨被称为流星雨之王，每年的 11 月 14 ～ 21 日左右出现，流星数目每小时 10 ～ 15 颗，但每过 33 年左右流星雨会出现一次高峰期，流星数目可超过每小时数千颗。这个周期实际就是坦普尔 - 塔特尔彗星的回归周期。

2. 观测时刻

地球自西向东穿越彗星轨道，所以地球夜半球东部比西部撞到流星的概率更高。夜半球的东部和西部分别对应处于地球下半夜和上半夜的地区，所以下半夜观测到流星通常较多。每年定期赴约的流星雨成为众多天文摄影家的热门拍摄题材。流星雨拍摄通常需要对准辐射点附近的天区，曝光若干分钟以捕获更多的流星。

小　结

太阳与太阳系提供了人类近距离研究恒星及其天体系统的机会，也帮助人们正确认识地球在宇宙中的位置。人类在历史的大部分时间里坚信地球是太阳系乃至整个宇宙的中心。托勒密是“地心说”的集大成者，坚持地心、地动和地圆，并通过本轮与均轮解释行星的逆行。哥白尼《天体运行论》提出的“日心说”，首次论证了行星的公转。太阳系天体系统包括行星、矮行星以及小天体。行星与矮行星都是围绕太阳旋转的球状天体，主要区别在于是否清除轨道周边的类似天体。行星轨道具有共面性、近圆性和同向性；行星与太阳的距离符合提丢斯 - 波得定则；行星运动符合开普勒的轨道定律、面积定律与周期定律。康德 - 拉普拉斯星云学说认为太阳系起源于原始星云，通过自引力收缩形成恒星及相关行星系统。

太阳寿命约为 100 亿年，产能方式主要通过内部氢聚变氦的热核反应。太阳的内部结构可划分为核心区、辐射区与对流区。太阳大气从低到高可分为光球层、色球层与日冕，温度快速增加，密度快速降低。太阳活动在光球层表现为太阳黑子和光斑，在色球层表现为耀斑，在日冕表现为日珥，通常与太阳表面强磁场有关。太阳活动产生的太阳风会影响地球磁层和大气层，产生一系列的电磁效应、气候效应和生物效应。

行星包括类地行星和类木行星，前者包括水星、金星、地球和火星，体积小，密度大，卫星少，无光环；后者包括木星、土星、天王星和海王星，体积大，密度小，卫星少，有光环。矮行星包括谷神星、冥王星、阋神星、妊神星和鸟神星等。太阳系小天体包括小行星、彗星和流星。小行星主要分布在火星与木星轨道之间以及木星轨道的前后。彗星是绕日运动的具有高偏心率的冰物质，在近日点附近会呈现出彗核、彗尾和彗发的结构。流星雨的形成多与彗星的瓦解有关，发生在每年特定的时间段，多在下半夜观测。

复　　习

一、名词解释

地心体系　日心体系　本轮与均轮　太阳常数　行星　矮行星　小行星　类地行星　类木行星　巨行星　远日行星　提丢斯 - 波得定则　开普勒定律　光球层　色球层　日冕　太阳活动　太阳黑子　黑子蝴蝶图　耀斑　日珥　太阳风　磁层　范艾伦辐射带　磁暴　极光　彗星　流星体　流星　流星雨

二、思考题

1. 简述托勒密地心体系的正确之处和哥白尼日心体系的错误之处。
2. 简述早期日心说得不到广泛认同的主要原因。
3. 简述开普勒行星运动三大定律。
4. 简述太阳系演化的康德 - 拉普拉斯星云学说及其对现代太阳系结构的意义。
5. 简述太阳的产能模式及其对地球能源结构调整的意义。
6. 简述太阳内部结构及其功能。
7. 试比较太阳大气和地球大气的温度结构及成因。
8. 比较类地行星与类木行星的特点。
9. 比较中西方对五大行星的命名。
10. 比较行星、矮行星与小行星的区别。
11. 列举主要类地行星及其标志特征。
12. 列举主要类木行星及其标志特征。
13. 试从地球的轨道参数及表面环境讨论地外文明存在的适宜条件。
14. 列举主要的矮行星名称及分布区域。
15. 简述现代小行星的寻找方法。
16. 简述彗星的分类与结构。
17. 尝试通过 SOHO 实时照片寻找彗星。
18. 绘图分析流星雨的成因。
19. 简述主要流星雨的观测日期与时刻。

第六章　月球与地月系

导　语

月球是地球的唯一天然卫星，是距离地球最近的自然天体，也是人类开展空间探测的前哨站。月球运动容易受到地球和太阳系其他天体的影响，研究月球运动可为人造卫星设计、空间站建设及空间探测奠定基础。

第一节　月球概论

（一）月球的距离

月球是距离地球最近的自然天体，直径只有地球的 3/11，从地球表面不同区域观测月球的视线方向存在一定的偏差。如果以地心与月心连线方向为参照，从地球两侧的切点处观测月球的方向偏离最大，该切点处恰好是月亮出没地平的时刻，也称“地平视差”（图 6-1）。就特定地区而言，月球的地平视差暗示月球周日视运动过程中，其投影位置也会变化，所以也称“周日视差”。天体周日视差幅度较小，只有最近的天体月球体现得较为明显，月球的地平视差为 57′，由此我们可计算出地球与月球的距离（d）为地球半径（$R_{地}$）的 60 倍，约 384400km。

$$\csc 57' = d/R_{地}$$

$$d = R_{地}\csc 57' = 60R_{地}$$

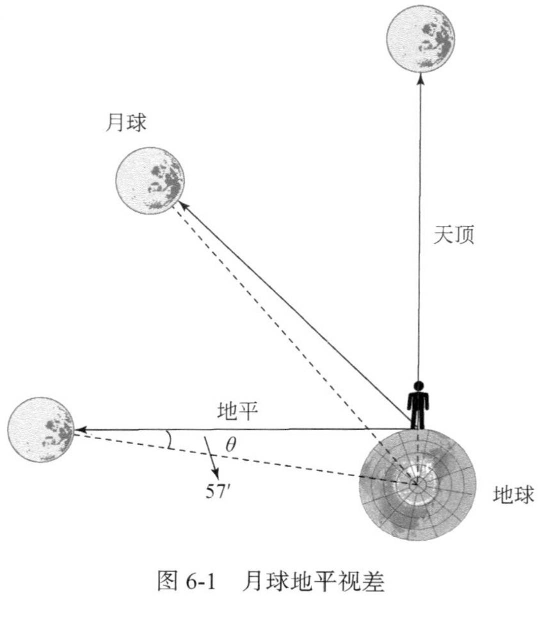

图 6-1　月球地平视差

（二）月球的半径

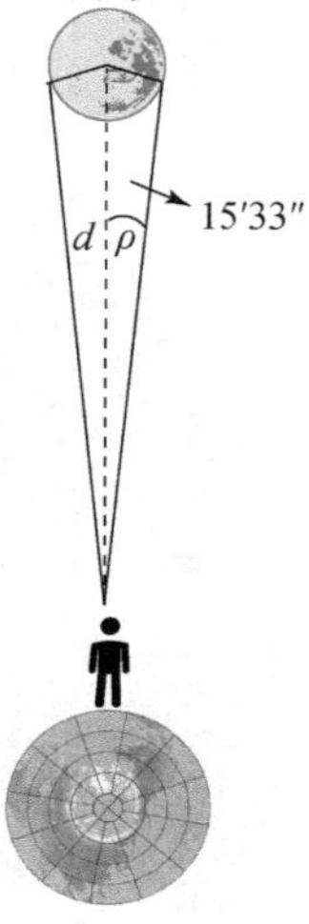

图 6-2　月球的角半径

月球的角半径（θ）为 15′33″，月地距离（d）为 384400km，月球的半径为

$$R_{月}=d\sin\theta$$

月球半径为 1738km，是地球半径 6371km 的 3/11，太阳半径 696300km 的 1/401。值得注意的是，月球距离也是太阳距离的 1/389，这使得地球上看月亮和太阳的视直径都在 0.5° 左右（图 6-2）。

（三）月球的质量

月球的质量可通过地球质量来推算。根据质心公式，两天体相互绕共同质心的距离与天体质量成反比。地月系的共同质心距离地心约 4671km，离月心 379729km，两者比值约为 1∶81，所以月球质量约为地球的 1/81。地球的质量为 5.97×10^{24}kg，月球质量为 7.35×10^{22}kg。

（四）月球的重力加速度

已知月球的质量（$M_{月}$）和半径（$R_{月}$），通过万有引力公式可以计算月面的重力加速度。月球质量约为地球质量的 1/81，月球半径为地球的 3/11，由此可以计算月面的重力加速度只有地面的 1/6，约为 1.6m/s^2。也就是说，如果你在地球上有 60kg 重，在月球上则只有 10kg 重。

$$g=GM_{月}/R_{月}^2$$

（五）月球的逃逸速度

逃逸速度是天体表面物体脱离天体引力束缚进入宇宙空间的最小速度，即天体动能与引力势能的和等于零时的速度。地球表面的逃逸速度为 11.2km/s，月球表面逃逸速度仅为 2.4km/s，仅相当于地球的 1/5，难以束缚足够的大气，进而对月球环境产生了深刻影响。

第二节　月球环境

一、月球大气

月球的低重力加速度与低逃逸速度，使月球形成之初的大气散失殆尽，现代月球大气相当稀薄，主要来源于流星体撞击与太阳风产生的气态物质。这样的大气对太阳光不能产生足够的散射，所以月球上看到的太阳之外仍是黑暗寂寥的星际空间，远不像地球上看到的蓝天白云。这样稀薄的大气导致月球昼半球与夜半球、直射地区与非直射地区的热量交换效率低，温差较大。白天温度高达 127℃，夜晚温度可低至 −183℃。

二、月球表面

月球表面 3800 万 km^2，约为地球的 1/14。因为月球同步自转，月球正面一直朝向地球。几千年来，中国人面对斑驳的月面展开了尽情的想象，有人想象成“玉兔捣药”，有人想象成“吴刚伐桂”，实际是月球上不同的地貌组合。月球基本地貌单元有月海和月陆，同时包括环形山、辐射纹及月谷等小尺度单元（图 6-3）。

(a)月球正面

(b)月球背面

图 6-3　月球正面、背面图

（一）月海

月海是肉眼观测月球表面时的暗色斑块，实际是月球上比较低洼的平原，共计 22 个，占据月面的 25%，其中 19 个集中在月球朝向地球的正面。较大的月海称“洋”，如风暴洋，面积 500 万 km^2，较小的月海称“湖”，如梦湖，面积 4.7 万 km^2；月海伸向陆地的部分称“湾”和“沼”。然而，月球上这些所谓的“海洋湖沼”名不符实，没有一滴水，只充填着黑灰色的玄武岩，反射率只有 6%，看起来偏暗。

（二）月陆

月陆是指肉眼观测月球表面的明亮地区，实际是高出月海的山地地区，一般“海拔” 2 ～ 3km。月陆是月球上最古老的地质单元，形成年龄比月海老。月陆山峦起伏，垂直高差大，主要分布在月球背面，以地球山脉命名，如亚平宁山脉、高加索山脉、阿尔卑斯山脉等。月岩主要以浅色斜长岩为主，平均反射率为 10%，比月海略高，所以看起来稍亮。

（三）环形山

环形山是月球表面的碗状凹坑，高度一般在 7 ～ 8km，内侧比较陡峭，外侧比较平缓。月球表面直径大于 1km 的环形山总数达 33000 多个，占月球表面积的 10%。最大的环形山是月球南极附近的贝利环形山，直径达 295km，面积比我国浙江省小一点。月球环形山多为陨石撞击坑，仅少部分为火山口，撞击强度较大时，因月壳反弹常形成中央峰或多环结构，甚至可通过月震传递到月球对跖点，这可能就是宇宙空间中的“隔山打牛”吧！月球环形山通常以世界著名科学家与思想家的名字来命名，如哥白尼环形山、第谷环形山等。以我国天文学家命名的有四座，石申环形山、张衡环形山、祖冲之环形山和郭守敬环形山，都分布在月球背面。

（四）辐射纹

辐射纹是月球大型环形山周边的放射状结构。它们通常是火山喷发或者大陨石撞击月球时，碎屑物质溅落在环形山四周形成的反照率较大的区域，看上去格外明亮，如月球正面的哥白尼环形山、第谷环形山周边的辐射纹。

（五）月谷

月谷是月面上的黑色大裂缝，宽几千米到几十千米，可绵延数百千米。最著名的月谷是阿尔卑斯大月谷，长达 130km，宽达 10 ～ 12km。它从柏拉图环形山一直“流入”平坦的雨海和冷海，把月面上的阿尔斯山脉拦腰截断。然而，月球没有类似地球的板块构造，也没有全球尺度的构造线，多呈现区域网状结构，可能与早期古月壳的冷却破裂有关。

三、月球地质

月球内部也有类似地球的壳、幔、核的分异。月壳的平均厚度为 60km，月幔则延伸至 1000km，其下为月核。月核温度为 1000 ～ 1500℃，远低于地核的 4000 ～ 6800℃，相当于地球上地幔软流圈的温度（700 ～ 1300℃）。所以月球岩石圈包括月壳与月幔，厚于地球岩石圈（100km），可能与月球体积小、冷却速度快有关。月表重力分布也不均匀，月球正面有高引力的重力瘤。1972 年，阿波罗 16 号发射的低空绕月装置，在经过重力瘤上方时被吸入坠毁。

月岩在月陆地区主要为较老的斜长岩，月海地区则为较年轻的玄武岩。月壤普遍较地球土壤深厚，月海约 10m，月陆则可达到 100m，月壤多为岩屑与星际尘埃，不含有机质，风化作用弱，矿物类型少。

月球上独特的内动力和外动力地质作用，使得月球矿产资源丰富。月海玄武岩提供了丰富的钛铁资源，月陆斜长岩则富含钾、稀土金属和磷矿资源。与此同时，深厚的月壤捕获了大量太阳聚变过程的中间产物，如多一个中子的氘和少一个中子的氦 -3。月壤氦 -3 的储量超过百万吨，而地球上的氦 -3 不足 500 kg。氘与氦 -3 的聚变过程不产生中子，易于控制，是一种清洁高效的能源，不仅可用于地面热核电站，还可用于星际航行的能源补给。

第三节　月球运动

月球运动的本质是行星与卫星构成的天体系统的相互绕转。类似行星与太阳的相互绕转，以及恒星中双星系统的相互绕转。

一、地月系的运动

（一）地月的绕转

地月系的运动是地球与月球绕公共质心的运动。公共质心的位置离地心约 4671km，位于地球内部。所以，一般把地月系的运动近似地描述为月球绕地心的运动。

（二）基本轨道参数

地月相互绕转的轨道是椭圆，偏心率为 0.0549，大于地球公转轨道的 0.016，所以月地距离的变化较大。月球近地点距离约 57 个地球半径，远地点距离约 64 个地球半径，相差约 12.2%。地月系统相互绕转的轨道面为白道面，白道面与黄道面有 5°9′ 的夹角，两者的交点称为黄白交点。正是这个微小的夹角，使得地球和月球在相互绕转的过程中巧妙地躲开，而不至于频繁发生日月食（图 6-4）。

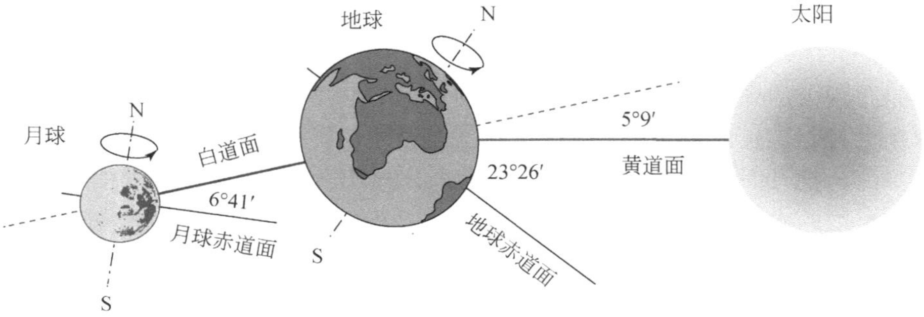

图 6-4　月球的黄白夹角

二、月球空间运动

（一）月球公转

月球绕地球的公转方向为自西向东，公转周期为 27.3217d，即一个恒星月。由此计算出月球公转的平均角速度是 13.2°/d，其中近地点快，约 15°/d，远地点慢，约 11°/d。

天体运动周期的测量

测量天体的真正运动周期时，倾向于选择一颗固定的恒星作为参考点。月球公转过程中，连续通过同一颗恒星的时间间隔，就是一个恒星月，也就是月球的真正公转周期。然而，如果更关心月相的变化，则会以太阳作为参考点，因为月亮的光来自太阳，但太阳不像其他恒星相对固定，而是在缓慢地向东做周年视运动，就像我们同方向奔跑的“同伴”。所以，月球再次赶上太阳的时间——朔望月，比恒星月要长，为 29.5306d。与之类似的，如果更关心月球的角直径变化，选择的标志点就变成了近地点，因为近地点也在缓慢东移，所以近点月也比恒星月大，为 27.5546d。如果要研究日月食，则选择黄白交点作参考，因为黄白交点在缓慢西移，所以交点月比恒星月小，为 27.2122d。

（二）月球的自转

从地球上观测月球，月球虽然有月相变化，但月亮朝向地球的“脸”好像总是同一面。这说明月球绕地球公转的同时，也在做同步的自转，公转角速度等于自转角速度。地球同步卫星的设计实际就是参照了月球的自转方式。

（三）月球运动的其他形式

然而，由于月地距离的变化，月球在近地点时，公转角速度略快，我们可以看见月球经度偏东 7°45′ 的背面区域。当月球在远地点时，公转角速度略慢，我们可以看见月球经度偏西 7°45′ 的背面区域，这就是经平动。此外，因为月球赤道面与白道面有 6°41′ 的夹角（图 6-4），地球上观测月亮有时轻微仰视，有时轻微俯视，所以在月球两极又可以多看到约 7° 的区域，这就是纬平动。最后，因为月球地平视差的存在，任意时刻，地球东西两侧看到的月球经度范围差约 1°，地球南北两极看到的月球纬度范围也差约 1°，统称视差天平动。这些因素的存在使我们看到的月球其实“不止一面”，而是接近 59%。

此外，月球是距离地球最近、最小的自然天体，受地球及周边天体摄动影响较大，轨道参数变化也相对频繁。例如，黄白交角在 4°57′ ～ 5°19′ 变化，周期为 173 日。黄白交点逐年西退，每年退行 19°21′，周期为 18.6 年。近地点逐年东进，每年前进 40°41′，周期为 8.85 年。这种变化使得我们每次看到的月亮都有所不同（图 6-5）。为了准确跟踪月亮的变化，我国东汉的贾逵和法国的拉普拉斯等贡献了毕生精力。

图 6-5　公历某年的 12 个满月（右下角为对应的公历日期）

追月使者：贾逵与拉普拉斯

贾逵是我国东汉经学家和天文学家。公元 103 年，为方便观测日月，贾逵和傅安改进了浑仪，增加了黄道环，制成我国第一架“太史黄道铜仪”。贾逵利用这架浑仪测量了日月的运动，发现了月球近地点的东进现象，即“拱线东旋”，为后期历法制定与改进提供了条件。法国近代数学家拉普拉斯，被认为是法国的牛顿，天体力学的主要奠基人和天体演化学的主要创立者。拉普拉斯在从事行星与月球运动的天体摄动研究过程中，创造和发展了许多数学方法，如拉普拉斯变换、拉普拉斯定理和拉普拉斯方程，这些方法至今在科学技术的各个领域都有着广泛的应用。

第四节　月球演化

月球的演化学说包括分裂说、俘获说、同源说和撞击说，其中占据主导地位的是撞击说。撞击说认为太阳系演化早期，约 44 亿年前，行星际空间的大量星云经过碰撞和吸积逐渐增大，形成了质量相当于现在地球质量 9/10 的“原地球”和与火星质量相当的“原月球”。两个天体在各自演化过程中，分别形成了以铁为主的金属核以及由硅酸盐构成的幔和壳。而后一次偶然的机会，原月球因为木星摄动撞向地球。两者的剧烈碰撞不仅改变了地球的运动状态，使地球自转轴倾斜，同时使原月球金属核直接沉入地核，壳幔变热蒸发，膨胀的气体“裹挟”着尘埃和少量地幔物质飞离地球，这些飞离的气体尘埃物质受地球引力的作用，呈盘状分布在洛希极限（详见第八章）以外的空间，它们互相吸积形成小天体，然后像滚雪球一样不断增长，最终形成现在的月球。这个模型解释了月球与地球类似的同位素组成，以及月球相对贫铁的事实。

小　　结

月球是地球的唯一卫星。月球距离地球约 38 万 km，可通过月球的地平视差测得。月球半径是地球的 3/11，质量约是地球的 1/81，重力加速度是地球的 1/6，逃逸速度是地球的 1/5。这种低逃逸速度导致了月表环境大气稀薄、散射弱和温差大。月球表面的基本地貌单元包括月海和月陆，同时包括环形山、辐射纹及月谷等小尺度单元，绝大部分月海集中在月球正面。月球背面以月陆为主，且遍布环形山。月球具有壳、幔、核的分异，但因体积小、冷却速度快，岩石圈深至月幔底部，正面有重力瘤。月壳呈网状结构，无板块构造。月陆和月海分别以斜长岩和玄武岩为主。月壤深厚，有机质少，化学风化弱。月球运动实际是地月系绕共同质心的运动，共同质心在距离地心约 4671km 的地球内部。月球的公转周期是恒星月，参考点是位置相对固定的恒星。若选择太阳、近地点或黄白交点为参考点，可分别测得朔望月、近点月和交点月。月球的自转是同步自转，导致地球上只能看到月球的同一面，但因为月球的经平动、纬平动及视差平动，我们看到的月球其实“不止一面”。月球的形成源于太阳系形成早期的“原地球”和“原月球”的剧烈碰撞，原月球核部沉入地核，原月壳、原月幔和部分地幔飞离地球，相互吸积，形成现代月球。

复　　习

一、名词解释

地平视差　逃逸速度　月陆　月海　环形山　辐射纹　地月系　黄白夹角　黄白交点　同步自转　恒星月　朔望月　近点月　交点月　经平动　纬平动　拱线东旋

二、思考题

1. 为什么不能通过地平视差推算太阳的距离？

2. 为什么日月的视直径相似？试计算日月视直径的变化范围。
3. 试计算八大行星的表面逃逸速度。
4. 简述月球表面环境与月球基本物理性质的关系。
5. 试比较地球与月球内部结构的差异。
6. 试列举月球的主要资源。
7. 试列举绕共同质心旋转的天体系统。
8. 试想黄白夹角等于零时，地球上观测月亮会出现什么情况。
9. 同一时刻，地球南北半球观测到的月球有差异吗？东西半球呢？
10. 月球上有昼夜吗？昼夜的长度是多少？
11. 试分析恒星月、近点月、交点月和朔望月的区别。
12. 简述月球的演化过程。

第七章　地　　球

导　　语

地球是人类居住的行星，是人类开展天文观测的原点。然而，人类认知地球自身的难度丝毫不亚于认知地球周边遥远的天体和天体系统，正所谓“云深不知处，只在此山中”。明确地球自身形状及其运动形式，有助于建立正确的宇宙观，从而真正理解天体视运动的形式与成因。

第一节　地球球形的确立

地球是人类自己居住的星球，也是人类观测宇宙的视觉起点。然而，由于人类视野、交通和通信的限制，容易陷入“只见树木不见森林”的境地，难以把握地球的宏观结构及其运动规律。

一、国际的地球观

图 7-1　地球与帆船

西方对于地球形状的科学认识最早源于古埃及和古巴比伦，他们认为大地是一个半球形，大地的尽头是万丈深渊。古希腊数学家毕达哥拉斯认为宇宙是和谐完美的，日月运动轨迹是圆形，大地也应该是球形。亚里士多德列举了大地是球形的三个证据：第一个证据来自航海。当我们观测海边的帆船远去时，总是先看到船身消失，再看到桅帆消失。反过来，当帆船向我们驶来的时候，我们总是先看到桅帆，再看到整个船身（图 7-1）。第二个证据来源于北极星。当我们朝北极星的方向一直走的时候，身前总会有一些星星慢慢升起。身后则有一些星星逐渐消失在地平线上。第三个证据来源于月食。他通过月食上地球的弧形月影判断地球是球形。

吾爱吾师，吾更爱真理

亚里士多德是柏拉图的学生，亚历山大大帝的老师，古希腊时期实证主义的先锋，突破了柏拉图时代传统哲学家解决自然科学问题的纯思辨方法，所以亚里士多德说：“吾爱吾师，吾更爱真理。”亚里士多德在哲学、逻辑学、物理学、天文学和生物学等方面贡献卓著，成为古希腊时期“百科全书”式的学者。然而，亚里士多德试图通过完整的单一体系去解释自然现象及自然过程，强调人类有限经验的验证，忽视了自然体系的复杂性与客观性，仍未完全跳脱朴素自然主义的范畴。这种不彻底的理性主义被中世纪的经院哲学家借以解释教义的合理性，间接限制了西方中世纪科学与文化的发展。

二、中国的地球观

中国古代地球观及宇宙观也是朴素唯物主义哲学与宗教信仰混合的产物，整体可以概括成三种：盖天说、浑天说、宣夜说。

（一）盖天说

盖天说自殷商时期就已经出现。该学说认为“天圆如张盖，地方如棋局”，天与地并不相接，而是像一把大伞一样高悬在大地之上，地的周边有八根柱子支撑［图 7-2（a）］。盖天说把日月星辰的出没解释为天体距离变化所致。同样，不同季节的太阳也遵循着不同距离的“七衡六间”的轨道运行。

（二）浑天说

浑天说［图 7-2（b）］始于东汉时期。该学说的代表作《张衡浑仪注》中说，“浑天如鸡子，天体圆如弹丸，地如鸡子中黄，孤居于天内，天大而地小。天表里有水，天之包地，犹壳之裹黄”。浑天说对于中国古代天象记录及预测有重要意义，但浑天说对宇宙层次与地球形状并无明确表述。浑天说中的“地如鸡子中黄” 的描述，经后人考证，更多强调的是地球的位置，而不是地球的形状。

(a)盖天说

(b)浑天说

图 7-2　中国早期宇宙观

（三）宣夜说

宣夜说发源于春秋战国时期，主张“日月众星，自然浮生于虚空之中，其行其止，皆须气焉”。即认为天体漂浮于气体之中，地球、恒星和银河都是由气体形成。虽然这些观点与现代星云假说不谋而合，但未完全脱离玄学的范畴，而且宣夜说更多强调天地的形成过程，也未明确指出天地的形状。

日影千里差一寸

中国古代认识地球形状的最好机会，出现在隋唐时期关于“日影千里差一寸”的测量与讨论中。“日影千里差一寸”的提出最早源于《周髀算经》，本意是通过不同地区八尺圭表的影长差距来推算两地的距离。这对于“天高地远”的中国古代大地测量有重要意义。隋朝的刘焯主张开展测量验证该结论，并提出了具体测量方案：“请一水工，并解算术士，取河南北平地之所，可量数百里，南北使正。审时以漏，平地以绳，随气至分，同日度影。得其差率，里即可知。则天地无所匿其形，辰象无所逃其数，超前显圣，效象除疑”。唐代的张遂实施了这一宏伟的测量计划，开展了北到今蒙古国，南至今越南的大地测量。当时的太史监南宫说负责 114°E 附近河南滑县到上蔡地区的测量工作。两地位于黄河南北两岸，距离 526.9 里，日影差达 2 寸，并不符合“日影千里差一寸”的论断。与此同时，他还发现该测线上相距 351 里的地区，天北极的高度相差 1°，这实际上给出了地球上 1° 子午线长度。遗憾的是，张遂并未把日影长度的空间变化归因于地球的球形外观，而是归咎于测量方法的问题。唐代李淳风提出的“地中高而四隤（tuí，意为低）”的解释未受到足够重视。“天圆地方”的思想一直主导着中国知识界，一直持续到明清时期。

三、地球球形的确立

地球球形是通过葡萄牙航海家麦哲伦 1519 ～ 1522 年的环球航行正式确立的。然而，地球若为球形，人们为什么没有走到地球边上就“掉下去”了呢？ 1687 年，牛顿万有引力的发现解决了人们的困扰。现代大地测量研究发现，地球其实是一个两极稍扁、赤道略鼓的不规则球体。赤道半径为 6378.38km，极半径为 6356.89km。

牛顿与天文

牛顿是划时代的科学家，奠定了现代物理学与天文学的基础。在文艺复兴后自然科学加速分化的时代，牛顿可能是最后一位百科全书式的学者。就天文学而言，牛顿提出了万有引力，对开普勒的三大运动定律进行了系统证明，开创了天体力学。与此同时，牛顿发明了反射望远镜，发现了光谱，开创了天体物理学。虽然牛顿晚年一直执迷于探寻天体运动的第一推动力，并把这一推动力诉诸上帝，但不能掩盖牛顿对于近代科学与社会变革的杰出贡献。牛顿生活的年代相当于明末清初，牛顿的代表作《自然哲学的数学原理》发表时间为 1687 年，即康熙二十五年，但直到鸦片战争之后牛顿学说才在中国广泛传播，它们和当时中国奉为圭臬的“天动地静”“天圆地方”“阴阳相感”的传统宇宙观有天壤之别，并引起巨大反响。牛顿学说在中国的传播不只是影响了学术界，还唤醒了人们对于科学真理的探索，为改革派发起戊戌变法提供了舆论准备。

第二节　地球运动的证明

地球无时无刻不在运动，它以每秒几十千米的速度公转的同时，又以每秒几百米的速度自转，这种“特技飞行”的速度远远超过地表高铁与飞机的速度。然而，在人类历史的大部分时间里，人类并未感受到地球运动的“颠簸”，更不愿意相信自己“搭乘”的地球在宇宙中玩“心跳”。这些生活经验的束缚使得地球运动成为天文学基础理论中最后解开的一环。

一、地球自转的证明

（一）国际的争论

地球是否自转是人类历史上最旷日持久的科学辩论。这场争论的核心是，究竟是天绕地转，还是地转而天旋？天绕地转是人类每天面对日月星辰东升西落的直观感受，但这种直觉将面临两个荒谬的推论，一是地球周边不同距离天体角速度相同，公转周期都是 1 天；二是直径是地球 109 倍的太阳也绕地球旋转。早在古希腊时期，费罗劳斯、海西塔斯等就提出过地球自转的观点，但托勒密等人认为，如果地球在向东自转，垂直向上抛出去的物体应该落在地球西面，这就是著名的"落体悖论"问题。现在我们知道，根据伽利略惯性定律，离开地面的物体还具有与地面相同的初速度，所以物体下落时还会落到原地。就像我们在地上或车上垂直向上抛球，都会落在原地，并不能以此证明我们脚下的地球没有运动。

这场辩论的双方似乎都没有足够的理由说服对方。18 世纪，赞成天绕地转的法国科学院院士梅西耶说："天文学家要使我相信我像一只烧鸡穿在铁棍上那样旋转，那真是枉费心机。"意大利歌剧《西哈诺》中则提到，"把一只鸟放在铁叉上，我们不转动铁叉而把鸟儿固定，相反要去转动的是火炉、厨房、房子和整个城市，这不是笑话吗？"从学术界到民间社会，这场辩论的激烈程度由此可见一斑。

（二）中国的态度

中国战国时代《尸子》一书中就已有"天左舒，地右辟"的表达，但未就天地的主被动关系进行详细论述。明末"西学东渐"时期，西方传教士把地动的观点带到了东方，朝廷基于历法编撰的需要，设置了基于不同天文体系的"东西历局"，且时常进行天象预测的比拼。主持编撰《崇祯历书》的徐光启认为"今以测算为本，孰是孰非，未需深论"。清末阮元《畴人传》记录的中国古代天文学家对地球自转多持否定态度，认为其"上下易位，动静倒置，则离经叛道，不可为训"。

（三）傅科摆实验

1. 傅科摆

1851 年，法国巴黎先贤祠的大厅里，工程师傅科在大厅的穹顶上悬挂了一条 67m 绳索，绳索下吊了一个 28kg 的摆锤，摆锤下是巨大的沙盘。单摆每摆动一个来回，摆锤下的指针都会在沙盘上画出一道轨迹，该轨迹会顺时针偏离，相邻的两个轨迹在直径 6m 的沙盘边缘上相差约 3mm。偏转的角速度为每小时 11°20′，大约需要 31h47min 后回到原处。这就是著名的傅科摆实验（图 7-3）。

为什么日常的单摆没有这种现象呢？因为日常单摆都是固定在地物之下，地物会随地球自转而同步运动，所以不能度量出其相对于地球的运动。傅科摆的精妙之处在于其独特的挂钩设计。挂钩上部随穹顶与地球旋转时，不影响挂钩下部单摆的摆动平面。这样，傅科摆仿佛置于宇宙空间中，一旦地球运动，它的摆动平面就会在地球上发生偏移。傅科摆的挂钩设计本质上是傅科发明的陀螺仪的衍生，后者至今仍广泛应用于卫星姿态与手机位置的自动感知中。

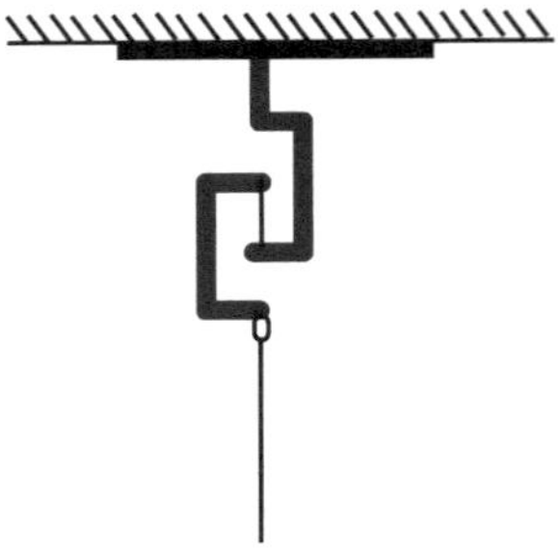

(a)傅科摆挂钩

(b)巴黎先贤祠的傅科摆

图 7-3　傅科摆

2. 偏转特征

傅科在巴黎完成实验后，巴黎天文台组织各地进行了对比实验，发现在北半球傅科摆的摆动平面顺时针偏移，在南半球摆动平面逆时针偏移。赤道上，傅科摆几乎不偏转，极地地区，傅科摆偏转角速度最快，可达每小时 15°，偏转周期最短，约 23h56min，即一个恒星日，其他地区傅科摆的偏转角速度与纬度的正弦成正比（图 7-4）。以 30°N 为例，傅科摆的摆动速度为 15°/h × sin30° =7.5°/h，为极地的一半，摆动周期为 48 h，为极地的两倍。

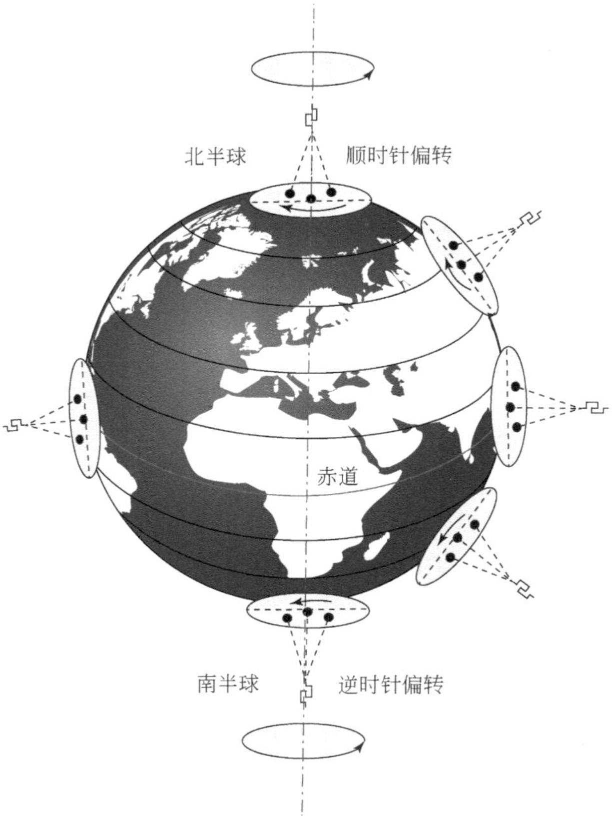

图 7-4　不同地区傅科摆的偏转

（四）其他实验

现代科学技术的发展使验证地球自转的方法更为丰富，包括水平炮弹法、重力测量法和高点落体法。

1. 水平炮弹法

地球自转会使地球表面水平运动的物体发生持续的右偏（北半球）或左偏（南半球）。人们根据炮弹的轨迹，也能证明地球在自转。

2. 重力测量法

地球自转导致的惯性离心力在赤道最大，两极最小，从而会显著改变地物的重力。根据不同纬度重力测量的结果，也可证明地球的自转。

3. 高点落体法

地球自转速度随高度增加而增加，物体从高处落下的过程中，相对低处有较高的向东速度，从而出现落体偏东的现象。

二、地球公转的证明

（一）恒星周年视差

地球公转的证明困扰日心说多年，根源在于古希腊时期托勒密提出的“视差悖论”问题迟迟未解决。人们在地面不同位置观测同一地物时，会发现地物背景的变化，这种地物背景变化本质上是人的观测位置变化导致的视线方向变化。地球若绕日公转，地球空间位置的巨大变化也必然导致恒星投影背景的变化。然而，地球的宇宙环境却跟人类开了一个玩笑。白天我们只能看到太阳，但太阳太亮完全掩盖了天体背景的变化。晚上我们观测其他恒星时，恒星又太远，人眼无法分辨恒星在背景星空中的微小移动，这种局面一直延续到 19 世纪大口径望远镜的出现。

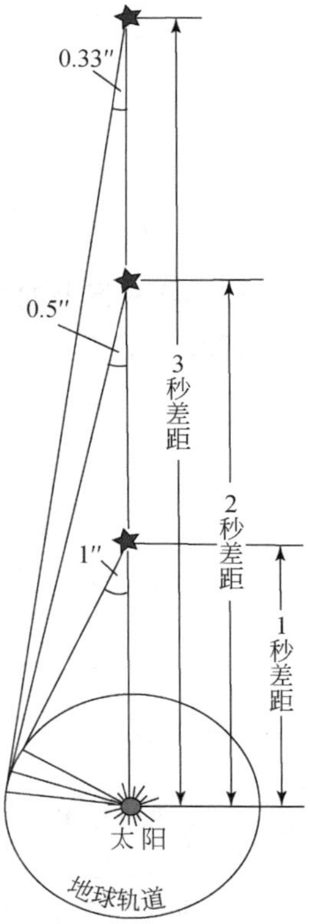

图 7-5 不同距离恒星的周年视差

1. 恒星周年视差的测定

恒星周年视差是地球公转到不同位置导致其恒星投影位置的变化。理论而言，地球自转也可能导致恒星位置的投影变化，即周日视差。然而，周日视差相对周年视差更小，只能用以估算月球的距离。恒星周年视差定义为从地球上观测太阳与观测恒星的视线方向垂直时，日星连线与地星连线的夹角。当恒星周年视差是 1″时，恒星距离就是 1pc。恒星距离越远，周年视差越小（图 7-5）。人眼的分辨角只有 18″～70″，大型望远镜分辨角可达到 0.02″。1836 年，德国贝塞尔用望远镜首次测定出了天鹅座 61 星的视差为 0.31″。次年，英国亨德森测量出半人马座 α 星的周年视差为 0.76″，这也是已知恒星的最大周年视差，暗示半人马座 α 是距离太阳最近的恒星。

2. 恒星周年视差的形式

恒星周年视差的具体表现为地球上观测恒星的视位置围绕以

太阳为观测点的投影位置的运动，其运动轨迹与恒星的黄纬有关。当恒星处于黄极附近时，恒星视位置的变化轨迹是与地球轨道近似的椭圆。当恒星的黄纬居中时，恒星视位置的变化轨迹是一个更扁的椭圆。当恒星处于黄道上时，恒星视位置的变化轨迹则变成了一条线（图 7-6）。

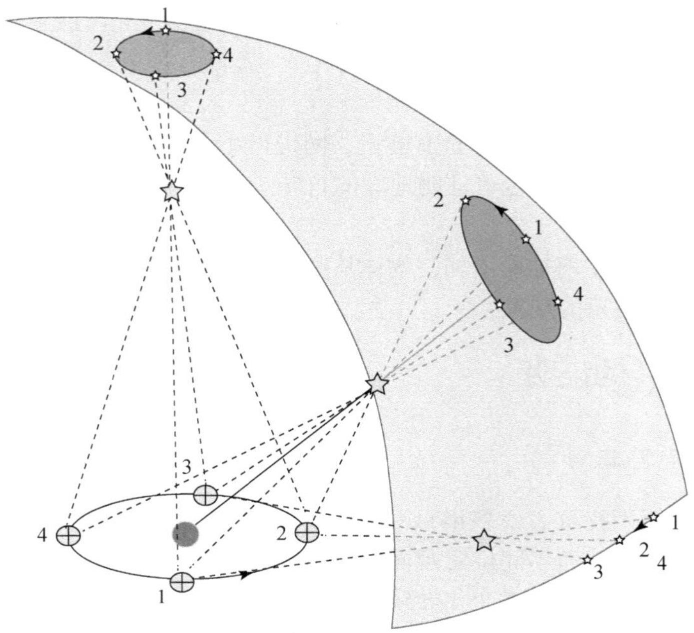

图 7-6　不同黄纬恒星视位置的周年变化

1，2，3，4 表示地球公转轨道上的不同位置观测恒星在天球上的相应投影位置

（二）光行差

1. 周年光行差的测定

1722 年，在寻找恒星周年视差的过程中，英国天文学家布拉德雷观测到天龙座 γ 星呈现一种不同于周年视差的环状周年运动。按照恒星周年视差原理，该星在 12 月应位于最南的位置，6 月应位于最北的位置。然而，布拉德雷发现该星却在 3 月位于最南，9 月位于最北，其位置相对理论位置旋转了 90°。布拉德雷认为这种环状运动与地球在快速公转过程中接收星光有关，并称其为“光行差”。据说这是布拉德雷在泰晤士河上乘船时获得的启发。他乘船过河时发现，虽然河面风向没有变化，船上的旗子却因为船的运动改变了方向。同样，当星光洒向公转的地球时，从地球上看恒星，星光除具有朝向地球的光速以外，还具有与地球公转反向的逆运动，导致星光的方向会向公转运动的前方偏移（图 7-7）。这好比我们打着伞在大雨中前进，跑得越快，伞就越需要向前方压低。同样地，

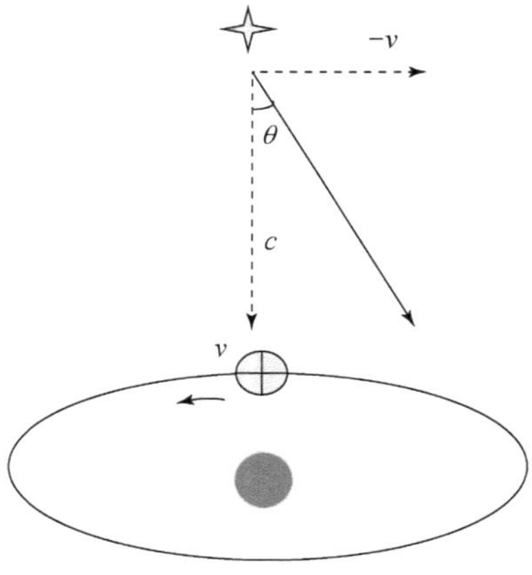

图 7-7　恒星光行差

v 为地球公转速度；c 为光速；θ 为星光合成速度与光速方向的夹角

天文观测中，因为光行差的存在，为了更有效地接收星光，我们通常需要向地球公转前方（东方）压低望远镜。地球公转速度较快，恒星的周年光行差可达 20.47″。同样，地球自转也可导致光行差，但幅度较小，只有 0.32″（图 7-7）。

2. 恒星周年视差和光行差的比较

恒星周年视差和恒星周年光行差本质上是因为地球位置变化及其运动导致恒星视线方向的偏移。若以日心观测的恒星投影位置为参照，周年视差导致恒星视位置沿视差椭圆的半径方向向外偏移，光行差会导致恒星位置沿视差椭圆的切线方向偏移。恒星周年光行差大约在 20.47″，远大于 0.76″ 的最大恒星周年视差，这也是恒星周年视差难以发现的另一重要原因。18 世纪，恒星光行差确定以后，恒星周年视差的问题也就迎刃而解了。

（三）多普勒效应

地球公转导致恒星与地球相对速度发生变化，这种变化产生的多普勒效应使地球上接收到的星光波长也会发生变化。同理，地球自转也会导致星光波长变化。整体而言，地球的公转和自转都能导致恒星视差、光行差及星光多普勒效应，只是公转导致的周年效应相对明显而已。

第三节　地球运动的规律

地球的运动主要包括地球的自转与公转，是对地球天象演化及人类生产生活影响最大的天体运动，也称为“定常运动”。

一、地球自转的规律

（一）自转周期

地球自转周期为恒星日，即同一恒星连续两次上中天的时间间隔，为 23h56min，若以太阳为参照，地球公转导致太阳每天向东运动 59′，地球需要多转 4min 才能再次见到太阳，太阳日也相应延长至 24h。若以月亮为参照，月球每天随地月系向东运动 59′，还每天绕地球向东运动 13.2°，这样地球需多转 54min 才能再见到月亮，太阴日也延长至 24h50min。

（二）自转速度

地球自转速度包括角速度与线速度，角速度约 15°/h，无纬度差异。线速度与当地纬度有关，与纬度的余弦成正比。地球赤道地区最大，为 465m/s（图 7-8）。我们常说的“坐地日行八万里”实际指的是赤道地区的线速

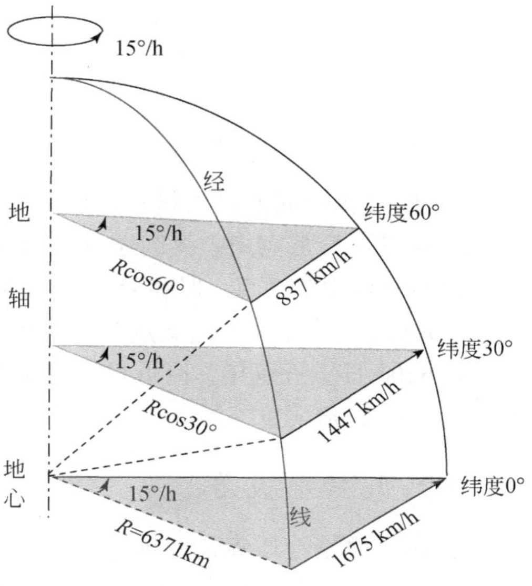

图 7-8　地球自转速度

度，所以赤道附近执行火箭发射任务时可获得最大的初速度，从而节省燃料，增加有效载荷。

二、地球公转的规律

（一）地球轨道

地球公转轨道是一个椭圆。轨道半长轴（a）为 14960 万 km，也就是我们常说的日地距离（AU），轨道半短轴（b）为 14958 万 km。轨道偏心率（e）为 1/60，约 0.017。地球分别于 1 月初和 7 月初通过近日点和远日点，近日点的日地距离约 14700 万 km，远日点日地距离约 15200 万 km（图 7-9）。因为天体摄动，地球偏心率可在 0～0.05 波动，波动周期为 10 万年，近日点也会逐年向东移动，导致地球通过近日点的时刻逐年推迟超过 20min。公元 1250 年地球到达近日点时刚好是冬至附近，而现在已经推迟到 1 月初。

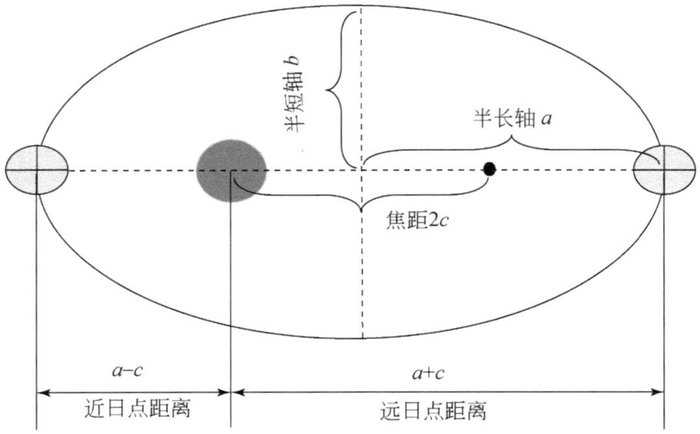

图 7-9　地球轨道参数

（二）公转周期

地球公转的周期是恒星年，即以无明显自行的恒星为参考，地球公转一周的时间为 365.2564 日。日常应用中我们还可能用到回归年、食年和近点年。回归年是地球的气候周期，以春分点为参考点，但春分点每年西移 50″，所以回归年小于恒星年，为 365.2422 日。食年，又称交点年，以黄白交点为参考点，黄白交点每年西移 20 °，所以食年也小于恒星年，为 346.6200 日。近点年，以近日点为参考点，近日点每年东移 11″，所以近点年大于恒星年，为 365.2596 日。

（三）黄赤夹角

黄赤夹角是地球赤道与地球公转平面的夹角，为 23°26′，因天体摄动可在 22°00′～24°30′ 范围内变化，变化周期约 4.1 万年。黄赤夹角是地球四季五带分异的主要原因，和地球形成早期与原始月球的撞击有关。

（四）公转速度

地球公转速度因日地距离变化而不均匀，平均角速度为 59′/d，平均线速度为 30km/s，近日点快，远日点慢。从春分到秋分的夏半年有 186d，从秋分到春分的冬半年为 179d，夏半年比冬半年要长 1 个星期。

第四节　地球运动的效应

地球的自转和公转产生了不同的天文地理效应。地球自转导致了日月星辰的周日视运动和地表运动物体的偏转。地球公转导致了太阳、行星及月球的周年视运动以及地表四季五带的形成。此处重点介绍地球自转导致的水平运动物体的偏转，其他内容将在第八章“天象演化”中详细讨论。

1835 年，法国气象学家科里奥利为了描述物体在旋转的盘状或球状体系中运动指向的偏转，引入了科里奥利力。地表运动的物体受到的科里奥利力又称为地转偏向力。地转偏向力包括水平地转偏向力与垂直地转偏向力两个分量。赤道地区所受的水平地转偏向力最小，垂直地转偏向力最大。极地所受的水平地转偏向力最大，垂直地转偏向力最小。

对于地球表面水平运动的物体来说，通常只考虑水平地转偏向力。水平地转偏向力是物体质量（m）、物体运动速度（V）、地球自转角速度（ω）及地理纬度（φ）的函数，数值等于 $2mV\omega\sin\varphi$。从该表达式可看出，地转偏向力是惯性力，物体无速度不受力，地球不自转不受力，地转偏向力大小与纬度正弦成正比，纬度越高，地转偏向力越大。若从地球北极点的上空俯视北极点附近的水平运动，因为地球逆时针自转，水平运动的空间指向则顺时针偏转，即偏向运动方向的右侧。相反，若从南极点上空俯视南极点附近的水平运动，此时地球顺时针自转，水平运动的空间指向则逆时针偏转，即偏向运动方向的左方。地球表面的大气、洋流与河流时刻都在运动，地转偏向力对于大尺度天气系统、大洋环流及河流地貌塑造等都有重要影响。

第五节　地轴进动与极移

地球除了自转、公转等短周期定常运动以外，日月行星摄动和地球自身原因还可能导致偏心率、黄赤夹角、自转轴的变化，从而影响天体位置测量及地球气候演化，其中最为重要的是与地球自转轴变化相关的进动与极移。

一、地轴进动的形式与成因

（一）地轴进动的定义

进动（precession）是物体自转过程中，自转轴又绕另一轴旋转的现象。例如地面的陀螺失速后受重力影响的晃动。地轴进动是地球自转过程中受到日月行星的摄动，导致地球自转轴的周期性晃动现象。

（二）地轴进动的形式

地轴进动的形式就像空间“摇手指”的动作，这种摇晃导致地轴倾斜的方向每年都在缓慢变化，但倾角基本保持不变。久而久之，地轴会在空间描绘出一个圆锥状的轨迹，圆锥轴指向黄极。圆锥底的角半径为黄赤夹角 23°26′。地轴的进动方向与公转方向相反，每年向西移动 50.39″，周期为 25800 年。每隔半个岁差周期，地球自转轴的空间相对倾斜会发生 180° 变化（图 7-10）。

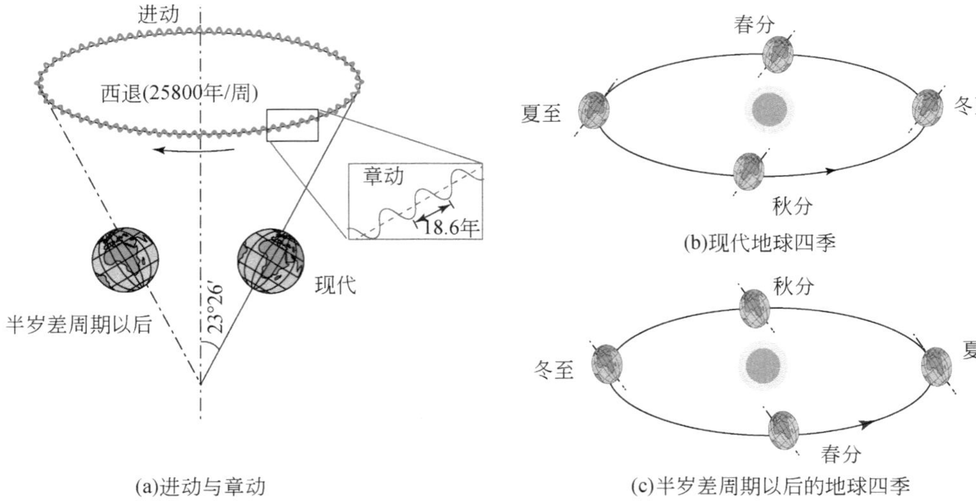

图 7-10　地球进动的形式与效应

（三）地轴进动的成因

地轴进动与地球自转过程中受到日月行星的摄动有关。地球是一个扁球体，赤道部分因惯性离心力的作用形成环形隆起。黄赤交角的存在使得黄道上的日月行星对该环形隆起施加一个不对称的力矩。地球靠近天体一侧的力矩要大于远离天体一侧的力矩，从而驱使地球赤道面向黄道面靠拢，地轴向黄轴靠拢。这个力矩的存在使自转的地球产生了进动，进动方向与地球自转方向相反。

二、地轴进动的天文学效应

地轴的进动会影响地轴的空间指向，使北极星也发生周期性变化，公元前 3000 年的北极星是天龙座 α，现在已经变为小熊座 α（图 7-11）。与此同时，地轴向西进动会导致天赤道变化及春分点的西移。春分点的移动导致了回归年与恒星年的差值，也就是我们常说的“岁差”。天文学中常用“岁差”指代“进动”，如日月岁差和行星岁差，它们分别指代因日月及行星摄动对地球进动的影响。一般而言，日月岁差可使春分点每年西移 50.39″，行星岁差仅使春分点每年西移 0.125″，不及前者的 1/400，所以通常只考虑日月岁差。

岁差的发现

公元前 2 世纪，古希腊天文学家喜帕恰斯在编制星表时发现，恒星黄经有显著变化，而黄纬变化不明显，并由此推算春分点沿黄道每 100 年西移 1°。公元 4 世纪，中国晋代天文学家虞喜也发现“尧时冬至日短星昴，今二千七百余年，乃东壁中，则知每岁渐差之所

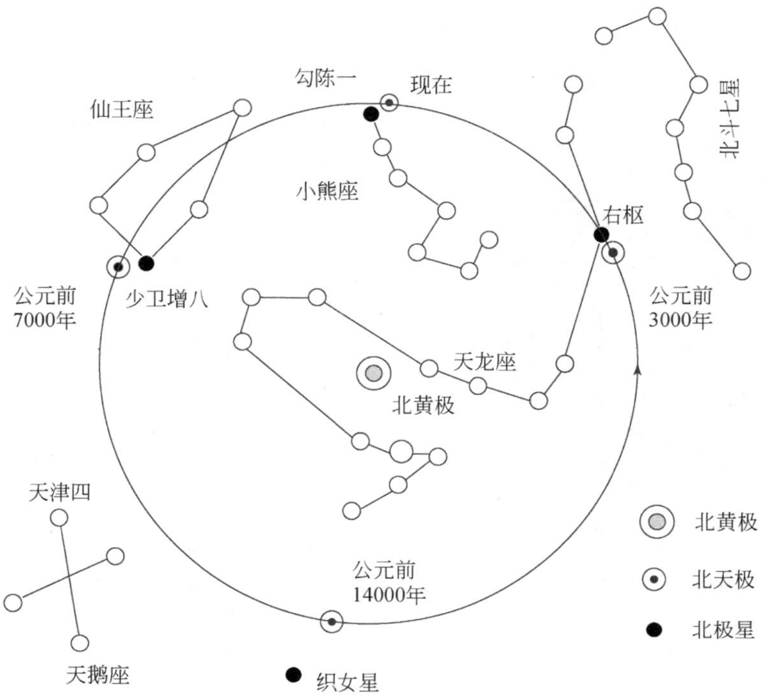

图 7-11　地球进动与北极星的变化

至”，这是中国最早的岁差记载。岁差的发现告诉我们，因为春分点西移，每个季节的代表星区会有微小变化。现在夏季夜间看牛郎织女，冬天夜间看猎户天狼，但经过半个岁差周期以后，我们可能就在夏天看猎户天狼，冬天看牛郎织女了。

除了地轴进动外，还有一种叠加在地轴进动之上的高频摆动，这种摆动给地轴在空间划出的圆弧镶了一圈荷叶边，即“章动”，章动的周期为 18.6 年（图 7-10）。

地球这些不同形式的运动，为我们在运动的地球上准确测定恒星位置增加了难度。恒星精确位置的确定，首先要明确恒星的年首位置与自行量，还要考虑地球运动导致的光行差、周年视差、岁差以及章动对恒星位置造成的影响，这也是天体测量学研究的主要内容。

三、地轴进动和极移的区别

极移是地球瞬时自转轴在地球本体内的运动，就像算盘珠子在其轴上的晃动。1765 年，瑞士数学家欧拉首先从力学上预言极移的存在，直到 1888 年德国天文学家屈斯特纳才从地理纬度的变化中发现了极移。

（一）极移的形式

1891 年，美国天文学家钱德勒发现极移有两个主要周期：一个是 14 个月左右的周期，波动幅度为 0.1″～0.3″；另一个是 1 年的周期，幅度为 0.1″。前者是非刚体地球的自由摆动造成的，后者是地球大气引起的受迫摆动导致的。极移轨迹相对复杂，但其移动幅度不大，通常在几十米范围（±0.4″）内移动，自西向东描绘出的一圈圈时伸时缩的螺旋形曲线 [图 7-12（a）]。

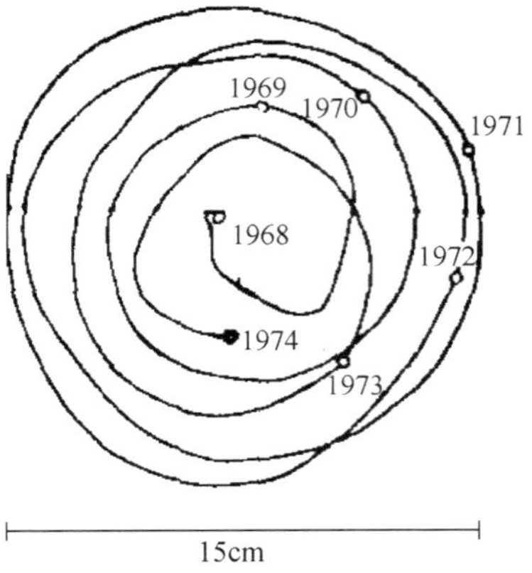

(a) 极移的形式

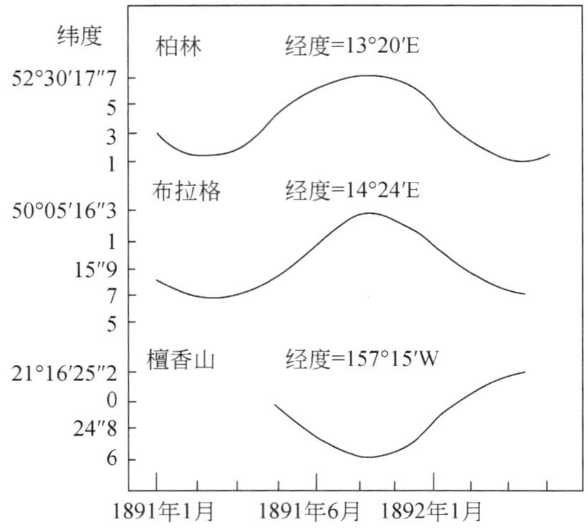

(b)极移的效应

图 7-12　地球极移的形式与效应

（二）极移的效应

极移可能使地理经纬度和天体方位值发生变化 [图 7-12（b）]，这种变化直接影响区域计时与天文导航的精确性（图 7-12）。1899 年，国际上成立了纬度服务机构，选择地表典型站点，使用相同的望远镜，在同一观测时刻观测相同的恒星，以得到高精度的地极坐标。1962 年，国际纬度服务机构改组并扩大为国际极移服务结构，人造卫星多普勒观测、激光技术和甚长基线射电干涉技术开始引入极移测量中，测定精度有了数量级的提高。

（二）极移与进动的区别

极移与进动的形式和效应完全不同（图 7-13）。进动是天极的移动，周期长，幅度大，会导致天体赤道坐标的变化，不影响地面上的地极位置。极移是地极的移动，周期短，幅度小，会导致地球地理坐标的变化，不影响天球上的天极位置。

小　　结

地球是人类居住的行星。亚里士多德首次提出了地球为球形的系统证据。麦哲伦的全球航行和牛顿万有引力确认了球形地球的事实。然而，地球的“落体悖论”与“视差悖论”使人们仍无法相信地球在自转与公转。傅科首次通过悬挂在特殊挂钩上的单摆证实了地球的自转。大口径望远镜的出现使人们终于可分辨出恒星微小的周年视差，从而确认了地球的公转。恒星视差、光行差和星光的多普勒效应均可反映地球的公转和自转，只是公转效应更明显而已。

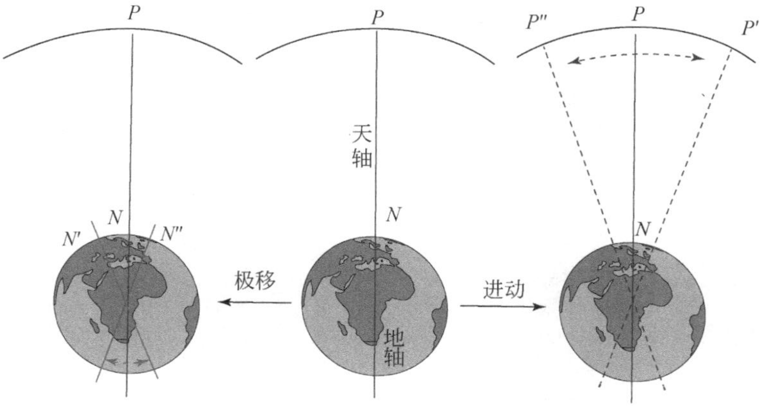

图 7-13　地球的极移与进动

地球除了自转和公转等定常运动以外，因日月行星摄动和地球自身结构的不均匀性，其轨道参数会发生周期性变化。进动是地轴自东向西的旋进现象，是一种低频高幅运动，周期为 25800 年，通常导致天体赤道坐标变化。极移是地球结构不均和圈层相互作用导致的自转轴的瞬时晃动现象，是一种高频低幅的运动，存在 1 年和 14 个月的周期，通常导致地理坐标的变化。

复　　习

一、名词解释

傅科摆　恒星周年视差　周年光行差　恒星日　太阳日　太阴日　恒星年　回归年　交点年　近点年　进动　极移　岁差

二、思考题

1. 简述古希腊亚里士多德论证地球是球形的主要证据。
2. 列举地球自转的天文学效应。
3. 列举地球公转的天文学效应。
4. 地转偏向力的影响因素有哪些？
5. 地球上水平运动的物体会发生偏转现象，垂直运动的物体也会发生偏转吗？
6. 举例说明地球表面河流、洋流与大气运动与地转偏向力的关系。
7. 已知重庆当地纬度约 30°N，求傅科摆在重庆的偏转方向、速度和周期。
8. 试从参考点运动形式的角度解释恒星日、太阳日和太阴日差别。
9. 恒星周年视差与光行差如何影响其视位置相对于平均位置的偏移？
10. 恒星是否存在周日视差？为什么不可以通过周日视差证明地球的自转？
11. 若春分点移动至现代近日点的位置，季节代表星空有何变化？

第三篇　天文学的基本应用

授时编历是天文学的核心应用，天象演化特征是授时编历的重要参考。第八章“天象演化”以观测视角的宇宙为重点，介绍了地球周边天体周日视运动和周年视运动的形式及演化规律，同时重点阐述日月视运动及其地理意义。第九章“观象授时”围绕天文学的时间服务功能，介绍基于太阳与恒星周日视运动的时间计量系统。第十章“历法制定”围绕天文学的历法服务功能，介绍如何参考日月的周年视运动，安排历年与历月，指导人们的生产生活。

第八章　天象演化

导　　语

天象演化是从地球上观测远距离恒星、太阳、行星与月球等天体投影位置的时空变化。不同天体的周日视运动和周年视运动是天象演化的主要形式。掌握天象演化规律对于指导日常天文观测有重要意义，同时也为授时编历奠定基础。

第一节　恒星的视运动

恒星是星空的主体，白天的太阳光掩盖了天空中其他恒星的视运动，只有夜晚我们才能观测到恒星的视运动。我们每晚观测到的北斗七星斗柄指向的不断变化是星空的周日变化（图 8-1a），它是地球自转导致的恒星周日视运动的结果。与此同时，我们每个季节夜间同一时刻观测到的北斗七星指向也会发生变化，这是星空的周年变化（图 8-2b），它是地球公转导致太阳周年视运动进而导致太阳所对星区变化的结果。值得注意的是，恒星自身并没有明显的周年视运动，只有人眼不能分辨的周年视差。

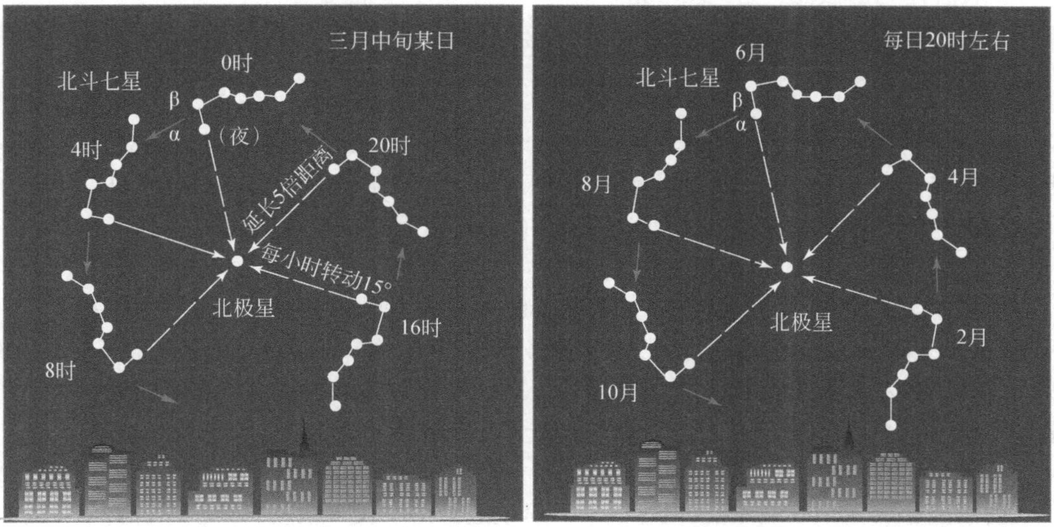

(a)北斗七星“钟”　　(b)北斗七星“历”

图 8-1　恒星的周日变化与周年变化

一、星空的周日变化

不同恒星构成的天球星空具有整体的周日视运动，周日视运动方向为自东向西，运动轨迹都平行于天赤道，周期是恒星日（23h56min）。然而，因为不同地理纬度的地区地平圈与天赤道夹角不同，天球上的恒星赤纬和赤经也不相同，所以特定地区的地平之上不同恒星的轨迹及出没顺序也不尽相同。

（一）地理纬度的影响

地理纬度决定了特定地区地平圈与天赤道的夹角，进而决定了星空整体视运动相对于当地地平圈的倾斜角度。对于特定地理纬度（φ）的地区而言，天赤道相对于当地地平圈的倾角为 $90°-\varphi$，北半球天赤道向南倾，南半球天赤道向北倾。

（二）恒星赤纬的影响

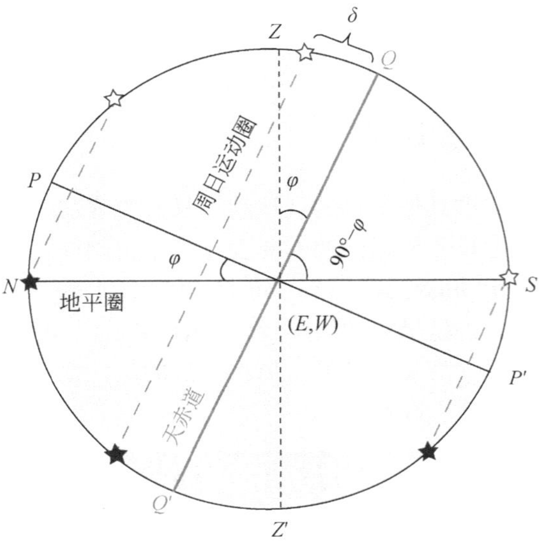

图 8-2　恒星的周日视运动

恒星赤纬决定了恒星周日运动轨迹偏离天赤道的方向和程度，进而决定了其在特定地区的出没方位、中天方位、中天高度及出没时长等（图 8-2）。

1. 出没方位

当恒星赤纬 $\delta > 0$ 时，周日运动轨迹偏北，出没方位也偏北，恒星东北升，西北落。当恒星赤纬 $\delta = 0$ 时，周日运动轨迹就是天赤道，恒星正东升，正西落。当恒星赤纬 $\delta < 0$ 时，出没方位偏南，恒星东南升，西南落。以赤纬 39° 左右的织女星为例，赤纬大于 0，出没方位偏北，东北升，西北落。

2. 中天方位

当恒星赤纬 $\delta > \varphi$ 时，恒星在北方上中天；当恒星赤纬 $\delta = \varphi$ 时，恒星在天顶上中天；当恒星赤纬 $\delta < \varphi$ 时，恒星在南方上中天。以 30°N 附近的重庆观测赤纬 39° 左右的织女星为例，织女星赤纬 39°> 重庆地理纬度 30°，所以织女星在重庆北方上中天。

3. 中天高度

恒星中天高度也与地理纬度 φ 和恒星赤纬 δ 有关。恒星上中天高度为 $90°-\varphi+\delta$，下中天高度为 $-(90°-\varphi)+\delta$。注意该计算公式高度分别以 S 点和 N 点起算。同样以重庆地区为例，观测赤纬 39° 左右织女星的上中天高度为 $90°-30°+39°= 99°$。从南点起算的话，99° 的恒星高度说明织女星已过天顶 9°，在北方上中天，实际高度为 $180°-99°= 81°$。

4. 出没时长

当恒星赤纬 $\delta > 90°-\varphi$ 时，恒星处于恒显星区，出时长 = 恒星日。恒星赤纬 $\delta > 0$，出时长 > 没时长。恒星赤纬 $\delta = 0$，出时长 = 没时长。恒星赤纬 $\delta < 0$，出时长 < 没时长。恒星赤纬 $\delta < -(90°-\varphi)$，恒星处于恒隐星区，没时长 = 恒星日。

地理纬度越接近赤道的地区，出没星范围越大；越接近地理南北极的区域，恒显星、恒隐星范围越大。以地理纬度约 30°N 的重庆地区为例，恒星赤纬 δ 在 60° ～ 90° 的为恒显星，δ 在 –60° ～ –90° 的为恒隐星，δ 在 –60° ～ 60° 的为出没星。

（三）恒星赤经的影响

地理纬度和恒星赤纬确定以后，特定地区特定恒星的周日运动轨迹及出没中天状况也同步确定，恒星赤经则决定不同恒星的出没顺序和中天时刻。天球整体向西的周日视运动过程中，同一赤纬线上西侧的恒星总是先于东侧的恒星升出地平，到达中天及没入地平。恒星时是夜间授时系统的重要参考，其数值上就等于中天恒星赤经，恒星时的流逝总伴随着中天恒星赤经的增长。

二、星空的周年变化

（一）星空周年变化成因

星空的周年变化主要表现为同一恒星每天的中天太阳时刻逐日提前 4min，这是因为地球上恒星连续两次上中天的时间间隔为 1 个恒星日（23h56min），但地球计时系统参考的是太阳的周日视运动，周期为 1 个太阳日（24h）。同样，这也导致每晚同一太阳时刻的中天恒星赤经逐日增加 4min。以地球凌晨 00:00 观星为例，此时上中天恒星处于天球上太阳所对的位置。因为地球公转导致天球上太阳赤经逐日增加 4min，太阳所对的恒星赤经也会逐日增加 4min（图 8-3），每个月增加 2h，每个季度增加 6h，进而导致夜间星空的季节性变化。

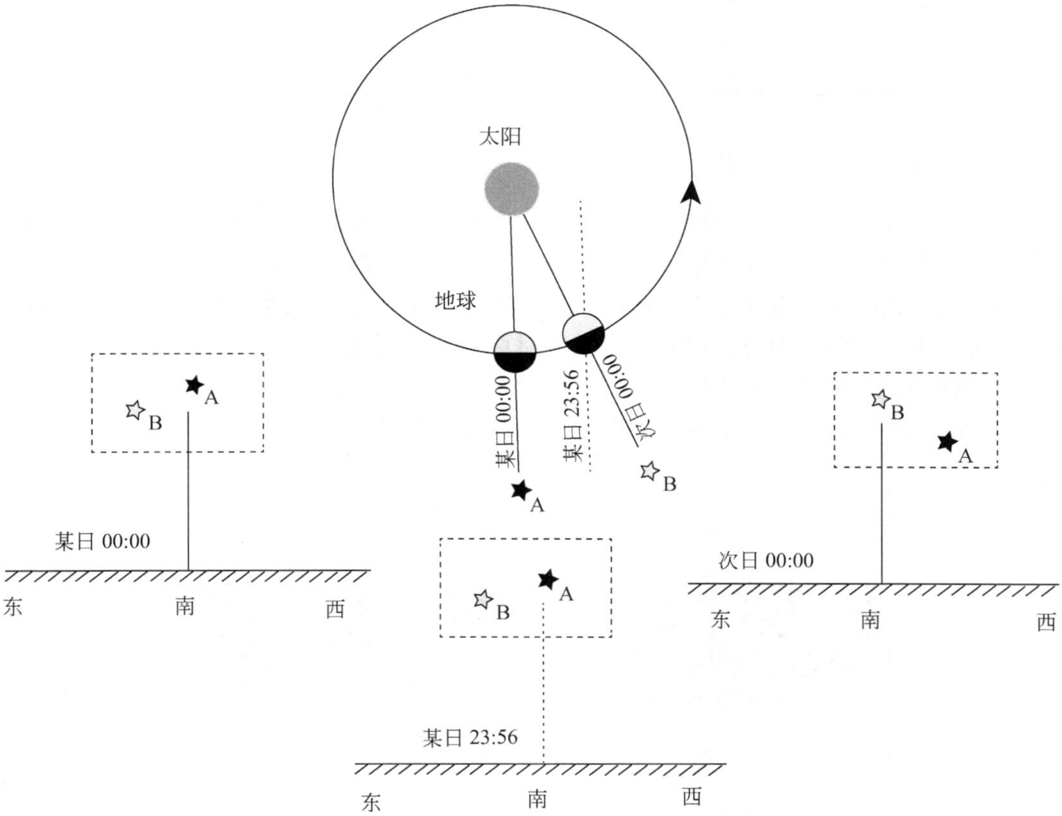

图 8-3　中天恒星周年变化的原理

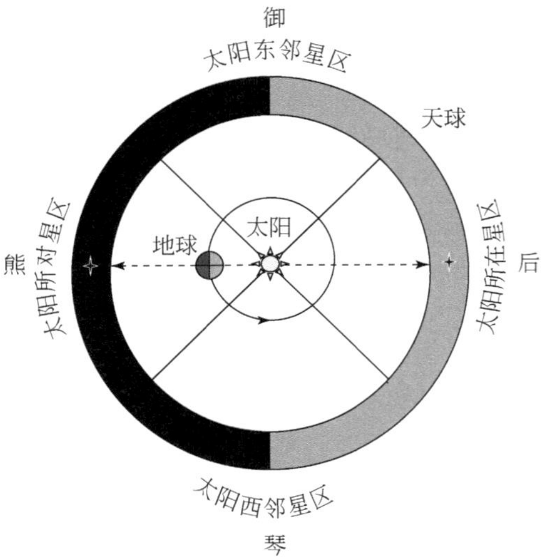

图 8-4　太阳视运动与星区划分

（二）太阳与星区的关系

四季夜间星空变化的本质是在天球上做周年视运动的太阳与不同恒星位置关系的变化。从地球上观测，天球上的恒星总可划分为太阳所在星区、太阳东邻星区、太阳所对星区和太阳西邻星区（图 8-4）。春季，太阳在春分点附近的仙后星区，此时的太阳东邻星区、太阳所对星区、太阳西邻星区分别为御夫星区、大熊星区、天琴星区。夏季，太阳东移至夏至点所在的御夫星区附近，此时的太阳东邻星区、太阳所对星区、太阳西邻星区分别为大熊星区、天琴星区、仙后星区。不难发现，随太阳向东的周年视运动，太阳所在星区、东邻星区、所对星区、西邻星区的中央赤经都在向东增长，每个季节增长 6h（表 8-1）。

表 8-1　太阳的视运动和星区的变化

星区	春	夏	秋	冬
太阳所在星区	后	御	熊	琴
太阳东邻星区	御	熊	琴	后
太阳所对星区	熊	琴	后	御
太阳西邻星区	琴	后	御	熊

（三）夜间星空变化

人们通常在夜间观星，可按照黄昏、夜半以及黎明三个时刻来分析夜间的星空演化。黄昏太阳刚落下时，太阳所对星区处于东升过程中，太阳的东邻星区是中天星区。凌晨太阳下中天时，太阳所对星区是中天星区，太阳西邻星区处于东升过程中，太阳东邻星区处于西落过程中。黎明太阳要升起时，太阳所对星区处于西落过程中，太阳西邻星区是中天星区。也就是说，从黄昏到凌晨的上半夜地平之上主要为太阳东邻星区和所对星区，从凌晨到黎明的下半夜地平之上主要为太阳所对星区和西邻星区（图 8-5）。

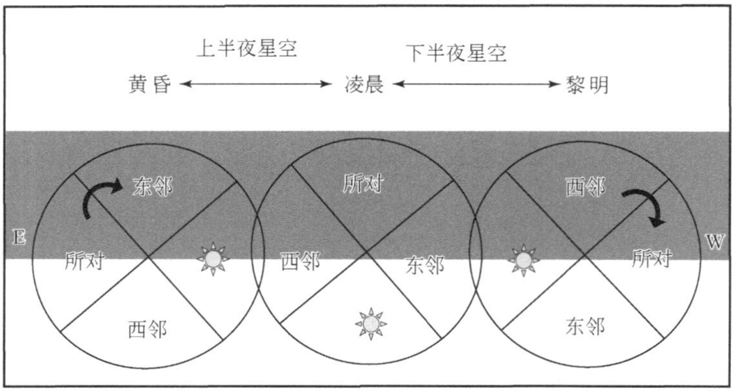

图 8-5　夜间星空演化

不难发现，星区相对于太阳的位置决定了其起落时刻与方位。太阳所在星区，恒星赤经与太阳类似，同升同落，彻夜不可见。太阳东邻星区，恒星赤经比太阳大，继太阳而落，可在上半夜西方观测。太阳西邻星区，恒星赤经比太阳小，先太阳而升，可在下半夜东方观测。太阳所对星区与太阳相对，此起彼落，彻夜可见，上半夜在东方观测，下半夜在西方观测。

（四）四季代表星空

因为太阳所对星区彻夜可见，通常选择太阳所对星区作为季节代表星区，即夜半中天星区。人们常说的“春天看狮子，夏天看牛郎织女，秋天看仙后，冬天看猎户” 就是指四季太阳所对星区中的星座和亮星（详见第一章）。然而因为夜间星空的周日视运动，每个季节实际上可以看到当季和相邻两个季节的星空。上半夜可看这个季节和上个季节的代表星区，下半夜可以看这个季节和下个季节的代表星区。以秋季为例，仙后星区为秋季代表星区，上半夜可在东方观测，下半夜可在西方观测，但上半夜的西方还可观测到夏季代表星区——天琴星区，下半夜东方还可观测到冬季代表星区——御夫星区。

中国古代常用黎明（约 6 点）、黄昏（约 18 点）、上半夜（21 点）或凌晨（0 点）的上中天星宿来确定季节，分别称“旦中星”、“昏中星”、“霄中星” 或“夜半中星”。《尚书·尧典》提到，“日中，星鸟，以殷仲春。日永，星火，以正仲夏。宵中，星虚，以殷仲秋。日短，星昴，以正仲冬”。这里的“星”即是夜半中星，“鸟”“火”“虚”“昴”则分别是四季中天星宿。

第二节 太阳的视运动

太阳也是恒星，具有类似恒星的周日视运动，但地球绕太阳的公转使太阳具有逐日向东的周年视运动。这使得太阳周日视运动的周期延长至 1 个太阳日 24h，同时太阳的周日视运动轨迹也呈现出逐日变化。

一、太阳视运动的形式

观测视角的太阳视运动表现为太阳每天的周日视运动及其周日运动轨迹的逐日变化，前者导致昼夜，后者导致四季。理论视角的太阳视运动，实际是太阳直射点在地球表面的运动。太阳直射即太阳垂直照射地平圈。任意时刻太阳照射地球时，理论上只有一点的地平面被太阳垂直照射，即垂直于太阳光线的平面与地球表面的切点。对于理想的球形地球而言，该处位于日地连线与地球表面的交点处，是地球表面距离太阳最近的地区，也是从太阳上看地球圆面的中心点，该点称为直射点。由于地球自西向东快速自转，太阳直射点会自东向西依次通过直射点的同纬度地区，这就是**太阳直射点的周日运动**。与此同时，因地球公转，太阳直射点每天还会向南北方向缓慢偏移，直至南北回归线后折返，这就是**太阳直射点的周年运动**。通常把太阳直射点的周年运动称为回归运动。

二、太阳回归运动的本质

太阳回归运动是太阳直射点在南北回归线之间的往复运动，而回归线的形成与地球黄赤夹角有关。地球黄赤夹角为 23°26′，直射点移动的北界和南界也分别为 23°26′ N 和 23°26′ S，对应的日期分别称北至日和南至日。西方天文学则常用该日太阳的背景星座巨蟹座（Tropic of Cancer）和摩羯座（Tropic of Capricorn）来命名北回归线和南回归线。

整体而言，太阳周年视运动导致了太阳赤道坐标的周期性变化，进而导致太阳周日视运动轨迹的逐日变化，并以此区别于其他恒星。

（一）太阳赤纬变化的效应

太阳周日运动轨迹平行于天赤道。因为太阳缓慢的周年视运动，太阳赤纬在 ±23°26′ 之间变动，导致太阳周日运动轨迹的逐日变化，进而导致太阳起落方位、中天高度和昼夜长短出现季节变化。夏半年太阳赤纬偏正，起落方位偏北，正午太阳高度高，昼长夜短；冬半年太阳赤纬偏负，起落方位偏南，正午太阳高度低，昼短夜长（图 8-6）。

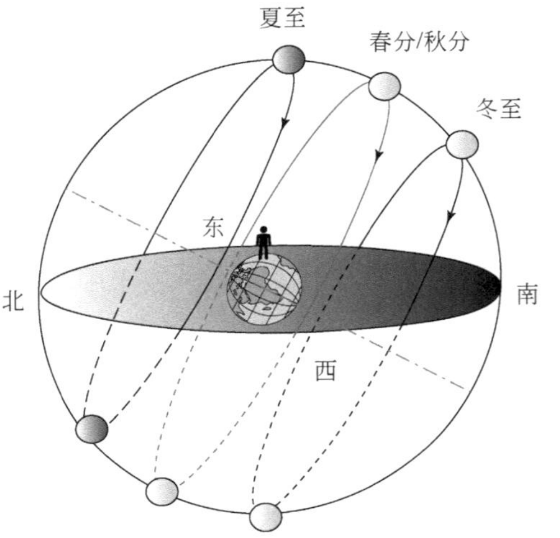

图 8-6　太阳赤纬变化导致的周日运动轨迹的变化

（二）太阳赤经变化的效应

太阳是地球昼夜和民用计时系统的参考主体，太阳赤经与日俱增 4min 会影响太阳与恒星、行星、月球的相对位置，从而导致这些天体出没时刻和观测方位的变化。如图 8-7 所示，如果天体赤经比太阳小，即天体在太阳之西时，天体就先太阳而升，在下半夜的东方观测；天体赤经比太阳赤经大，即天体在太阳之东时，天体就继太阳而落，在上半夜的西方观测。

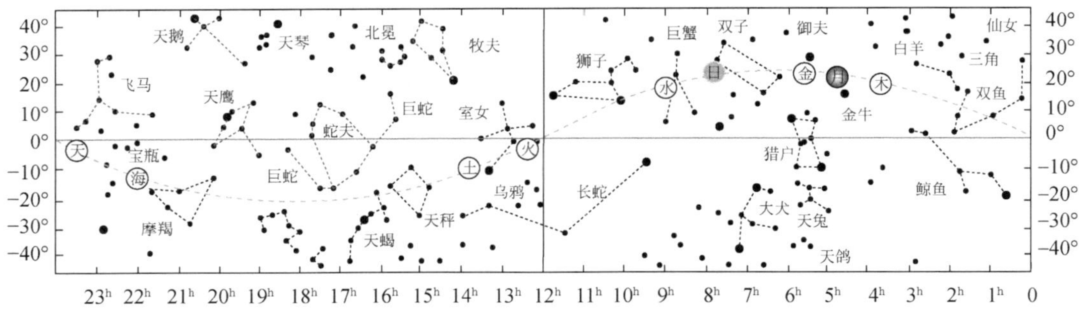

图 8-7　太阳与恒星、行星、月球的相对赤经变化

（三）太阳赤纬与赤经的关系

太阳周年视运动的轨迹是黄道，太阳赤经与赤纬的变化是同步进行的，但每日变化不均匀。分日附近，黄道与天赤道夹角最大，赤纬变化快。至日附近，黄道与天赤道几乎平行，赤经变化快。因为太阳赤纬是计算太阳高度与昼长的重要参数，明确赤纬变化规律对

于理解正午太阳高度与昼长的变化速度有重要意义，而太阳每日赤经增量是计算视太阳日长度的重要参考，对于不同时间计量系统之间的换算有重要意义。

三、太阳视运动的地理效应

太阳是地球热量的主要提供者。太阳的周日运动轨迹的逐日变化导致了地球表面昼夜长短及正午太阳高度的周年变化，昼夜长短反映的是太阳照射时长，太阳高度反映的则是太阳照射角度，两者都会影响地球特定地区接收到的太阳热量。这种变化累积在时间上形成了地球的四季，反映在空间上形成了地球的五带。

（一）昼夜现象的形成

1. 昼夜现象的形式

地球的昼夜是地球运动过程中特定地区被太阳周期性照射的现象。地球被太阳照射时，会形成昼、夜两个半球，两半球之间的界限为晨昏圈。晨昏圈是过地心垂直于太阳直射方向的平面与地球表面的交线。晨昏圈的位置会随直射点的移动而变化。

2. 昼夜现象的成因

地球的昼夜周期为 24h，即太阳的周日视运动周期，接近地球自转周期 23h56min。然而，地球自转停止时，地球公转引起的太阳周年视运动仍能导致地球的昼夜现象，只不过昼夜周期变成了 1 年。所以说地球昼夜实际上是地球自转与地球公转的共同结果。

从太阳视运动的角度而言，地球自转导致太阳向西的周日视运动速度为 15°/h，地球公转导致太阳向东的周年视运动速度为 59′ /d，远小于周日视运动，所以我们每天看到的太阳视运动，仍然是自东向西，周期接近地球自转周期。

3. 行星昼夜的计算

然而，并不是所有行星的自转周期与公转周期都相差如此之大，也不是所有行星的公转方向与自转方向都相同，不同行星的昼夜需根据实际情况计算。如图 8-8 所示，假设 O 点为太阳在行星上方的直射点，A 为行星表面某地，行星自转和公转方向均自西向东，当 O 点和 A 点重合时，太阳直射 A 点。如果行星只自转不公转，A 点会随行星自西向东运动，运动周期为行星自转周期。如果行星只公转不自转，O 点会在行星表面自西向东运动，运动周期为行星公转周期。行星既有自转又有公转时，行星昼夜长度实际是 O 点和 A 点再

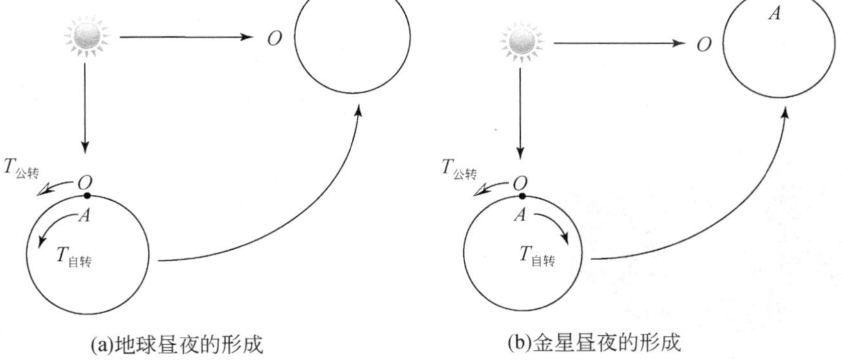

图 8-8　行星昼夜的形成原理

次会合的时间间隔，也就是自转周期和公转周期的会合周期，推算公式为

$$1/T_{昼夜} = \left| 1/T_{自转} - 1/T_{公转} \right|$$

当行星自转与公转方向相反时，O 点与 A 点的运动从追及问题变成了相遇问题，昼夜长度的公式则变为

$$1/T_{昼夜} = 1/T_{自转} + 1/T_{公转}$$

以地球为例，地球自转与公转方向都是向东，地球的昼夜周期太阳日实际是地球自转与地球公转的会合周期。也就是说，24h 的倒数，实际是自转周期 23h56min 与公转周期 365.24 天的倒数差。同样，以金星为例，金星自转方向向西，周期为 245 天，公转方向向东，周期为 225 天，所以金星的昼夜 117 天的倒数实际是自转周期和公转周期的倒数和。

（二）昼夜长短的变化

1. 地球昼夜现象

地球昼夜长短变化指地球特定地区地平面上太阳出没时间的此消彼长现象。天文学中，通常把太阳周日运动轨迹在地平圈之上的弧称为**昼弧**，而地平圈之下的弧称为**夜弧**。因为太阳的回归运动使太阳周日视运动轨迹逐日变化，特定地区的昼弧和夜弧也出现了此消彼长的现象（图 8-9）。

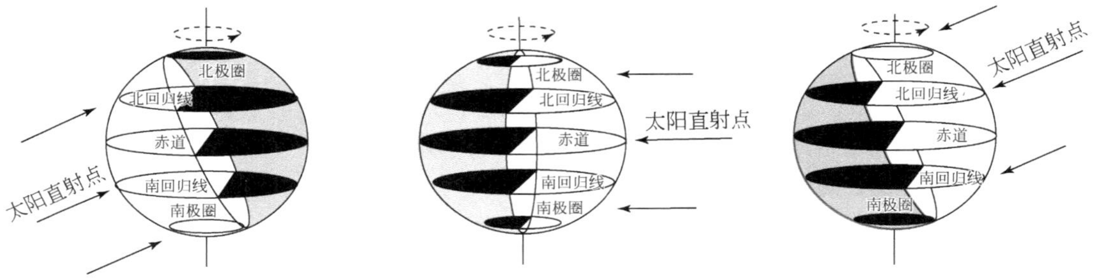

(a)南至日　(b)分日　(c)北至日

图 8-9　地球昼夜长短的变化

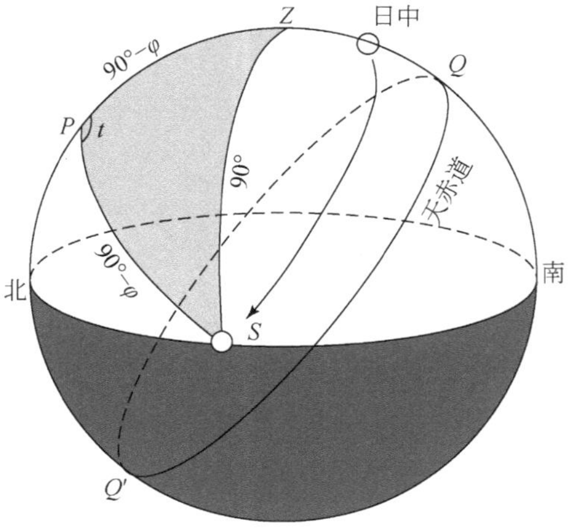

图 8-10　半昼弧公式的推导

2. 地球昼夜长短计算

为了准确计算地球特定纬度、特定季节的昼长，天文学推导出了半昼弧公式。半昼弧公式将昼弧分成从日出到上中天，再从上中天到日落相等的两段，求出其中一段的长度就可以推导出昼长。

1）半昼弧公式的推导

如图 8-10 所示，从太阳上中天到日落之间的半昼弧，刚好等于日落时候太阳时角（t）。日落的太阳（S）、天北极（P）和天顶（Z）构成的球面三角形中，通过球面余弦公式（参见附录），可以推导出半昼弧的公式：

$$\cos t = -\tan\varphi\tan\delta$$

其中，t 为半昼长，通常用弧度或角度表示，需要换算成小时，15° 对应 1h；φ 为当地纬度，代表影响昼长的空间因素；δ 为太阳赤纬，代表影响昼长的时间因素。φ 和 δ 都是以北半球为正，南半球为负。

2）半昼弧公式的讨论

通过半昼弧公式，可以推导出地球不同地区可能出现的五种昼夜配置：昼夜等长、昼长夜短、昼短夜长、极昼和极夜。

（1）昼夜等长：也就是昼弧等于夜弧，都等于 180°。那么半昼弧就是 90°，cos90°=0，说明 tgφ、tgδ 至少一个为零，那么 φ 和 δ 至少一个为零。$\varphi = 0°$ 时，说明赤道上终年昼夜等长；$\delta = 0°$ 时，说明春分秋分时，全球昼夜等长。

（2）昼长夜短：此时昼弧长于夜弧，半昼弧大于 90°。那么半昼弧的余弦应该小于 0，所以 δ、φ 必须同号，也就是当地必须处于直射半球。

（3）昼短夜长：此时昼弧短于夜弧，半昼弧小于 90°。那么半昼弧的余弦应该大于 0，所以 δ、φ 必须异号，也就是当地必须处于非直射半球。

（4）极昼：此时半昼弧等于 180°，cos180°= –1。这要求 δ 与 φ 同号，同时 tanφ 和 tanδ 互为倒数，即要求 φ 与 δ 互余。所以极昼的最低纬度是直射半球 90°–δ 以上地区。因为太阳赤纬最大值是 23.5°，所以极昼的最低纬度是 66.5°。

（5）极夜：此时半昼弧等于 0°，cos0°=1。这要求 δ 与 φ 异号，同时 tanφ 与 tanδ 互为倒数，即要求 φ 与 δ 的相反数互余，所以极夜的极限纬度是非直射半球纬度 90°–δ 以上地区，同样可推出极夜的最低纬度也是 66.5°。

3）半昼弧公式的应用

地理教学过程中，经常涉及昼长的推算问题。我们可以通过插值法快速估算特定地区的昼长。例如，夏至日时，我们计算出 20°N 的昼长是 13h13min，40°N 的昼长是 14h51min，60°N 的昼长是 18h29min，再结合赤道地区（0°）的昼长是 12h，北极圈（北纬 66.5°）的昼长是 24h，可粗略估算北半球不同纬度的昼长。同样地，北纬特定纬度的昼长，就是南半球相同纬度的夜长，进而计算出南半球不同纬度的昼长。此外，我们还可以根据太阳的周日视运动的二维轨迹图直接量算昼弧的比例，快速估算昼长。半昼长估算出来以后，通过 12h– 半昼长可估算日出的地方时刻，通过 12h+ 半昼长可估算日没的地方时刻。

3. 昼夜长短的时空变化

为直观探讨地球昼长的时空变化，绘制出昼长随太阳赤纬 δ 与地理纬度 φ 的三维函数图像（图 8-11）。通过该函数图像，可总结出地球昼长变化的基本规律。

（1）只有当太阳直射赤道时，全球昼夜平分；一旦太阳直射点偏离赤道，全球两极之间就会产生极昼、昼长夜短、昼夜平分、昼短夜长、极夜 5 种昼夜配置。太阳直射点纬度越高，极昼与极夜区也越大，昼长夜短和昼短夜长区越小，赤道地区则一直保持昼夜平分。

（2）极昼、极夜只发生在极圈以上地区，越靠近极点，每年发生极昼极夜的时间段也越长，极点附近半年极昼，半年极夜。

（3）太阳直射赤道时，全球昼长均为 12h，无地域变化。太阳直射点偏离赤道时，全球昼长总是以赤道地区昼长为中值（12h），向直射半球的极昼区加速增至 24h，向非直射半球的极夜区加速减至 0h，直射点越偏，变化速度越快。

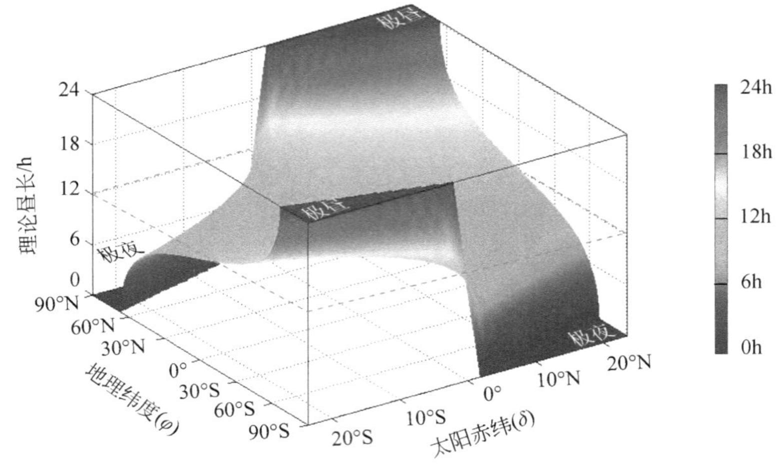

图 8-11　地球昼长函数的变化曲线

（4）就全球而言，昼长纬度差异从低纬向高纬逐渐变大，进入极昼极夜区后不变；同样昼长纬度差异从分日到至日也越明显。就特定地区而言，因分日附近太阳赤纬速度快，昼长变化速度也快（图 8-12）。

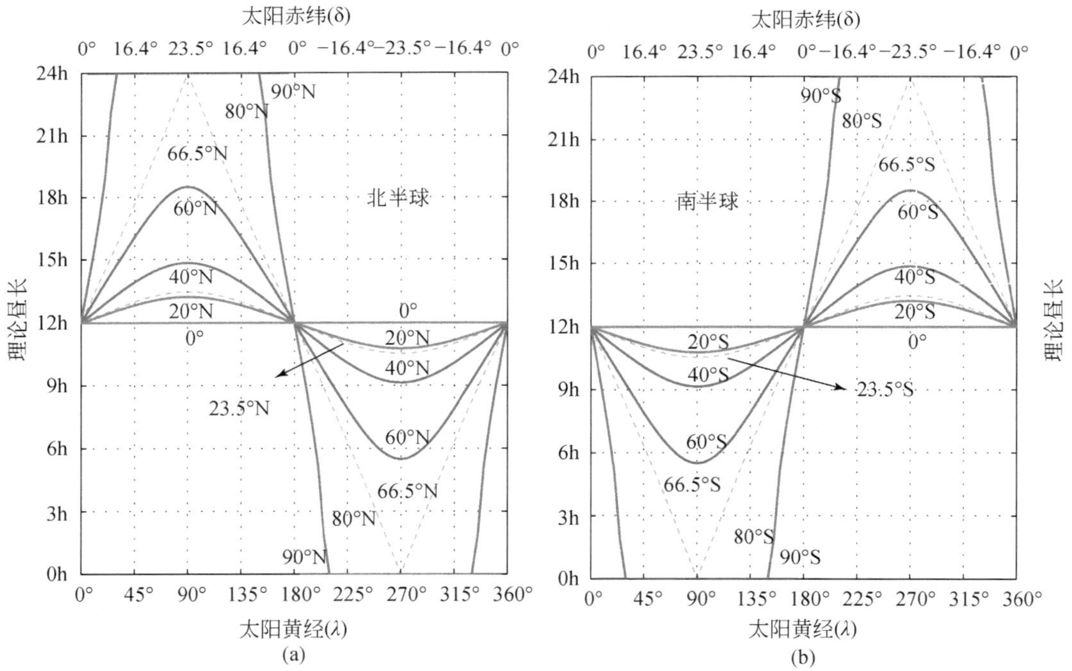

图 8-12　地球昼长的时空变化

昼长的这种时空变化规律，解释了我们日常生活中对昼长变化感受的差异。以 30°N 的重庆为例，至日附近时，重庆“北上与南下”的昼长差异明显，因为低纬度地区每 10° 的纬度差昼长变化不到 0.5h，而高纬度地区每 10° 的纬度差，昼长变化可达 5h。同样的，我国现行的学校假期安排中，通常多在接近分日左右开学，接近至日前后返乡。所以生活在不同纬度的同学开学的时候，会觉得学校与家乡的昼长差异不大，但到至日返乡时则会感觉到学校与家乡的明显差异。最后，需要特别注意的是，虽然分日附近昼长纬度差异较小，但分日附近赤纬变化速度快，所以特定地区分日附近昼长变化速度明显快于至日。以重庆为例，秋分 9 月 23 日前后几天的昼长变化速度约 2min/d，12 月 22 日冬至前后的昼长变化速度则只有 30s/d，不到前者变化速度的 1/4。

4. 昼夜长短的其他因素

通过半昼弧公式计算的昼长是理论昼长，实际昼长相对理论昼长通常有所偏差。例如，重庆 9 月 23 日秋分日的昼长并不是 12h，而是 12h7min17s，这多出的 7min17s 从何而来呢？

首先，太阳视半径因素。推算半昼弧公式时，通常把太阳当作一个点，但太阳实际是视半径为 32′ 的圆球。所以，当太阳上缘出地平圈时，昼已经开始。而当太阳下缘没入地平圈时，昼才结束。

其次，大气折光作用。因为地球大气密度随高度递减，太阳光传播过程中会发生折射，这种折射使得太阳在地平圈以下 34′ 的时候，我们已经可以看到它。以上这两个因素在日出与日落时会使昼长增加，相当于昼弧增加了 (16′+34′)×2，即 100′ 左右，除以太阳周日视运动的速度 15°/h，也就是 15′/m，可推算出实际昼长比理论昼长普遍要长约 7m。这两个因素对昼长的影响是普遍的，属于**全球因素**。

最后，眼高差因素。地球是一个球面，站得高，看得远。高海拔地区相对低海拔地区观测太阳，太阳会早升晚落，进而导致昼长延长。眼高差导致的昼长变化与区域海拔有关，属于**区域因素**。

5. 晨昏蒙影

地球上的日出日落前后，虽然太阳已经完全没入地平，因为大气层的散射作用，天空仍能呈现出光亮。这段时间并未计入理论白昼时间，但人们仍感觉像白昼一样，天文学上称“晨昏蒙影”。一般出现在日出前的称为**晨光**，出现在日落后的称为**昏影**。日常生活中，不同行业对晨昏蒙影的亮度要求不一样。

1）应用分类

民用晨昏蒙影以太阳中心在地平下 6° 时为**晨光始**或**昏影终**。从民用晨光始到日出或从日没到民用昏影终期间，天光仍非常明亮，大部分户外活动可正常进行，天空中的月亮及较亮行星可被看到。法律对刑事案件的判定也是把这段“光天化日”的时间段计入白天。

航海晨昏蒙影以太阳中心在地平下 12° 时为晨光始或昏影终。太阳在此高度以下，已无法分辨出地平线，但可通过逐渐显现的恒星辨别方向。

天文晨昏蒙影以太阳中心在地平下 18° 时为晨光始或昏影终。太阳在此高度以下，星空基本不受太阳影响。选择在天文昏影终到次日天文晨光始前这段时间进行观测可获得最佳的天文观测效果。

2）持续时间

晨昏蒙影的持续时间取决于太阳周日运动圈与地平圈的夹角，纬度越高，两者夹角越小，持续时间越长。

如果处于赤道地区，太阳周日运动圈垂直于地平圈。太阳东升和西落过程中是垂直升起与落下，太阳周日运动速度为 15°/h，以天文晨昏蒙影 18° 计算。太阳走完日出之前 18°

的晨光和日落之后 18° 的昏影阶段，都需要约 72min。

如果处于非赤道地区，太阳周日运动圈斜交于地平圈，这样太阳走完这 18° 的高度差需要更多时间，具体计算公式为 72min/cosφ（φ 为当地纬度）。纬度越高，持续时间越长。以 30°N 附近的重庆为例，晨光与昏影时间约 83min。

如果地理纬度继续升高至直射半球的 48.5° 以上，即纬度相对极圈（66.5°）低 18° 的地区，可能出现晨光已始、昏影未终的情况。这种情况下，虽然夜间天空未见太阳，但天空始终也未至全黑，天文学上把这种现象称为“白夜”。

（三）太阳高度变化

1. 太阳高度变化的成因

太阳高度即太阳光与当地地平圈的夹角。然而，地球表面是一个球面，太阳直射点在地球表面的运动存在周日和周年分量。影响地球特定地区太阳高度的因素包括地理纬度、太阳时角和太阳赤纬。其中，地理纬度是区域因素，太阳时角是周日因素，太阳赤纬是周年因素。

2. 太阳高度变化的计算

1）太阳高度公式推导

对于平坦地区太阳高度的计算问题，可通过西落过程中太阳（S）、天顶（Z）、天北极（P）构成的球面三角形（图 8-13），应用球面余弦公式，推导出任意纬度、任意太阳赤纬以及任意时刻的太阳高度公式（图 8-13）：

$$\sin h = \sin\varphi\sin\delta + \cos\varphi\sin\delta\cos t$$

其中，h 为太阳高度；φ 为地理纬度；δ 为太阳赤纬；t 为太阳时角。

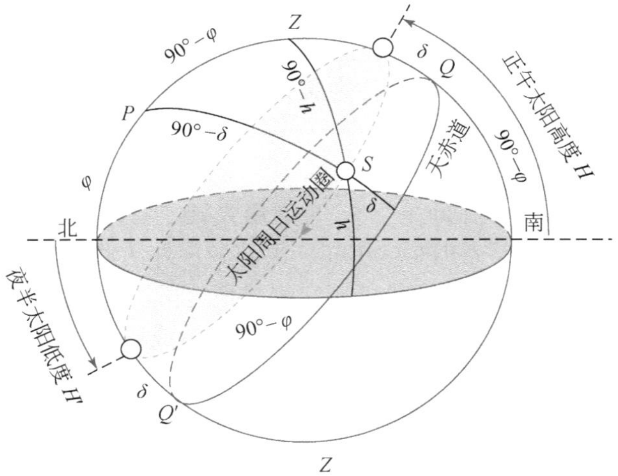

图 8-13　太阳高度公式的推导

2）正午太阳高度公式

通过图 8-13 不难发现，正午太阳上中天时可获得最大太阳高度，此时太阳时角等于 0h，任意时刻的太阳高度公式可转化为正午太阳高度（H）公式：

$$H = 90° - \varphi + \delta$$

其中，H 为正午太阳高度；φ 为地理纬度；δ 为太阳赤纬，即太阳直射点纬度。φ 和 δ 均北正南负。该公式与恒星上中天高度公式类似，只是恒星的赤纬相对固定，而太阳赤纬会发生变化。该公式同样从南点起算，计算出的高度可能大于 90°，暗示此时太阳中天方位在北方。若不关心中天方位的问题，只关心太阳相对地平圈的高度，该公式可改写成

$$H = 90° - |\varphi - \delta|$$

其中，$|\varphi-\delta|$ 为当地纬度与直射点纬度差的绝对值，也称为**纬差距**。该公式计算的太阳高度 $H \leqslant 90°$，需要通过 φ 与 δ 的相对关系来判定太阳的中天方位。

3）夜半太阳低度公式

同理，我们可以推导出夜半太阳低度公式，类似于恒星的下中天高度公式。太阳低度通常用 H' 表示。同样可以通过两种形式计算：

$$H' = -(90° - \varphi) + \delta$$

该公式以北点为起算点，计算出的 H 值可能小于 −90°，暗示下中天方位偏南。若不考虑中天方位的变化，该公式可以转化为

$$H' = |\varphi + \delta| - 90°$$

该公式以地平圈为参考，计算的太阳低度 $H' \geqslant -90°$

4）正午太阳高度公式的讨论

（1）极夜、极昼的最低纬度。

若发生极夜，说明太阳周日视运动圈在地平圈以下，以太阳的上中天高度（也就是正午太阳高度）刚好为 0° 计算，发生极夜的最低纬度是在太阳赤纬最小时（$\delta=-23.5°$）得到，即 66.5° 的极圈附近。若发生极昼，说明太阳周日视运动圈均在地平圈以上，以太阳的下中天高度（也就是夜半太阳低度）刚好为 0° 计算，发生极昼的最低纬度是在太阳赤纬最大时（$\delta=23.5°$）得到，也是 66.5° 极圈附近。这样，不管是通过半昼弧公式还是太阳高度公式，我们都可以推算极夜与极昼发生的极限纬度。

（2）白夜的最低纬度。

白夜相对于极昼，夜半太阳低度在 −18° 即可实现。所以白夜发生的极限纬度相对于极昼降低了 18°，从极圈的 66.5° 移至 48.5°。我国北方的漠河与阿勒泰等地区，虽然离极昼区尚远，但在夏至日附近可以发生明显的白夜现象。

（3）正午太阳中天方位。

地球北回归线以北的地区，正午太阳都位于南方。南回归线以南地区，正午太阳都位于北方。回归线之间的区域正午太阳可能在南方，也可能在北方，也可能在天顶。重庆地区当地纬度为 30°N，所以太阳总是在正南方中天。海南地区当地纬度为 20°N 左右，所以太阳在绝大部分时间内都是南方中天，但在靠近夏至日的前后可能在北方中天，而太阳刚好直射 20°N 时，太阳在天顶中天。

3. 正午太阳高度的时空变化

通过正午太阳高度公式，可绘制出正午太阳高度随地理纬度（φ）和太阳赤纬（δ）变化的三维函数图像（图 8-14），通过该函数图像，可总结出太阳正午高度时空变化的主要规律。

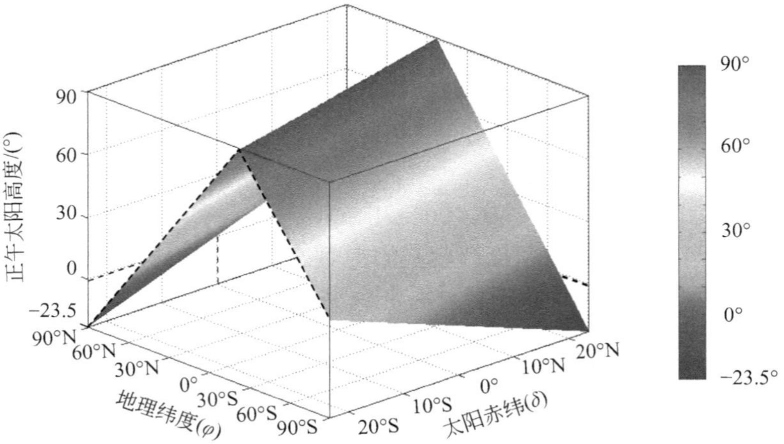

图 8-14　正午太阳高度的时空变化

（1）回归线以内地区正午太阳高度可达 90°，回归线以外地区均小于 90°，极圈内可小于 0°。

（2）不同纬度的正午太阳高度以直射点为中心向两侧呈“对称式”匀速递减，不同于昼夜以赤道为中心向两侧“跷跷板式”地加速变化。

（3）不同纬度的正午太阳高度差异仅与纬差距有关，无时空分异（不同于昼长的纬度差异在高低纬和分至日附近的明显不同）（图 8-15）。

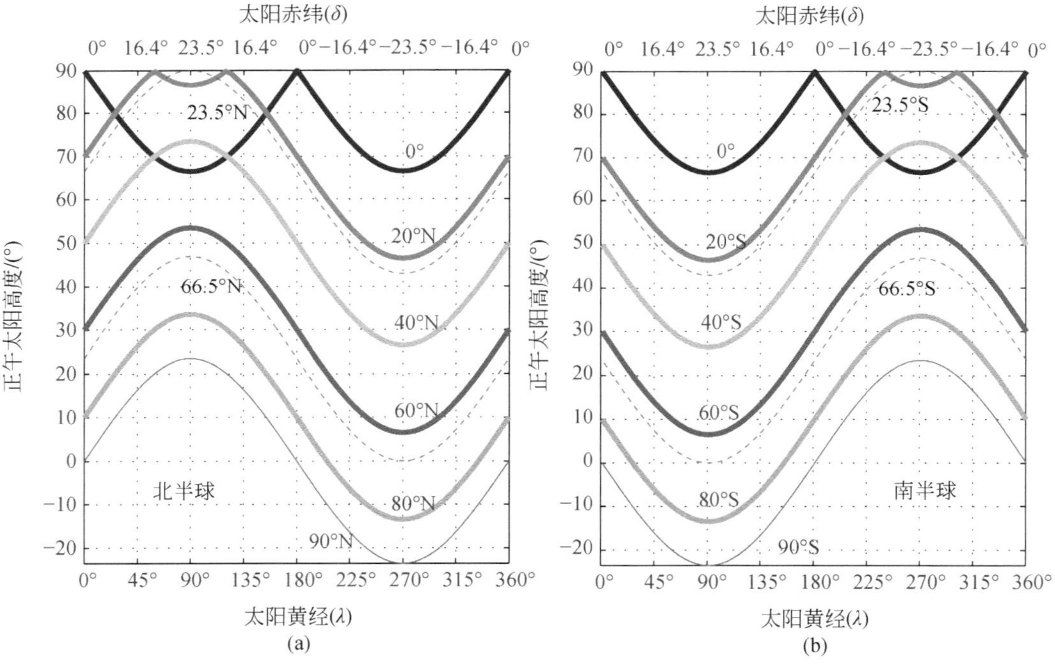

图 8-15　正午太阳高度的时空变化

（4）就特定地区而言，因为分日附近太阳赤纬变化快于至日附近，正午太阳高度变化也是分日附近快于至日附近（与昼长变化规律相同）。

中国古代通过太阳高度周年和周日变化规律，设计了圭表和日晷，用于指导授时编历。现代生活中，太阳高度变化规律可用于指导农田管理、城市规划和建筑设计等。需要注意的是，太阳高度公式以平坦地面为前提，山区地区的太阳高度计算还需要考虑山体坡度与坡向的影响。

（四）四季与五带

从昼长公式和正午太阳公式可以发现，地理纬度与太阳赤纬是影响太阳辐射的主要因素。地理纬度是空间因素，太阳赤纬是时间因素，前者的变化反映在地球表面形成了气候的纬度分带，后者则导致气候的季节性变化。

1. 四季

1）季节的成因

从天文学角度而言，季节的形成与地球表面不同时间段接收到的太阳辐射差异有关。地球表面所接收的辐射主要受黄赤夹角控制，黄赤夹角导致了太阳赤纬变化，太阳赤纬变化通过昼夜长短和正午太阳高度调整太阳照射时间和照射角度。然而，地球所接收到的太阳辐射还受日地距离影响，但日地距离对地球接收到的热量的影响是全球性的，全球同步增减。黄赤夹角对于地球接收到的热量的影响是半球性的，南北半球此消彼长。

（1）日地距离因素。日地距离的变化与地球偏心率有关，可导致全球接收热量总额的变化。地球的偏心率约为 1/60，近日点和远日点的距离比为 59 ∶ 61。地球近日点和远日点获得的太阳辐射反比于日地距离的平方，即 61^2: 59^2，相当于 100 ∶ 93.6。也就是说，以地球在近日点获得的太阳辐射为 100 个单位计算，远日点获得的太阳辐射为 93.6 个单位。所以，即使地球黄赤夹角为零，全球也会呈现季节变化，而且南北半球季节变化同步，只是变化幅度略小。

（2）黄赤夹角因素。地球存在一个 23.5° 的黄赤夹角，这个夹角会使直射点分居南北半球各半年，在特定的半年内，直射半球和非直射半球分配到的辐射比值为 7 ∶ 3。近日点附近，太阳直射南半球，全球 100 个单位热量南北半球的分配比例是 70 ∶ 30；远日点附近，太阳直射北半球，全球 93.6 个单位热量南北半球的分配比例是 28 ∶ 65.6（图 8-16）。

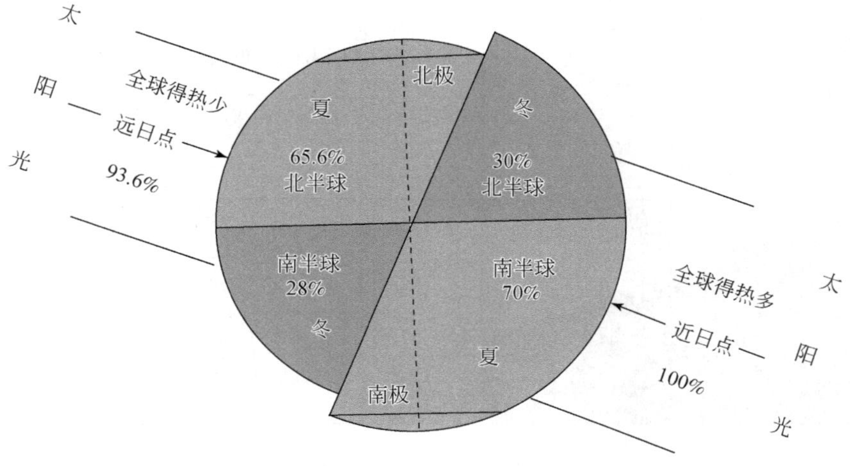

图 8-16　地球南北半球的辐射变化（修改自金祖孟和陈自悟，1997）

不难发现，北半球被直射的半年和未被直射的半年的辐射差异为 35.6 个单位，南半球被直射和未被直射的半年的辐射差异为 42 个单位，远大于地球偏心率导致的 6.4 个单位的总辐射差异，说明黄赤夹角在决定地球四季形成的过程中发挥了主导作用。同时，北半球的季节性辐射差异比南半球小，这是因为北半球偏心率导致近日点总辐射量变大时，黄赤夹角导致的北半球辐射分配变少，两参数的影响在北半球部分抵消。相反，南半球偏心率导致近日点总辐射量变大时，黄赤夹角导致的南半球辐射分配变多，两因素相互叠加。

然而，因太阳系天体摄动的影响，地球近日点、春分点及其相对位置都会发生变化。现在近日点附近，太阳直射北半球，经过约 1 万年以后，近日点附近，太阳可能直射南半球。对于地球上特定的地区，地球偏心率与黄赤夹角导致的气候效应会交替性地叠加或抵消，从而导致地球气候的长周期变化，而且这种气候变化的趋势在南北半球始终相反。这就是人们常说的气候变化的“岁差周期”。这个约 2 万年的半球性气候变化周期与黄赤夹角变化导致的 4 万年周期，和偏心率变化导致的 10 万年周期一起被认为是控制地球气候长期演化的 3 个主要天文周期（图 8-17）。该理论最早由南斯拉夫气候学家米兰科维奇在 20 世纪初提出，完美解释了地质沉积记录的万年尺度的冰期 - 间冰期气候旋回，与解释岩石圈演化的板块构造理论、解释生物圈演化的进化论并称为地球演化的三大基本理论。

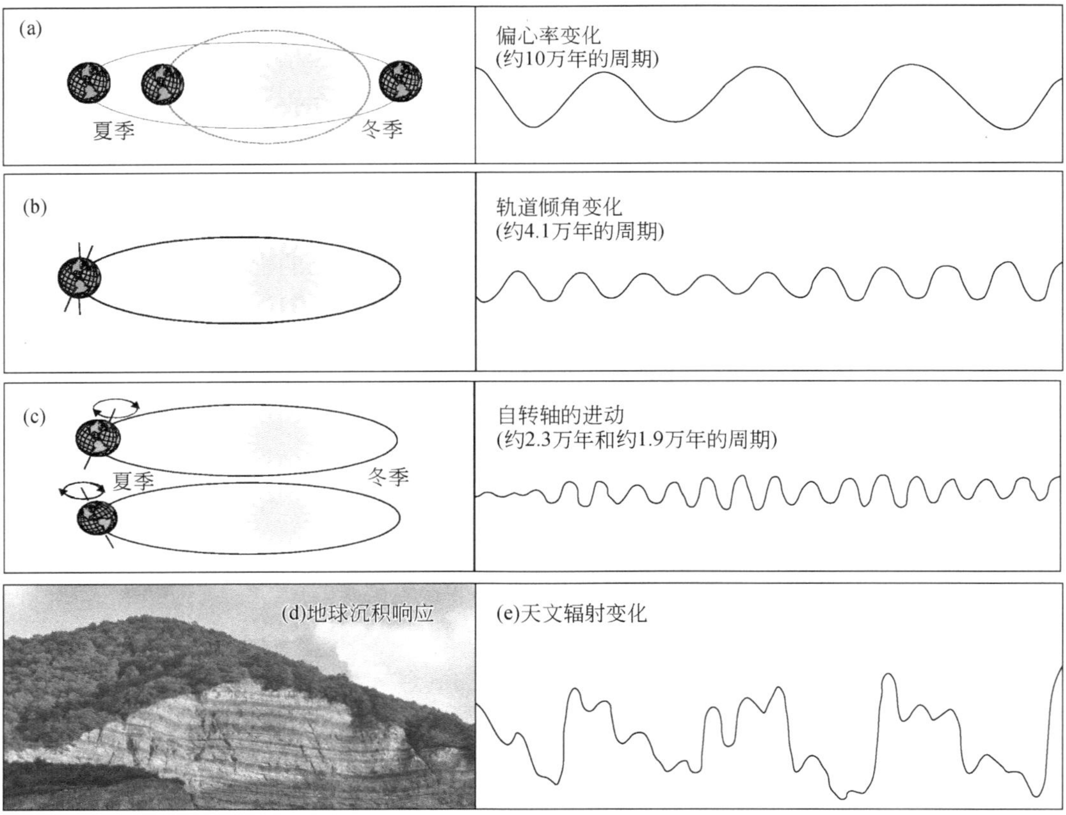

图 8-17　米兰科维奇理论

2）四季的划分

为了方便日常生产生活，人们对气候的周年变化进行了季节划分，不同地区不同部门划分四季的参考标准不同。

我国传统四季划分侧重于天文意义，以二十四节气中的立春、立夏、立秋和立冬作为四季起始点，而以春分、夏至、秋分和冬至作为中点。如夏季以立夏为起点，夏至居中，立秋为终止点。这段时间实际是太阳赤纬最靠北的时间段，白昼最长，太阳高度也最高。西方四季划分则更侧重于气候意义，通常以二分二至作为四季起始点，四立作为中间点。如夏季以夏至为起始点，立秋居于其中，秋分为终止点。因为太阳辐射反映在地表气温上，需要累积一段时间，这也到导致西方四季相对我国四季要推迟了一个半月（约三个节气）。此外，考虑到不同地区气候的巨大差异，气象部门通常采用平均气温来划分四季。平均气温大于或等于22℃的时期为夏季，小于或等于10℃的时期为冬季，10～22℃的为春季或秋季。按此标准划分四季，北京春季约55天，夏季约103天，秋季约50天，冬季约157天。基于气温的季节划分方法对于指导不同地区的实际农业生产有重要意义。

2. 五带

地球是一个球面，地理纬度是昼夜长短和太阳高度计算的重要参数，地理纬度的差异导致了昼夜长短与太阳高度纬度分异，进而导致了全球气候的纬度地带性。如果不考虑海陆差异和区域环流影响，地球可划分热带、温带与寒带。有直射阳光的南北回归线之间的地区为热带，有极昼极夜的极圈以内的地区为寒带，既没有直射阳光又没有极昼极夜的中间过渡地区为温带。热带集中分布在赤道地区，寒带和温带对称分布于南北半球，从而构成地球的“五带”。

第三节　行星的视运动

太阳系行星与太阳同处于黄道面上，从地球上观测行星与太阳的周日视运动形式基本类似。行星的周年视运动包括行星相对于太阳的视运动以及相对于恒星的视运动。行星的光来自太阳，明确行星相对于太阳的视运动对指导行星观测的时刻和方位有重要意义，而行星相对于恒星的视运动为黄道星区的划分提供了重要参考。

一、行星会合运动原理

（一）会合运动的概念

地球与地内行星、地外行星以不同的速度绕太阳公转，从地球上观测，行星相对于太阳的位置总是在变动之中，这种相对位置的变化称为“**会合运动**”。狭义的会合运动专指行星在天球上相对于太阳的视运动，广义的会合运动包含行星、月球等所有太阳系天体相对于太阳的运动。为了更好地描述行星相对于太阳的会合运动，天文学提出了**合日**、**冲日**与**会合周期**的概念。合日是行星与太阳同居地球一侧的时刻。冲日是行星和太阳分居地球两侧的时刻。会合周期是行星连续两次合日或冲日的时间间隔。

（二）会合周期的计算

天球上太阳的周年视运动主要源于地球的公转，行星的周年视运动则主要源于行星的公转。天球上行星与太阳的会合运动实际是地球与其他行星之间“赛跑”的结果。假如所有行星以相同的公转周期绕太阳运动，行星与太阳的相对位置并不会发生改变。然而，根据开普勒第三定律，行星轨道半径越大，公转周期越长，公转速度越慢。所以会合运动的周期就是“跑得慢”的外侧行星被“跑得快”的内侧行星套圈的时间。

从地球上观测地内行星，地内行星比地球运动速度快，地内行星的公转周期比地球短。假设地内行星和地球的公转周期分别为 $P_{地内}$和 $E_{地球}$，单位时间内，地内行星和地球可完成 1 圈的 $1/P_{地内}$和 $1/E_{地球}$，相当于地内行星可赶超地球（$1/P_{地内} - 1/E_{地球}$）圈，若要完成 1 圈的赶超，所需要的时间就是地内行星的会合周期，即

$$1/S_{会合} = 1/P_{地内} - 1/E_{地球}$$

从地球上观测地外行星，地球比地外行星运行速度快。地球的公转周期比地外行星短。假设地球和地外行星公转周期分别为 $E_{地球}$和 $P_{地外}$，同理可得地外行星的会合周期，即

$$1/S_{会合} = 1/E_{地球} - 1/P_{地外}$$

由此，我们可以计算出水星、金星、火星、木星与土星等主要行星的会合周期（表 8-2）。不难发现，靠近地球的金星和火星与地球公转周期相差小，会合周期长，分别为 584 天与 780 天。木星、土星公转周期比地球长很多，会合周期与地球公转周期接近，分别为 399 天与 378 天。水星的公转周期比地球短很多，会合周期更接近于水星的公转周期，为 116 天。

表 8-2　行星昼夜长度及会合周期　　（单位：天）

行星	自转周期	公转周期	昼夜长度	会合周期	逆行时间
水星	58.6	88	176	116	20
金星	243	225	117	584	45
地球	0.997	365	1	—	—
火星	1.02	687	1.03	780	72
木星	0.41	4333	0.42	399	121
土星	0.43	10760	0.43	378	138

（三）会合运动周期的意义

虽然行星位置预测是天文年历的重要内容，但不同于日月视运动，行星会合运动未纳入历法制定和时间计量中，所以行星每年的观测日期与时刻都不尽相同。明确行星会合周期，对于指导行星观测具有重要意义。西汉《五星占》提到“太白五出，为日八岁，而复与营室晨出东方”，意指八年能看到五次金星作为启明星出现在东方。这实际上反映了金星会合周期与回归年的关系，即 5 个金星会合周期相当于 8 个回归年。与此同时，会合运动原理提供了天体之间相对运动周期的计算方法。通过该方法，我们不仅可计算出行星的会合周期，还可计算出行星的昼夜周期、月相变化周期等。

二、行星会合运动形式

因地内行星和地外行星相对地球的位置和速度差异，其相对于太阳的会合运动的形式也不尽相同。

（一）地内行星

1. 会合位置

从地球上观测，地内行星相对于太阳有四个特殊会合位置：上合、下合、东大距和西大距（图 8-18）。**上合**指地内行星与太阳处于地球同侧，而且地内行星在地球观测太阳视线方向的后方。**下合**指地内行星与太阳处于地球同侧，但地内行星在地球观测太阳视线方向的前方。**东大距**指地内行星在天球投影位置居于太阳最东处。**西大距**指地内行星在天球投影位置居于太阳最西处。

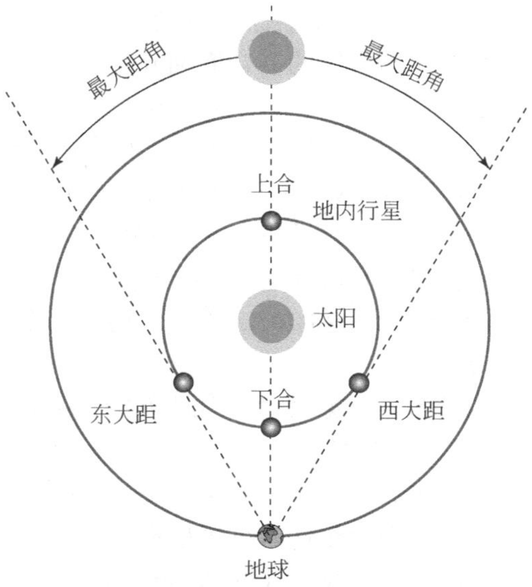

图 8-18　地内行星的会合位置

2. 会合顺序

因为地球与地内行星的会合运动主要取决于速度更快的地内行星，所以地内行星通过特殊会合位置的顺序与其公转方向相同，自西向东，依次为上合 > 东大距 > 下合 > 西大距。这就像两个人跑道上跑步，跑得慢的人会看到前面跑得快的人会依次超过自己 1/4 圈、2/4 圈、3/4 圈，直至 1 圈。

3. 起落时刻

地内行星的会合位置决定了其观测方位及时刻。地内行星上合与下合的时候，太阳和行星都在地球的同侧，它与太阳同升同落，我们看不到它。地内行星东大距时，它们通常继太阳而落，我们可在上半夜的西方看到它。地内行星西大距时，它们先太阳而升，我们可在下半夜的东方看到它。

日常生活中，我们通常把处于东大距，继太阳而落的地内行星称为“长庚星”，而把处于西大距，先太阳而升的地内行星称为“启明星”。因为行星轨道半径的变化，水星大距通常在 18° ～ 28° 变化，金星大距通常在 45° ～ 48° 变化，但水星距离太阳太近，不太容易观测，金星大距时我们可在清晨和黄昏半空中看到它（图 8-19）。

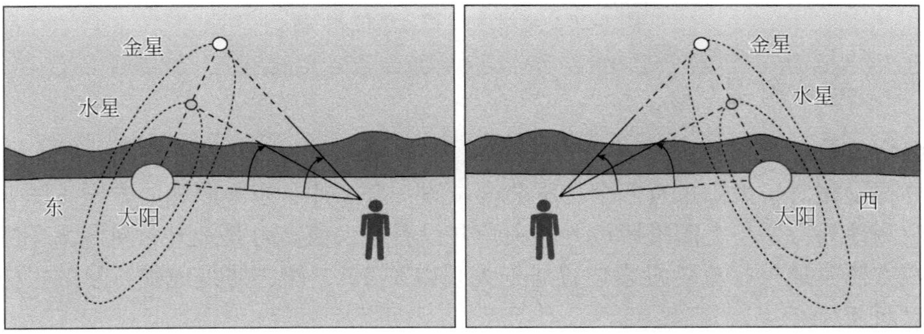

(a)清晨的启明星　(b)黄昏的长庚星

图 8-19　地内行星的观测

4. 主要天象

1）行星凌日

凌日是地内行星在下合遮挡太阳的现象。水星的轨道倾角是 7°，金星的轨道倾角是

3.4°，并不是所有的下合都会发生凌日，必须在地内行星接近于黄道面时才会发生。所以，虽然水星与金星的会合周期分别是116天与584天，但水星凌日和金星凌日的周期则要长得多。

水星凌日的周期为46年，每个周期内发生6次，6次水星凌日发生的时间间隔为3.5年、13年、7年、9.5年、3.5年和9.5年。21世纪将会发生14次水星凌日。然而，水星距离地球较远，视直径最大只有13″，需借助望远镜观测。

金星凌日的周期为243年，每个周期内发生4次，4次金星凌日发生的时间间隔为8年、121.5年、8年和105.5年。最近一次金星凌日发生在2012年6月6日，下一次金星凌日要等到2117年。金星离地球较近，视直径最大可达66″，可用肉眼直接观测，但要做好减光措施，以免太阳灼伤眼睛[图8-20（a）]。

2）金星位相

地内行星绕太阳旋转的过程中，太阳照射行星的方向和地球观测行星的方向会逐渐变化，从而导致地内行星呈现出类似月亮的位相变化。金星角直径比水星大，位相变化也更为明显，这使得金星大部分时间看起来像一个“小月亮”[图8-20（b）]。同时，因为金星相对于地球的距离变化较大，金星的角直径变化也较大，下合附近金星角直径可达66″，但上合附近的金星角直径则只有9.6′。

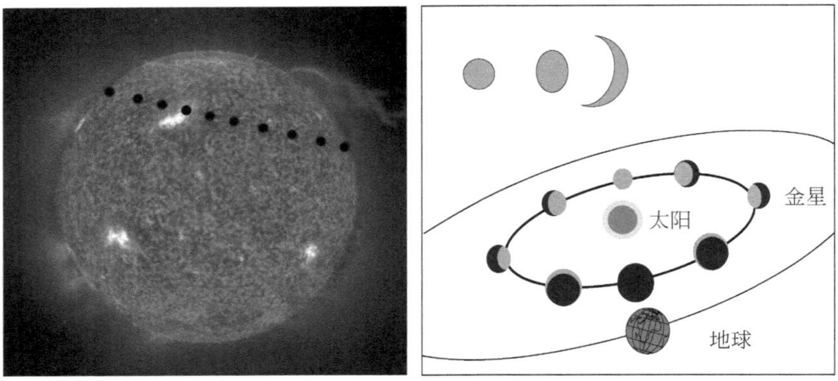

(a)金星凌日　　(b)金星位相变化

图8-20　金星凌日和金星位相变化

（二）地外行星

1. 会合位置

地外行星相对于太阳也有四个特殊会合位置：合、冲、东方照和西方照（图8-21），但地球观测地外行星与太阳投影位置的夹角并没有最大值。合是地外行星与太阳处于地球同侧，东方照是地外行星的投影位置居于太阳以东90°，西方照是地外行星的投影位置居于太阳以西90°。

2. 会合顺序

地球与地外行星的会合运动主要取决于速度更快的地球，所以地外行星通过特殊会合位置的顺序是自东向西，与地球的公转方向相反，依次为合 > 西方照 > 冲 > 东方照，这就像两个人跑道上跑步，跑得快的人会看到后面跑得慢的人，一直在往后退，依次落后自己1/4圈、2/4圈、3/4圈，直至1圈。

3. 起落时刻

同样，根据地外行星相对于太阳的会合位置，可估算它们的起落时刻。合，太阳和地外行星都在太阳的同侧，它们与太阳同升同落。东方照的时候，地外行星在太阳之东，继太阳而落。西方照的时候，地外行星在太阳之西，先太阳而升。对比地内行星与地外行星的视运动，地内行星有两个合，没有冲；地外行星有一个合与一个冲。地内行星与太阳的角距离存在一个最大值，地外行星则不存在。地内行星通过会合位置的顺序是自西向东，地外行星是自东向西。

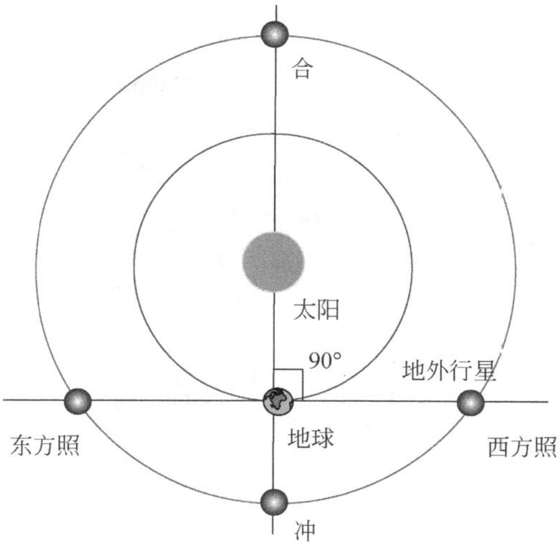

图 8-21　地外行星的会合位置

4. 主要天象

地外行星的常见天象是冲。地球轨道之外的行星、矮行星与小行星等都有冲。冲是观测地外行星的最好时刻，也是地外行星空间探测的最好时机。冲的周期就是地外行星的会合周期。以火星为例，火星的会合周期为 780 天，火星冲的周期也是 780 天。考虑到火星与地球距离的变化，冲发生在地球远日点和火星近日点附近时，火星视直径明显偏大，称火星大冲。相反，冲发生在地球近日点和火星远日点附近时，火星视直径明显偏小，称火星小冲（图 8-22）。火星大冲和小冲的周朞都为 15 ～ 17 年。

三、行星的周年视运动

1. 行星周年视运动成因

每晚同一时刻观测行星，会发现行星相对背景恒星的位置发生了变化（图 8-23），行星相对恒星的视运动是行星真正的周年视运动，行星相对太阳的视运动只决定行星的起落时刻。以木星为例，木星相对太阳的视运动周期（即木星会合周期）为 399 天，接近于地球的公转周期。木星相对恒星的视运动周期（即木星绕天球一周的时间）为 4333 天，接近木星约 12 年的公转周期。也就是说，虽然一年中木星相对于太阳的位置及起落时刻会频繁变化，但木星在天球投影位置的变化则相对缓慢，每年约 30°（图 8-24）。这也是中国古代以木星作为“岁星”，并把其经过的黄道星区划分为十二次的原因。

2. 行星周年视运动形式

对于地内行星而言，地内行星轨道在地球之内，试想地内行星轨道远小于地球时，地内行星无限接近太阳，从地球看地内行星投影运动方向与太阳视运动方向相同，即向东顺行，但当地球和地内行星运动到太阳同侧时，即下合日前后，地内行星向东运动速度比地球大，从地球观测地内行星的投影，呈现出向西的逆行 [图 8-25（a）]。

对于地外行星而言，地球在地外行星轨道之内，试想地球轨道远小于地外行星时，地球无限接近太阳，地球看到地外行星投影运动方向与行星空间运动方向相同，即向东顺行，但当地球和行星运动到太阳同侧时，即冲日前后，地球向东的速度比地外行星大，从地球观测略显滞后的地外行星，就会呈现出向西的逆行 [图 8-25（b）]。

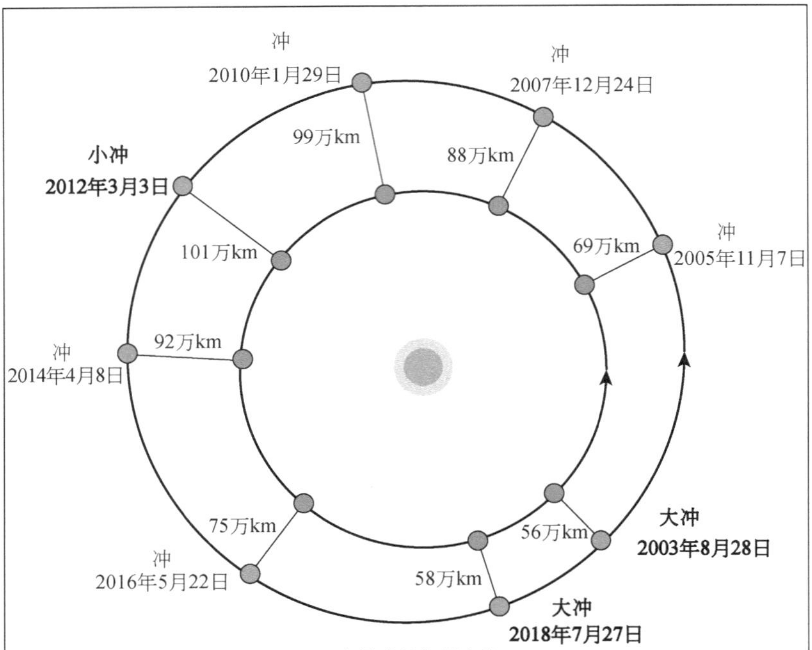

(a)火星冲日位置变化

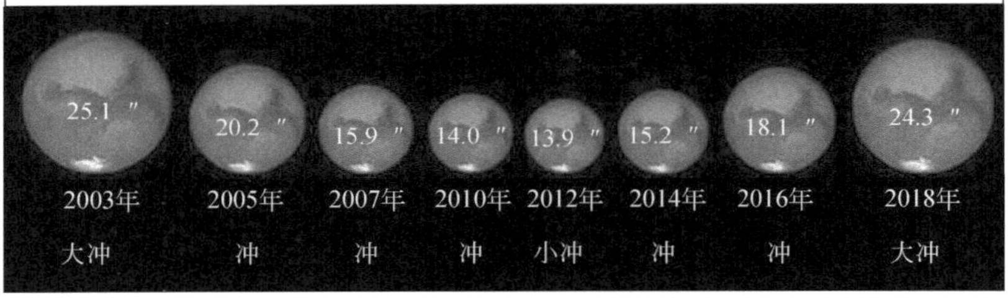

(b)火星冲日视直径变化

图 8-22　火星冲日

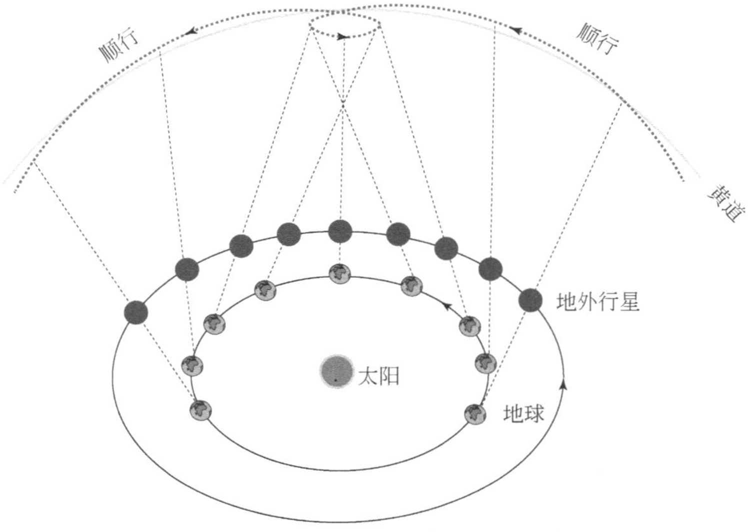

图 8-23　行星相对于恒星的视运动

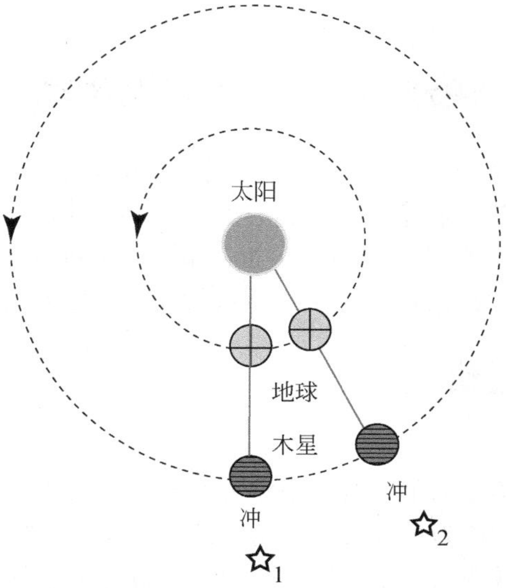

图 8-24　木星相对太阳与恒星的视运动

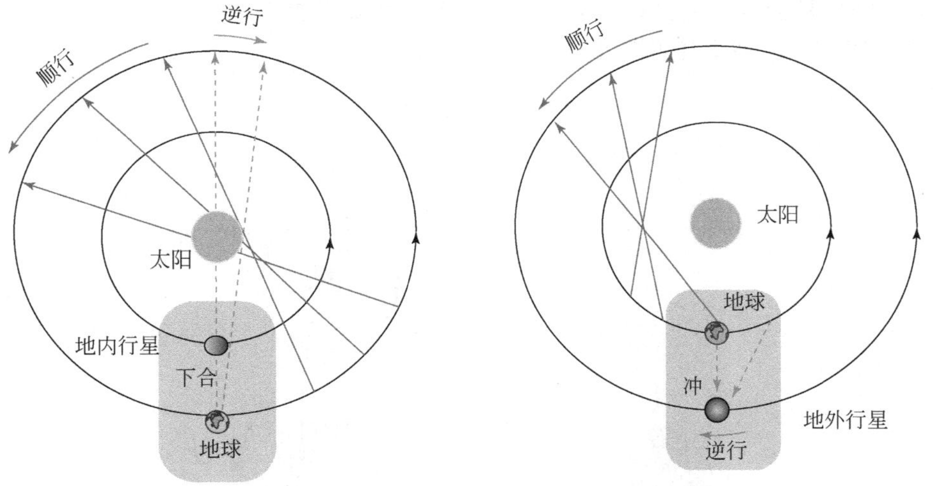

(a)地内行星的顺逆行　　(b)地外行星的顺逆行

图 8-25　行星逆行的条件

行星逆行都发生在行星的特殊会合位置附近，所以行星发生逆行的周期就是行星会合运动的周期，而不是行星周年视运动的周期，也就是说，行星投影位置绕天球做周年视运动过程中可能经历多次逆行，通常行星公转周期越短，逆行越频繁，逆行时间越短（表 8-2）。太阳系中，水星逆行最为频繁，每隔三四个月就会逆行一次，每次大约二十天。金星每一年半逆行一次，每次逆行一个半月左右。火星逆行大致每两年发生一次，每次持续两个多月。木星、土星、天王星、海王星、冥王星每年都要逆行一次，每次逆行四到六个月。

第四节　月球的视运动

月球同太阳系其他天体一样，除具有普遍周日视运动之外，月球绕地球的旋转也会导致其相对于太阳与恒星的周年视运动。月球相对太阳的周年视运动决定了月球的相位和起落时刻，是历法中确定月长和月首的重要依据，同时对于地表日月食和潮汐的预报具有指导意义，而月球相对恒星的视运动为中国星空区划中“二十八宿”的划分提供了重要参考。

一、日月的会合运动

1. 日月的会合周期

月球与行星的光都来源于太阳，月球相对于太阳的视运动与行星有共同之处，通常我们把月球相对于太阳的视运动称为日月会合运动。日月会合运动本质是地球绕日公转与月球绕地公转过程中，在地球上观测向东做周年视运动的太阳与向东做周年视运动的月亮之间相对位置的变化。太阳周年视运动速度为 59′/d，月球周年视运动角速度为 13°10′/d。月球相对于太阳的会合速度为两者的差 12°11′/d，月球以此速度赶超太阳的周期为 360° ÷ 12°11′ = 29.5306d，即日月会合周期。日月会合运动会导致明显的月相变化，所以日月会合周期也是月相变化周期，即朔望月（图 8-26）。

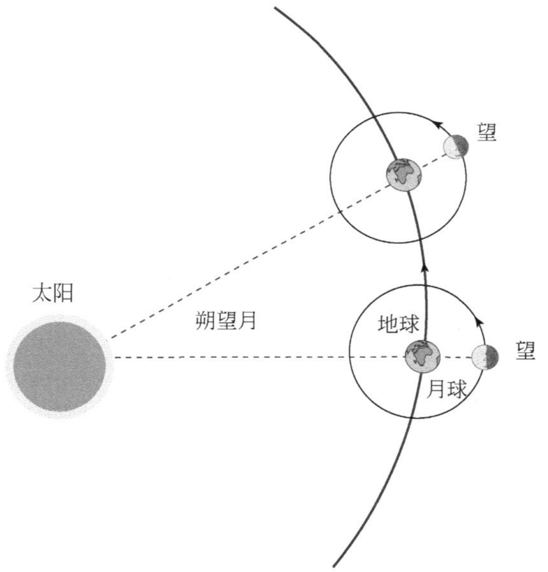

图 8-26　日月会合周期的计算

2. 月球的会合位置

月球相对太阳也有四个特殊会合位置。朔指天球上太阳和月亮位于地球同侧，即日月相合之日。上弦指天球上月球位于太阳之东 90°，望是太阳和月亮位于地球异侧，即日月相冲之日，下弦是月球位于太阳之西 90°。

3. 月球位相的变化

月球的光来源于太阳，月球的公转导致太阳照射月亮的方向与地球观测月亮的方向之间的夹角逐日变化，从而产生了月面的盈亏现象。我国农历月长的确定参考了朔望月的长度，所以农历每月日期与月相有较好的对应关系（图 8-27）。

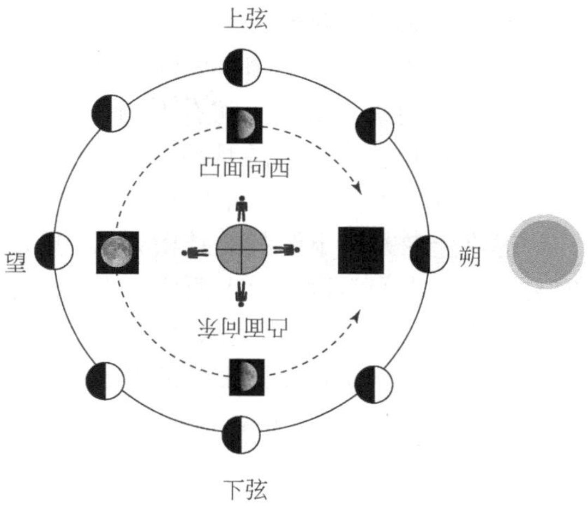

图 8-27 月球会合位置

虚线箭头指示月球凸面方向

（1）**新月**（new moon）：发生在农历初一的朔日。此时从地球上观测日月视线方向的夹角为 0°，看不见月亮。

（2）**上弦月**（first quarter moon）：发生在农历初八左右，此时月球向东赶超太阳 90°。月亮看起来像个半圆，月面凸向西边的太阳。

（3）**满月**（full moon）：发生在农历十五的望日附近。此时观测日月的视线方向夹角为 180°。月亮看起来像一个白玉盘，处于太阳的对面。

（4）**下弦月**（last quarter moon）：发生在农历二十三左右，此时月球来到太阳以西约 90° 的位置。月亮看起来又像个半圆，月面凸向东边的太阳。

不难发现，月球被照亮的面积与天球上日月的角距离有关。朔日附近日月角距离小，月球被照亮面积也小，望日附近日月角距离大，月球被照亮面积也大。农历上半月，从朔日到望日之间，月亮相对太阳角距离逐渐增长，月面渐盈，月面凸向西边的太阳。农历下半月，从望日到朔日之间，月亮相对太阳的角距离逐渐减小，月面渐亏，月面凸向东边的太阳（图 8-28）。

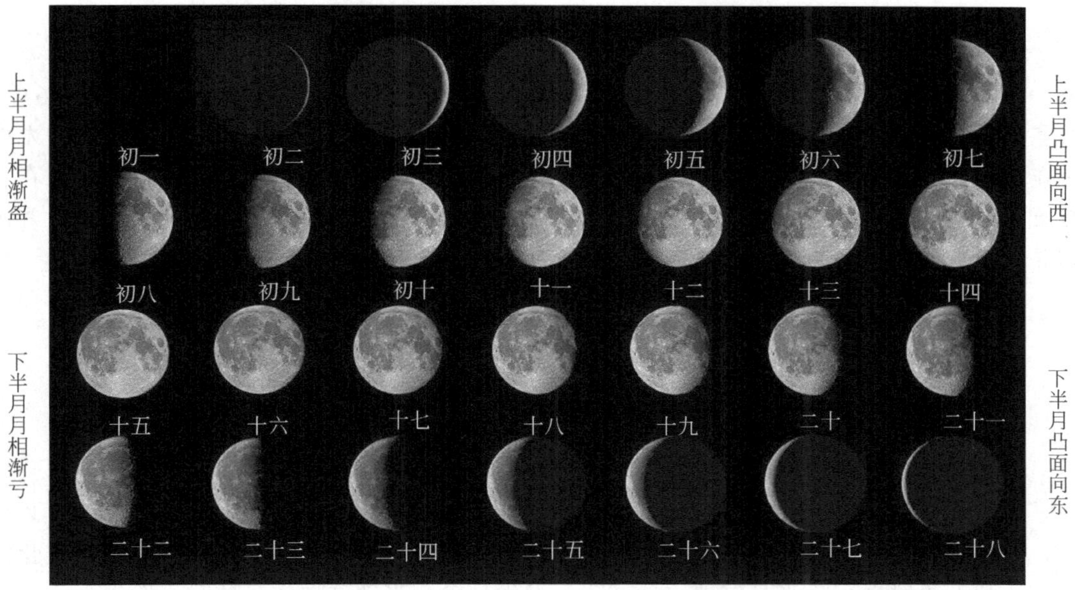

图 8-28 月相变化

4. 月球的观测时刻

与行星类似，月亮相对太阳的会合位置也决定了其起落时刻和观测方位。朔日的月亮与太阳同升同落，所以夜间看不到月亮。上弦月在太阳之东 90°，继太阳而落，可以在上半夜西边看到它。满月的月亮与太阳此起彼落，所以通宵见月。下弦月在太阳之西 90°，先太阳而升，可在下半夜东边看到它。

通常上弦月与下弦月的月相类似，只是日月相对位置不同，导致月亮凸面的指向不同，容易混淆。人们常以“上上西西，下下东东”的口诀，来区分两者形态、出没时刻与观测方位。“上上西西”表示上弦月多见于上半夜西边，月亮的凸面朝向西方落下的太阳；“下下东东”表示下弦月多见于下半夜东边，月亮的凸面朝向东方升起的太阳（图 8-29）。

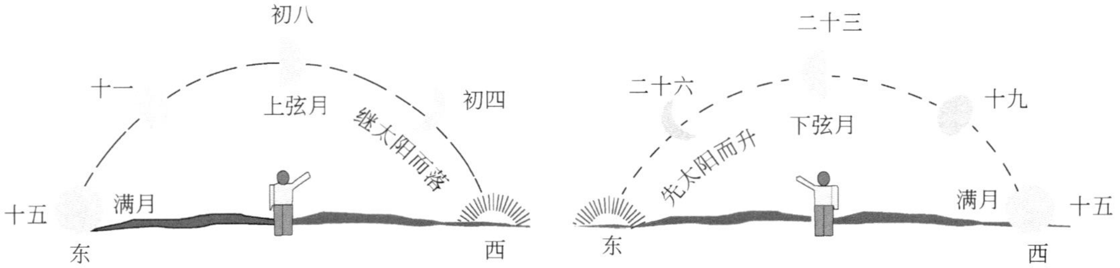

(a)农历上半月黄昏不同月相位置　　(b)农历下半月清晨不同月相位置

图 8-29　不同月相的起落

月球出没时刻变化的本质是月球相对于太阳的赤经变化，月球相对于太阳每天多向东运动 12°10′，这使得地球每天需要自转 50min 左右才能再见到月亮。也就是说，月球周日视运动的周期太阴日比太阳周日视运动的周期太阳日长 50min，所以月球出没时刻会逐日推迟 50min，一周推迟约 6h。

日月同辉

日月同辉是指太阳和月亮同时出现在地平之上的现象。因为太阳的目视星等为 –26 等，月亮的目视星等最低可为 –13 等。当太阳处于地平附近，且日月角距离较大时，太阳光未必能像掩盖星星一样完全掩盖月球，这时候就可能发生“日月同辉”现象，通常发生在农历上半月初四以后太阳快落下的下午，以及下半月二十七以前太阳刚升起的上午。日月同辉并非罕见天象，如果天气条件容许，农历每月至少 20 天都可以观测到。

二、日月食

（一）日月食的成因与种类

1. 日月食的成因

太阳是地球和月球的共同光源，太阳照射地月系时，地月的相互绕转可能会把彼此挡住。从观测角度而言，当月球挡住地球时，发生日食；当地球挡住月球时，发生月食。巨大的天体遮挡阳光时，天体背后通常会形成本影、半影、伪本影三类影区。本影区是顶端背向太阳的会聚圆锥，该区太阳光被全部遮盖。伪本影区是本影的延伸部分，是与本影同轴且反向的发光圆锥，该区太阳中心光辉被完全遮盖，只有太阳边缘的光可以抵达。半影区是本影和伪本影周围的空心发散圆锥，只有太阳边缘一侧的光可以抵达。

地月系中，地球直径约12750km，月球直径约3476km，前者约是后者的3.67倍，地球本影长度也是月球本影的4倍。地球本影长约1381900km，月球本影长约为373293km。月地平均距离与月球本影长度相当，但会在363104～405696km变动。所以地月相互绕转的过程中，在地球“庞大的身躯”阻挡下，整个月球只可能处于地球本影区和半影区，但在月球相对“短小”的背影中，地球上的特定区域可能处于月球本影区、伪本影区和半影区（图8-30）。地球和月球分别处于对方的何种影区决定了日月食的种类。

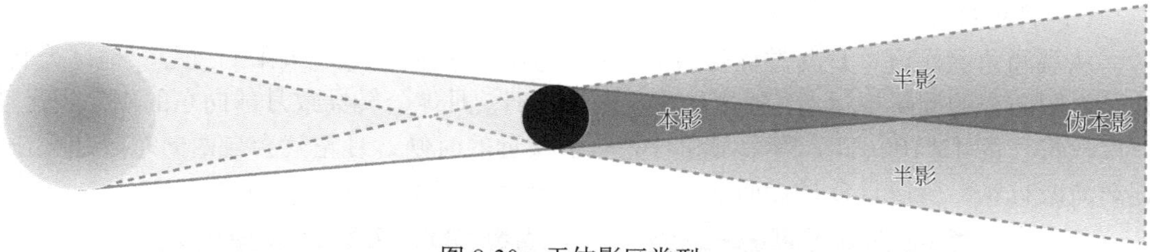

图8-30　天体影区类型

2. 日月食的种类

1）日食的种类

当地球处于月球本影区时，太阳被全部掩盖，发生**日全食**[图8-31（a）]。当地球处于月球伪本影区时，太阳中心被掩盖，发生**日环食**[图8-31（b）]。当地球处于月球半影区时，仅部分太阳被掩盖，发生**日偏食**。此外，当月球本影长度恰好与月地距离相当时，月球影锥扫过弯曲地球表面，可能出现日环食和日全食交替出现的现象，称为**混合日食**。20世纪发生的混合日食仅有7次。

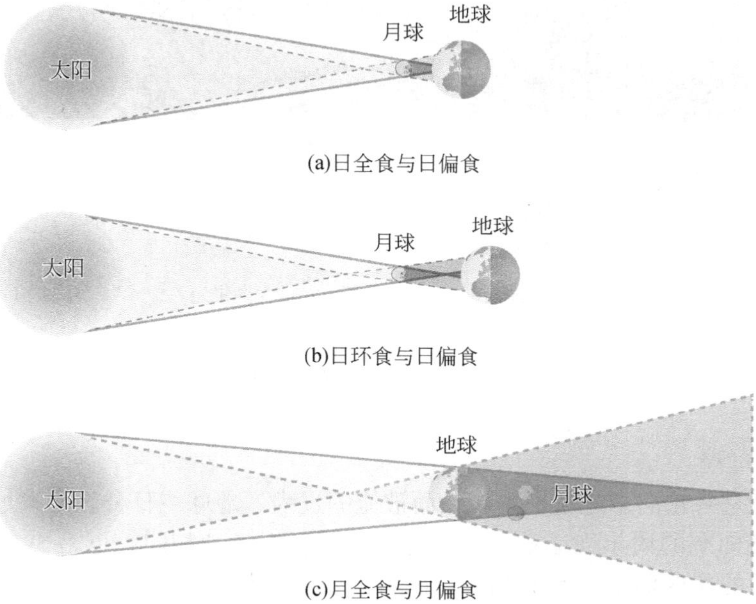

(a)日全食与日偏食

(b)日环食与日偏食

(c)月全食与月偏食

图8-31　日月食的种类

2）月食的种类

月球全部进入地球本影区，月球全部被掩盖，发生**月全食**。月球部分进入地球本影区，部分仍处地球半影中时，发生**月偏食**[图 8-31（c）]。月球全部处于地球半影区，此时月球亮度减弱，但无明显蚀变过程，发生**半影食**。因为地球半影区很大，月球可频繁进入，一般天文学上对半影食不作预报，半影食期间是用望远镜观测满月的最好时刻，可避免过强月光的干扰，能更好地分辨月球表面细节。

（二）日月食的过程与阶段

1. 日月食过程

1）日食过程

从观测角度而言，日食过程是做周年视运动的月亮向东赶超太阳的过程。地球公转导致了太阳向东的周年视运动，速度较慢，为 59′/ 日。月球公转导致月球向东的周年视运动，速度较快，为 13°10′/ 日。当太阳和月亮轨道接近的时候，月轮就会自西向东赶超太阳，逐渐掩蔽日轮，所以日食过程通常从日轮西缘开始，东缘结束（图 8-32）。

(a)日全食过程

(b)日全食阶段

图 8-32　日食过程及阶段

2）月食过程

月食过程是月轮向东赶超地本影轮而被掩的过程。地球绕日公转导致地球背后的地本影轮也做缓慢向东的周年视运动，速度与太阳周年视运动相同，也是 59′/ 日，而月球向东周年视运动的速度仍是 13°10′/ 日。当日月轨道接近时，月球就会向东赶超太阳对面的地本影轮。所以月食通常会从月轮的东缘开始，西缘结束。

日月食的发生与地球公转和月球公转导致的日月向东的周年视运动有关，与地球自转导致的向西的周日视运动无关。图 8-32 所示的日食过程中，白色日轮与黑色月轮的同步西落过程是日月周日视运动的结果，而西落过程中伴随的月轮逐渐向东赶超日轮的过程是日月周年视运动的结果。同样，图 8-33 所示的月食过程中，月轮与地本影轮同步东升过程是日月周日视运动的结果，而东升过程中伴随的月轮逐渐向东赶超地本影轮而被掩的过程是日月周年视运动的结果。

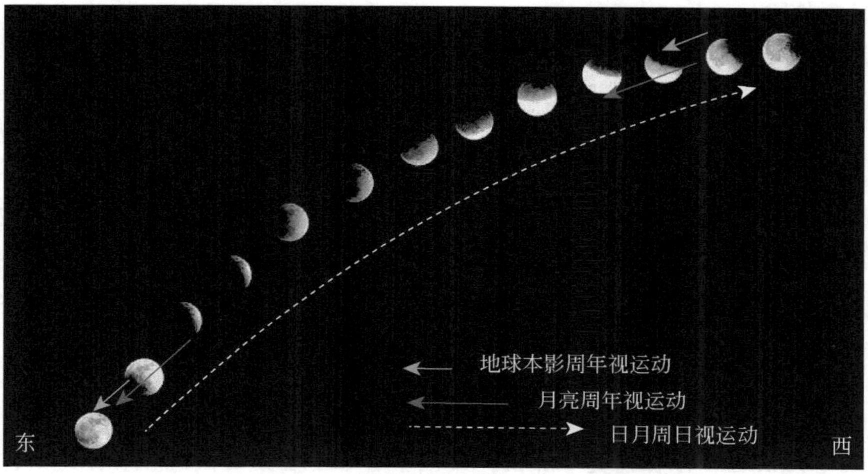

(a)月全食过程

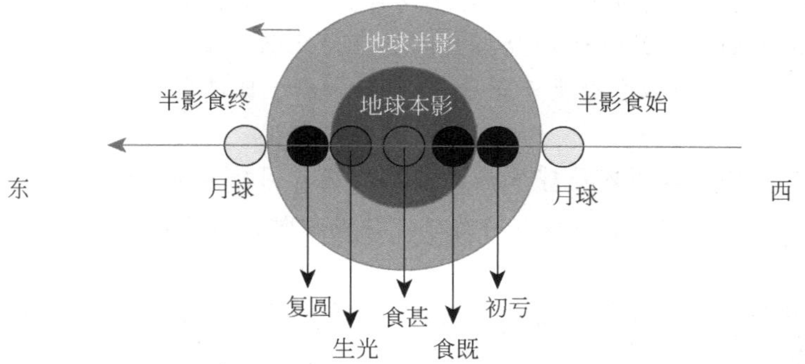

(b)月全食阶段

图 8-33 月食过程及阶段

2. 日月食阶段

为了更好地描述日月食过程，通常把日月食过程划分为几个阶段 [图 8-33（b）]。

1）日食阶段

以日全食为例，当月轮向东追赶日轮至外切时，日食开始，称为**初亏**。当月轮继续向东追赶至刚好遮挡日轮，即两轮内切时，称为**食既**。当月轮全部遮挡日轮，且日月轮中心最为接近时，称为**食甚**。当月轮继续向东追至另外一侧与日轮西侧内切，日轮马上就要吐露出来时，称为**生光**。月轮完全超过日轮再次外切时，称为**复圆**。

日环食与日偏食也有类似的阶段划分，但日环食中，日轮比月轮大，月轮不可能完全覆盖日轮，所以食既变成了环食始，生光变成了环食终。而日偏食中，月轮与日轮不可能相互包含，所以只有初亏、食甚、复圆三个阶段。

值得注意的是，日全食的食既与生光阶段之间，太阳光球层会被完全挡住，这时可以看到太阳周边玫瑰红色的色球层以及羽毛状的日冕。天气晴好时，太阳所在星区的恒星也会显现出来。此外，食既和生光时，虽然月球刚好将太阳遮住，但日光仍能通过月球表面起伏的缝隙中透射出来，形成串珠状的亮点，与色球层、日冕一起组成天空中的耀眼的“大钻戒”，可持续 2s。1836 年，英国的弗朗西斯 • 贝利正确地解释了这一现象，该现象也被称为“贝利珠”现象。

2）月食阶段

月食的阶段划分与日食类似，但值得注意的是，月球的初亏和生光是以月球进出地球本影为准，因为该时刻前后月亮才发现明显蚀变。进出半影区前后无明显蚀变，只有亮度变化，称为半影食始与半影食终。月全食的食既与生光之间，即月球完全进入地本影轮以后，月球会呈现出 “血月”的形态。这是因为地球挡住太阳直射光时，仍有一部分太阳光通过地球大气尘埃散射到月球表面。这种散射中，波长较长的红光会被更多地散射到月球，如同地球早晚的霞光，使月亮呈现出血色或古铜色。这种红光非常微弱，月轮尚未进入本影时凸现不出来，进入本影后，肉眼观测也不明显。通过照相机等拍摄出来的月食照片中，因为曝光时间延长及成像原件对红外波段的敏感性，会呈现鲜亮的古铜色。

日月食食分

为了定量化描述日月食种类与阶段，天文学引入了食分的概念。食分是太阳或月亮被遮蔽的程度，通常表示为被掩盖部分与太阳或月亮直径的比值。食分越大，被遮掩程度越大。

日食食分是日面直径的被遮部分与太阳直径的比值。日全食时，月亮可以刚好遮住太阳，甚至还稍有余量，所以食分大于等于 1.0。日偏食、日环食时，月亮不能完全遮住太阳，食分一直小于 1.0。

月食食分是月轮边缘深入地球本影的最远距离与月球视直径之比。月全食时，月轮边缘完全进入地球本影，所以食分大于等于 1。月偏食时，月轮边缘不能完全进入地球本影，所以食分小于 1。

不管是何种食类，食甚都是指食分最大的时刻。食分提供了跟踪不同类型日月食的时空分布与演化的定量手段，广泛应用在日月食的预报中。

（三）日月食的分布与持续

日月食发生过程中，因为地月体积及其相应影区的大小悬殊，地球上观测日月食的区域与持续时间明显不同。

1. 日食的时空分布

1）空间分布

日食在地球上的分布取决于月影在地球表面扫过的区域。日食时，月影并不能覆盖整个地球，只能在地球表面投下直径 260 ～ 380km 的本影区或伪本影区，而在此之外是直径约 4800km 的半影区，半影区越向外食分越低。随着日月与地球的相对运动，这些影区会在地球的昼半球形成狭长的食带。

2009 年 7 月 22 日发生了横跨北半球中纬度地区的日全食，我国拉萨、成都、重庆、武汉、南京等城市都依次观测到了这次日全食，华南与华北地区则观测到了食分不同的日偏食。

从已发生的全食与环食分布来看，大部分全食或环食食带分布在地球中低纬度地区，食带狭窄，少部分食带分布在高纬度地区，食带宽大。混合食的食带因为月地距离刚好在月球本影长度附近，食带更为狭窄。整体而言，因为月球本影的平均长度（373293km）小于月地平均距离（384400km），所以地球处于月球伪本影区相对处于本影区的可能性更大，发生日环食的次数也略多于日全食。

2）持续时间

日食的持续时间取决月影在地球表面的移动速度与路径。月影的移动速度与月球公转、地球公转及地球自转有关。通过日、月、地三者之间的相对距离及运动速度可以推算出：因月球向东的公转可导致地表月影向东移动，移动速度约1.13km/s；因地球向东公转可导致地表月影向西移动，移动速度约0.08km/s；因地球向东自转导致地表月影也会向西移动，移动速度约0.47km/s（图8-34）。所以地表月影仍以向东为主，速度为0.58km/s，大约为2088km/h。

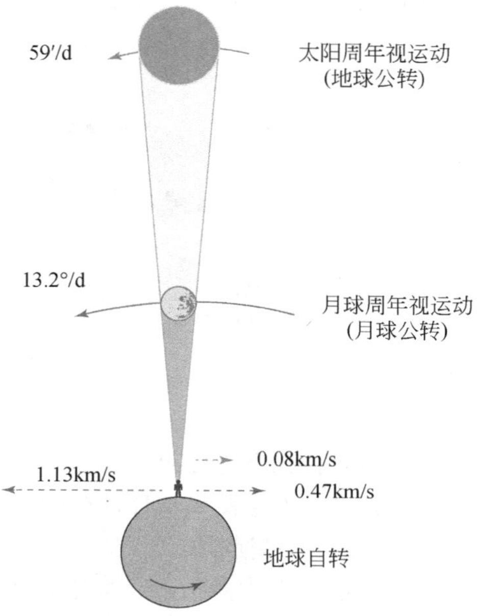

图8-34 地表月影的移动

就全球而言，地表月影按此速度扫过地球直径12756km的时间，最多可达6 h。就区域而言，地表直径约200km的月球本影掠过，最多只需7min31s，而地表直径约300km的月球伪本影掠过，最多只需12min29s。日食期间是研究色球层与日冕的最好时刻。日食来临时，科学家总是希望把日食持续时间延长一些，1973年6月30日，法国科学家乘坐协和式飞机沿日食带向东飞行，把日食持续时间延长至74min。

2. 月食的时空分布

1）空间分布

当月球进入庞大的地球影区时，地球整个夜半球可同时观测月食，而且月食发生过程中，地球还在自转，实际观食区域可超过半个地球。

2）持续时间

地球在月球轨道处的本影直径相当于月球直径3476km的2.5倍；而月球的公转速度为3200～3700km/h，以月全食的食既到生光之间的时间计算，月食最多可持续107min；而且月食开始和结束时间基本同步，无区域差异。

日月食这种时空分布差异也体现在日月食的预报中。发生日食时，日食带上不同位置的地区，观食的地方时刻向东递增。这种递增一方面是因为地方时向东的自然递增，另一方面是因为月影向东移动过程中的时间流逝。中国因为统一使用北京时，所以国内不同地区观测日食的时刻差反映的是月影到达的时间间隔。但发生月食时，全球夜半球的观月时刻（世界时）相同，中国境内因全部使用北京时，每个地区观看月食的时刻相同，没有地域差异。

（四）日月食的条件与周期

1. 日月食的发生条件

日食通常发生在太阳和月亮处于地球同侧，即日月相合的朔日。月食通常发生在太阳与月亮处于在地球异侧，即日月相冲的望日。然而，并不是所有的朔望日都能发生日月食。太阳及地本影轮在黄道上运动，月亮在白道上运动，它们之间有 5°9′ 的夹角。月亮与太阳或地本影轮的相互遮挡只有两者都在黄白交点附近才可能发生。通常日月相合于黄白交点附近时发生日食，日月相冲于黄白交点附近发生月食（图 8-35）。

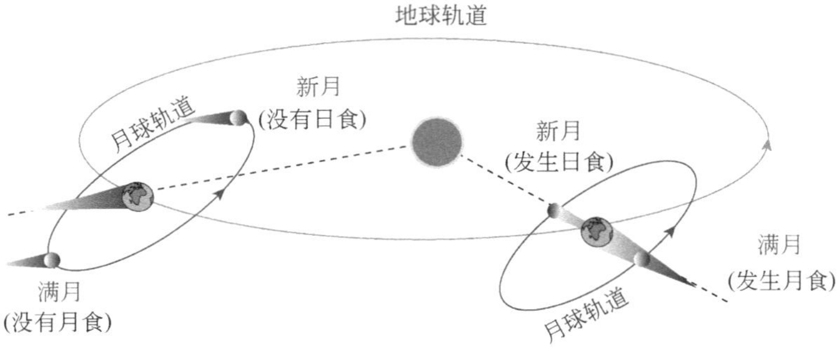

图 8-35　日月食发生的条件

2. 日月食的发生概率

日月食的发生概率与日月在黄道、白道的运动周期及其在交点附近的停留时间有关。

1）食年与交点月

以黄白交点为参考点，太阳在黄道上的周年视运动周期为食年，为 346.26 日。月亮在白道上的周年视运动周期为交点月，为 27.21 日。每个食年内，太阳通过黄白交点 2 次，月亮通过黄白交点 23 或 24 次。所以，日月食的发生主要取决于太阳是否在黄白交点附近。

2）食季与食限

太阳在某一黄白交点附近的时间段称为食季，每个食年内有两个食季，相隔约半年，代表了日月食可能发生的时间段。为了度量食季的持续时间，需要引入食限的概念，食限包括日食限和月食限。日食限是日轮与月轮相切时黄白交点到日轮中心的黄经差 [图 8-36（a）]。月食限是地本影轮与月轮相切时黄白交点到日轮中心（或地本影轮）的黄经差 [图 8-36（b）]。如果不计半影食的话，日食限最大值可达 17.9°，月食限的最大值约 11.9°。

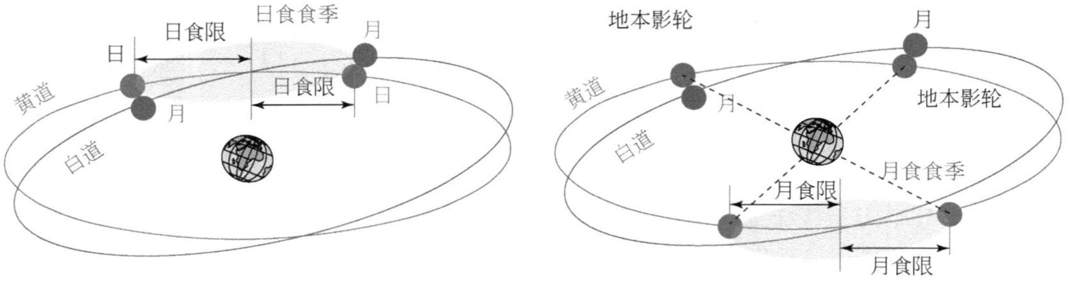

(a)日食食限与食季　　(b)月食食限与食季

图 8-36　食限与食季

然而，食限还与黄白夹角、月地距离、日地距离有关。黄白交角越大，日月食限越小。月地距离越大，月轮越小，日月食限越小。日地距离越大，日轮越小，日食限越小。但日地距离越大，地本影轮越大，月食限越大。

3）日月食概率

（1）食季中的日月食概率。

根据日月食的最大食限及太阳的周年视运动速度 59′ / 日，我们就可以算出太阳在黄白交点附近的时间，也就是食季的长度。日食食季达 36.4 日，月食食季只有 24.2 日，前者大于交点月，后者小于交点月。这意味着，每个食季，最多有 2 次日食和 1 次月食。

（2）历年中的日月食概率。

日常生活中的历年，以平年 365 天计算，比食年多 19 天左右。所以一年最多可跨 3 个食季，这 3 个食季的分布可能有两种情况。第一种情况是一年中可能包含 2 个完整的食季和 1 个不完整的食季。每个完整食季可能有 2 次日食和 1 次月食，两个完整食季是 4 次日食和 2 次月食，一个不完整的食季有 1 次日食和 1 次月食，共 8 次日月食。另外一种情况是一年中可能包含 1 个完整食季和 2 个不完整的食季。唯一的完整食季最多有 2 次日食和 1 次月食，两个不完整食季各有 1 次日食和 1 次月食，总共可能有 7 次日月食。这种概率是按照日月食最大概率计算的，实际每年发生的日月食为 2 ～ 7 次。

（3）全球及区域日月食概率。

就全球而言，因为日食限大于月食限，发生日食的次数比月食多。但就区域而言，日食只发生在地球表面相对狭窄的食带上，月食则发生在整个夜半球，所以特定地区人们看到的月食次数多于日食。

3. 日月食的周期

从日月食的发生条件及其影响因素来看，影响日月食发生及变化的有四个基本周期：朔望月（29.5306 日）、食年（346.2 日）、交点月（27.21 日）、近点月（27.55 日）。其中朔望月、食年和交点月是决定日月食发生的基本周期，近点月则是对食限大小有重要影响的基本周期。

沙罗周期是日月食发生的综合周期，长约 6585.32 日，即 18 年又 11.3 日，实际是四个基本周期的最小公倍数，沙罗周期相当于 223 个朔望月、242 个交点月、239 个近点月和 19 个食年。古巴比伦人是最早洞察沙罗周期的民族，但沙罗周期的命名源于英国的哈雷，原意是“重复”。每个沙罗周期内，大体有相同次数和种类的日月食。例如，1980 年 2 月 16 日，中国西南发生了一次日食，那么 6585 天之前的 1962 年 2 月 5 日以及 6585 天之后的 1998 年 2 月 27 日在地球某地也会发生一次类似的日食，只是时刻上有所变化。

中国古代日月食预报

日月食预报是我国古代历法的核心内容之一，日月食的预测精度直接反映了日月周年视运动的跟踪精度，是评价历法优劣的重要依据。早在我国汉代《太初历》中，就有日月食周期“三统历周期”的推算，到了唐代的《麟德历》中，对日月食预报已经达到相当的精度。然而，中国古人认为日食是上天对天子的训诫，开明盛世若有日食发生，天子会觉得不快。刘餗的《隋唐嘉话》中提到，唐代太史令李淳风修改历法后，预测贞观八年（公元634年）五月辛未日将有一次日全食。唐太宗对于这位年仅32岁的太史令尚存怀疑，问道：“日或不蚀，卿将何以自处？”李淳风从容应答：“如不蚀，臣请死之。”后来果真“如言而蚀，不差毫发”。李淳风自此声名大振，获得了唐太宗的信任，《麟德历》也一直使用至唐开元年间。

然而，传统历法只能确定日月食的发生时刻，对日月食发生范围的预测尚不准确。唐开元十三年（公元725年）十二月庚戌日，唐玄宗从泰山封禅回京路上，按历法应该发生日食。玄宗皇帝为敬畏上天，不吃饭、不打伞、不着华服，日食也没发生。历官张遂把这种异常归功于天子的圣明，宰相张九龄更是献上《贺太阳不亏状》的奏章，大加颂扬。根据计算，当日其实发生了日食，但发生在中国西北部及中亚地区的黄昏时分，此时中国东部地区已日落西山。

三、潮汐

（一）潮汐现象

东汉的王充在《论衡》中提到“涛之起也，随月盛衰”，揭示了潮汐与月球运动的关系。2009年，中国长江流域发生了世纪大全食，沿海地区出现了“抬头看食，低头看潮”的奇观，体现了月地关系的两个重要侧面。

1. 潮汐定义

习惯上把海水垂直方向的周期性涨落称为潮汐。狭义的潮汐专指海洋潮汐，广义的潮汐则涵盖岩石圈、水圈与大气圈。潮汐的周期性涨落，不同于海啸造成的海水骤然涨落，但在特定地区特定季节，也能掀起惊涛骇浪。

2. 潮汐形式

沿海地区的人们就像关注天气一样关注潮汐，但潮汐不像天气那样变化多端，而是有规可循，从不“爽约”。通常每天会有两次**高潮**与两次**低潮**。古人为了区分两次生潮时刻，通常把发生在上午的高潮称为“潮”，发生在下午的高潮称为“汐”。每天高潮与低潮的潮差不一样，潮差特别大时称为**大潮**，潮差特别小时称为**小潮**。每个月有两次大潮和小潮（图8-37）。

（二）潮汐成因

1. 引潮力定义

地球与周边天体相互绕转过程中，两者间的万有引力与两者绕共同质心的惯性离心力平衡。然而，地球并非单一质点，离天体近的地表受到的实际引力大于惯性离心力，而离天体远的地表受到的实际引力小于惯性离心力，两者的差就是引潮力。因为地球所受的惯性离心力等于地心受到的平均引力，所以地球受到的引潮力可以转换为地表受到天体的**实际引力与平均引力**的差。

按照此定义，地球表面距离天体的最近端与最远端，也就是正垂点与反垂点，潮水受到的引潮力最大，方向背向地心（图8-38）。以正反垂点为中心，引潮力向四周逐渐减小，方向逐渐从背向地心转为指向地心，就像我们用力拉气球的两端。这种引潮力分布形式使

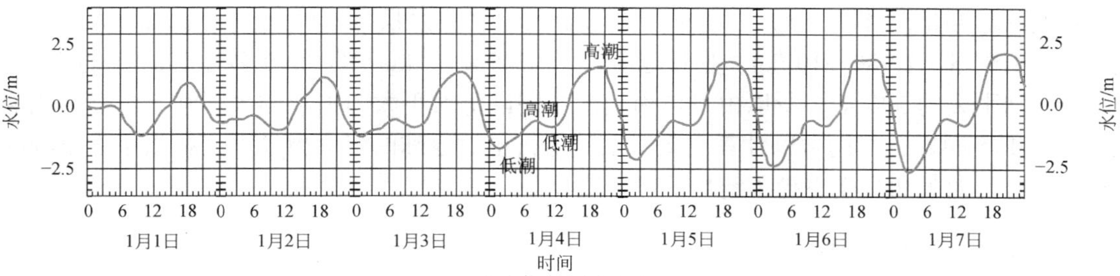

(a)沿海某地周水位变化

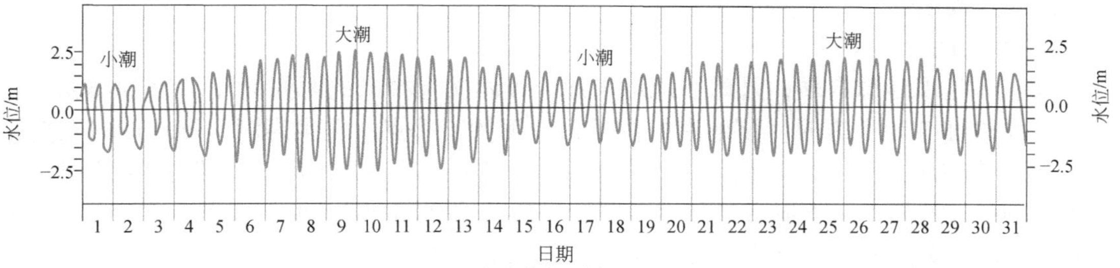

(b)沿海某地月水位变化

图 8-37 潮汐变化

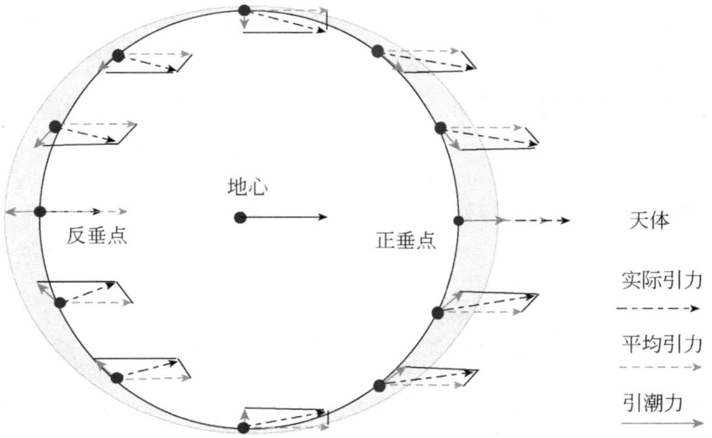

图 8-38 引潮力分布（修改自金祖孟和陈自悟，1997）

地球表面在正反垂点方向形成了两个潮汐隆起，地球从一个椭球体变成一个长球体。

2. 引潮力的计算

按照引潮力的定义，地球受到引潮力与地球周边天体的距离（d）、地球半径（r）、地外天体质量（m）有关（图 8-39）。

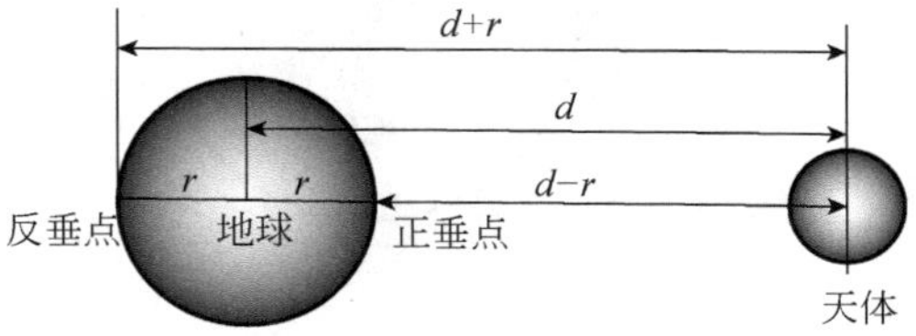

图 8-39 引潮力计算

地球表面正垂点上单位质量受到的实际地外天体引力为 $Gm/(d-r)^2$，其中，G 为万有引力常数；平均引力为 Gm/d^2。若假定 d 远大于 r，正垂点引潮力的公式可以简化为

$$F = 2Gmr/d^3$$

反垂点受到的引潮力与正垂点大小相等，

方向相反。当地球半径（r）一定时，地球受到的引潮力只与地外天体质量和距离有关。虽然太阳质量（1.989×10^{30}kg）是月球质量（7.349×10^{22}kg）的 2000 多万倍，但太阳距离只是月球距离的 390 倍，所以由月球引起的太阴潮仍大于太阳引起的太阳潮，引潮力比值为 2.2 : 1。同理，我们可以计算出太阳系其他行星对地球的引潮力最大仅相当于太阳潮的万分之一，太阳和月亮主导了地球的潮汐变化。

（三）潮汐规律

1. 潮汐周期性

1）半太阴日周期

太阴日是因地球自转，月球在地球某地连续两次上中天的时间间隔，为 24h50min。当月球在地球某地上方时，该地刚好位于月球下的正垂点，发生高潮。随地球向东自转 1/4 周后，转为低潮。继续自转至 1/2 周时，再次进入反垂点高潮区。自转至 3/4 周时，又进入低潮区，这样一个太阴日里特定地区会经历两次高潮和两次低潮 [图 8-40（a）]。半太阴日也成为潮汐的第一个基本周期，高潮发生的时刻也会逐日推迟 50min。

2）半朔望月周期

地月系在绕日公转过程中，月球与太阳的相对位置变化可导致太阴潮与太阳潮的周期性叠加或抵消。朔日与望日时，虽然太阳和月亮处于地球的同侧和异侧，但太阴潮和太阳潮都是叠加的，发生大潮，也称为**朔望潮**。上弦或下弦时，太阳潮与太阴潮的方向垂直，部分抵消，发生小潮，也称为**方照潮**。这样一个朔望月就会经历两次大潮与两次小潮 [图

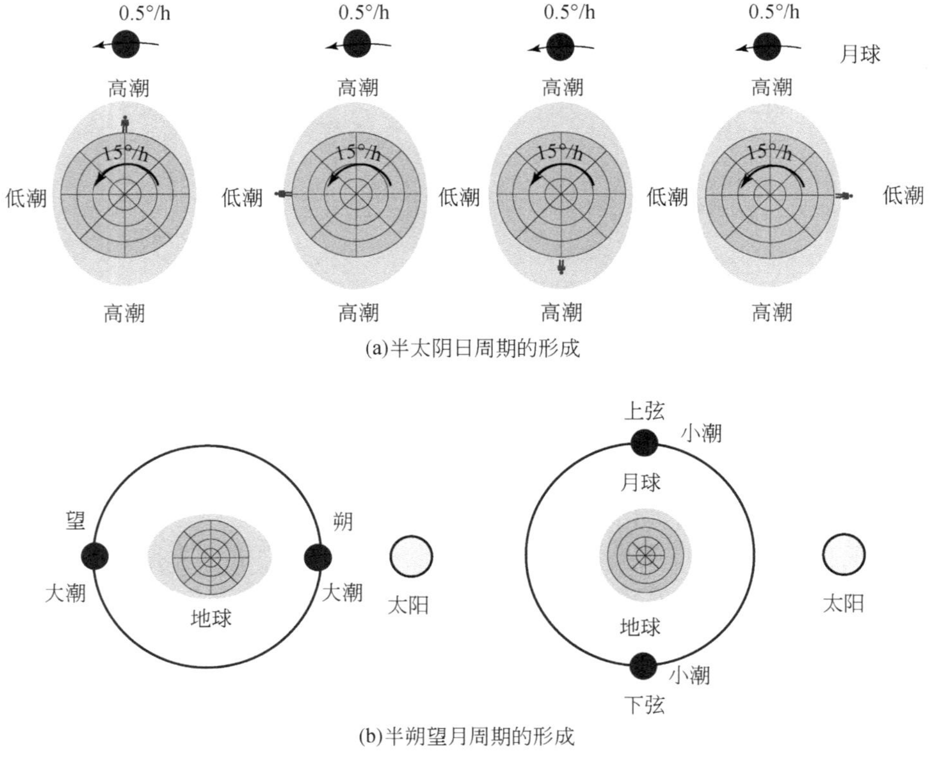

图 8-40　潮汐周期的形成

8-40（b）]。半朔望月也成为潮汐的第二个基本周期。

2. 潮汐复杂性

潮汐本质上是天体对地球表面水体的差异性吸引产生的流动现象，天文地理因素的变化使地球不同区域不同季节的潮汐呈现出复杂性。

1）天文因素

（1）月球赤纬。

天文因素中影响较大的是月球赤纬。因为黄赤夹角为 23°26′，黄白夹角为 5°9′，月球赤纬会在 ±28°35′ 内变化。月球赤纬等于 0，即月球位于地球赤道面时，正垂点与反垂点两侧的高潮以地轴为界呈对称分布，称为**赤道潮**。通常把正垂点一侧的高潮称为**顺潮**，反垂点一侧的高潮称为**对潮**。如果月球赤纬偏离赤道，月球“直射”半球的顺潮大于对潮，非“直射”半球的顺潮小于对潮，称为**日潮不等**。月球赤纬达到最高的 28°35′时，顺潮与对潮差异最大，日潮不等发展到极端状况，称为**回归潮**。

地球高纬地区的日潮不等现象可能导致潮汐**两次高潮与两次低潮**中的次高潮与次低潮的潮差不明显，“高潮不高，低潮不低”，从而使潮汐变化的周期从半太阴日变成了全太阴日，也称为**全日潮**。通常发生在地理纬度在月球赤纬余角以上的地区。例如，月球赤纬为 10°，那么地理纬度 80° 以上的地区就可能发生全日潮。地球赤道地区则一直呈现相对规整的**半日潮**，其他地区呈现出混合潮（图 8-41）。

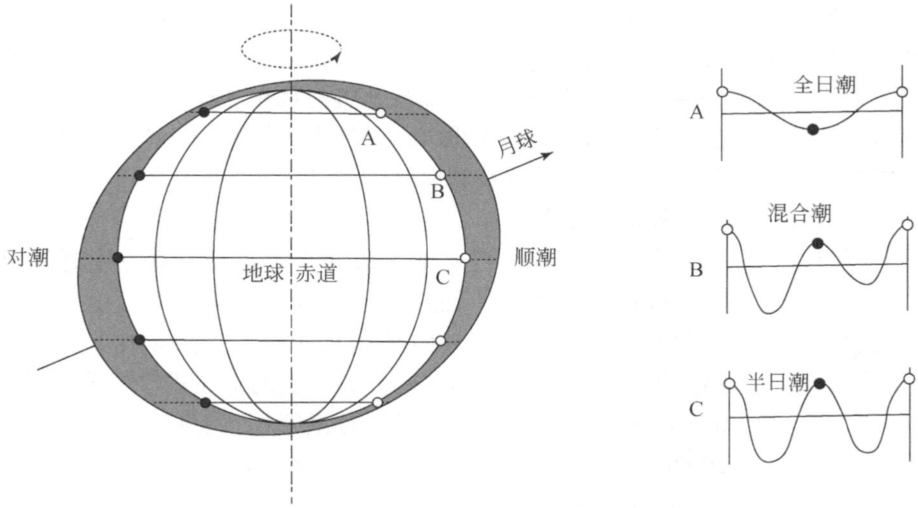

图 8-41　月球赤纬对潮汐周期的影响

月球赤纬导致的地球潮汐的变化形式类似于太阳赤纬变化对于地球昼长的影响。出现全日潮的区域相当于高纬度极昼极夜区，出现半日潮的区域相当于赤道的昼夜平分区域，出现混合潮的区域相当于两者之间的昼夜不等区。

（2）太阳赤纬。

太阳赤纬变化会影响太阳潮的分布及其与太阴潮的关系。太阳赤纬为零时，太阳潮和太阴潮形成的潮汐隆起最为接近，导致春秋分前后的朔望潮差增大，每年秋分前后的钱塘江大潮就是典型例子。

（3）天体距离。

月球偏心率为 0.0549，导致月地距离在 57 ～ 64 个地球半径范围内变化。引潮力对距离变化敏感，这使得**近地潮**比**远地潮**要强 39.1%。

2）地理因素

（1）海区形状。

潮汐通常从外海向内海推进，海区形状成为影响沿海潮汐发展的重要因素。我国东部的杭州湾地区（最大潮差达 8.93m）和韩国仁川港地区（最大潮差达 10m）是亚洲潮差较大的地区，两地区的共同特征都是外海向内陆逐步变窄。杭州湾入海口的江面宽度将近 100km，向上回溯 600km 至钱塘江段时骤降至 3km，这才成就了壮观的钱塘潮，使其成为与亚马孙潮、恒河潮并称的世界三大强涌潮。

（2）海底摩擦。

潮汐从外海向内陆传递的过程中，会与海底和河床产生摩擦，延缓内陆潮汐的实际发生时刻。以钱塘江大潮为例，外海潮汐传入杭州湾，再传到钱塘江，直到浙江海宁盐官的观潮地区，通常间隔 1 ～ 3 天，称为高潮间隔。所以人们常说“八月十八潮，壮观天下无”。

（四）潮汐作用

1. 潮汐瓦解

潮汐力可理解为天体表面正反垂点两侧受到差异吸引而产生的背离地心的瓦解力，该力量超过天体自身内聚力时，天体就会瓦解。潮汐瓦解力是相互作用力。洛希极限是指外围天体靠近中心天体时发生潮汐瓦解的最大距离，与外围天体和中心天体的密度有关。洛希极限很好地解释了土星环等行星环系颗粒的形成过程以及彗星的瓦解过程。

2. 潮汐摩擦

当月球潮汐力使得地球表面正垂点和反垂点附近的海水隆起时，快速自转的固体地球会被外部缓慢运动的潮汐所包裹，产生“刹车效应”，从而导致地球自转减速（图 8-42）。从地球古生物的生长纹层来看，地球的自转速度的确在逐年变慢，每万年减少 0.16s，这导致地球自转周期也逐渐变长。前寒武纪地球自转周期是 20.8h，泥盆纪是 21.4h，二叠纪是 22.5h，而现在则接近 24h。

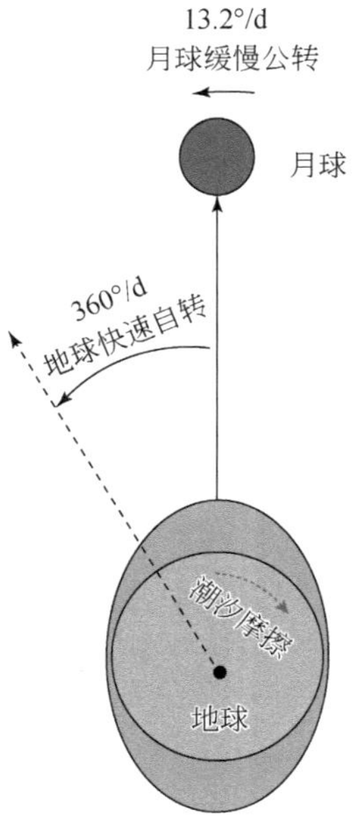

图 8-42　潮汐摩擦

3. 潮汐锁定

当外围小天体因潮汐力产生潮汐隆起以后，中心天体对潮汐隆起产生的力矩差会驱使外围小天体扭转，使小天体尽量向中心天体的正垂点方向偏移，直至外围天体自转周期接近公转周期，这就是潮汐锁定。最典型的潮汐锁定是地球对月亮的锁定，但潮汐锁定实际是太阳系的普遍现象。例如，水星、金星就被太阳锁定；木星、土星、天王星、海王星、冥王星对其较近卫星也存在潮汐锁定现象。

4. 潮汐能源

潮汐导致了特定地区海平面的周期性变化，可发展清洁能源，建设潮汐电站。世界沿海地区潮差最大可达 13 ～ 15m，平均潮差在 3m 以上就有开发价值。世界潮汐能的理论蕴藏量约为 30 亿 kW。我国海岸线曲折，全长约 32000km（含岛屿），潮汐能的理论蕴藏量达 1.1 亿 kW，其中浙江、福建两省蕴藏量最大，约占全国的 80.9%。

第五节　天体的视运动

了解天体视运动是开展日常天文观测的基础，是天文学从理论视角迈向观测视角的重要桥梁，也是基础天文学的重点。本章依次讲述了远距离恒星、太阳、行星和月亮的视运动规律。实际观测时，它们的运动并不是孤立的，而是同时进行的。本节对天体视运动的种类、形式及其演化过程进行系统的总结。

一、天体视运动的种类

天体视运动的种类包括周日视运动与周年视运动。远距离恒星、太阳、行星与月亮都有普遍向西平行于天赤道的周日视运动，可在每天不同时刻直接观测。远距离恒星没有明显的周年视运动，只有太阳系的太阳、行星和月亮有沿黄道大致向东的周年视运动，但通常被快速向西的周日视运动掩盖，只能在每晚的相同时刻进行间接观测。

二、天体视运动的形式

从观测角度而言，天体周日视运动的形式是特定地区地平圈之上天体地平坐标或时角坐标的变化。天体周年视运动的形式是天体赤道坐标或者黄道坐标的变化。远距离恒星没有明显周年视运动，不同恒星的赤道坐标决定了该恒星的周日运动轨迹和出没顺序。太阳系的太阳、行星和月亮周年视运动过程中的赤道坐标变化导致其周日视运动轨迹与起落顺序的逐日变化。通常天体赤纬变化影响天体周日运动轨迹，进而影响天体出没方位与中天高度，天体赤经变化则主要影响天体起落顺序与观测时刻。

三、天体视运动的演化

通常人们在白天观测太阳，晚上观测远距离恒星、行星、月亮，不同季节它们在黄道上的相对位置不同，赤经赤纬也截然不同，导致我们“白天观日”和“夜间观星”的感受有明显差异。

（一）天体赤纬的影响

北半球夏半年白天，黄道在赤道之上，太阳赤纬为正，周日运动轨迹偏北，起落方位偏北，中天高度高；夜间，太阳所对星空中，黄道在赤道之下，黄道星座、行星、月亮的赤纬偏负，周日运动轨迹偏南，起落方位偏南，中天高度较低。

北半球冬半年白天，黄道在赤道之下，太阳赤纬为负，周日运动轨迹偏南，起落方位偏南，中天高度低；夜间，太阳所对星空中，黄道在赤道之上，黄道星座、行星、月亮的赤纬为正，周日运动轨迹偏北，起落方位偏北，中天高度较高。

（二）天体赤经的影响

天体赤经变化主要影响天体起落顺序。远距离恒星赤经相对固定，起落顺序也相对固定。沿黄道做周年视运动的太阳、行星、月亮赤经会逐日变化，起落顺序也可能发生变化。因为太阳是地球计时系统的参考天体，天体相对太阳的赤经大小决定天体的起落时刻及观测方位（表 8-3）。如果天体与太阳投影在同一方向，赤经类似，如太阳所在星区的恒星、合日的地外行星、合日的地内行星、朔日的月亮，它们与太阳同升同落，彻夜不见。

如果天体投影位置在太阳的东边，天体赤经比太阳大，如太阳东邻星区的恒星、东方照的地外行星、东大距的地内行星、上弦日的月亮，它们继太阳而落，可在上半夜的西方观测它们。

如果天体投影位置在太阳的对面，天体赤经相隔 12h，如太阳所对星区的恒星、冲日的地外行星、望日的月亮，它们与太阳此升彼落，所以彻夜可见。

如果天体投影位置在太阳的西边，天体赤经比太阳小，如太阳西邻星区的恒星、西方照的地外行星、西大距的地内行星、下弦日的月亮，它们先太阳而升，可以在下半夜的东方观测它们。

表 8-3　天体相对太阳的位置对其起落及观测的影响

序号	天体相对太阳的位置				与太阳起落关系	观测时刻与方位
	恒星	地内行星	地外行星	月球		
1	太阳所在星区	上、下合	合	朔	同升同落	彻夜不见
2	太阳东邻星区	东大距	东方照	上弦	继太阳而落	上半夜西方
3	太阳所对星区	—	冲	望	此起彼落	彻夜可见
4	太阳西邻星区	西大距	西方照	下弦	先太阳而升	下半夜东方

课堂实践：　天象预报

试根据 30°N 某地区天象预报图（图 8-43），预测太阳的出没方位、中天方位及中天高度，同时预测织女星、金星、水星、火星、木星、土星、月球相对于太阳的会合位置、起落顺序、观测时间与观测方位。

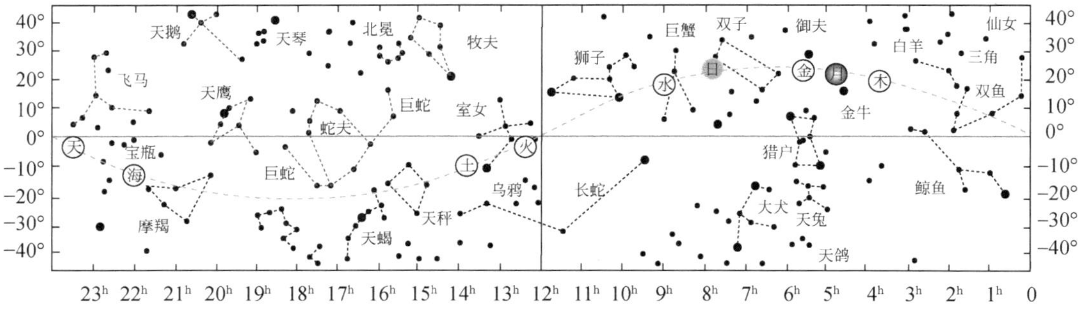

图 8-43　天象预报图

解答：

太阳：太阳赤纬接近最大值 23.5°，赤经接近 6h，说明该日为北半球夏至日附近，太阳东北升，西北落。因为太阳赤纬小于当地纬度30°，可推知太阳上中天方位偏南。根据恒星中天高度公式可推算太阳上中天高度为90°–30°+23.5°=83.5°，下中天高度为 –（90°–30°）+23.5°= –36.5°。

织女星：织女星为天琴座最亮星，赤经约18h，处于太阳所对星区。该日织女星与太阳的起落关系应为此起彼落，彻夜可见，上半夜在东方观测，下半夜在西方观测。

金星：金星的赤经约3h，处于太阳之西，距离太阳的角度约45°，接近西大距。该日金星先太阳而升，下半夜在东方观测。

水星：水星的赤经与太阳接近，接近合。该日水星与太阳同升同落，彻夜不可见。

火星：火星的赤经约0h，处于太阳之西，距离太阳的角度约90°，接近西方照。该日火星先太阳而升，下半夜在东方观测。

木星：木星的赤经约12h，处于太阳之东，距离太阳的角度约90°，接近东方照。该日木星继太阳而落，上半夜在西方观测。

土星：土星的赤经约18h，处于太阳的对面，距离太阳的角度约180°，接近冲。该日土星与太阳此起彼落，彻夜可见，上半夜在东方观测，下半夜在西方观测。

月球：月球的赤经约12h，处于太阳之东，距离太阳的角度约90°，接近上弦，该日月亮继太阳而落，上半夜在西方观测。

小　　结

从地球观测角度而言，地球周边远距离恒星、太阳、行星、月亮因地球快速自转具有普遍的平行于天赤道向西的周日视运动。恒星周日视运动的周期为恒星日（23h56min），太阳周日视运动周期为太阳日（24h），月球周日视运动周期为太阴日（24h50min），行星周日视运动周期则不稳定。

远距离恒星因为距离地球遥远，观测没有明显的周年视运动，只有微小的周年视差。恒星的赤纬和赤经决定了其在地球特定地区的周日运动轨迹和出没顺序。因地球时刻以太阳日为参照，导致每晚相同时刻中天恒星赤经逐日增加4min，每个季节增加的通常以“夜半中星”所在星区（即太阳所对星区）作为季节代表星区。

太阳因为地球公转具有明显的周年视运动，这种周年视运动导致太阳赤经赤纬逐日变化。太阳赤纬变化导致了太阳周日运动轨迹的逐日变化，进而导致地球昼夜长短变化和正午太阳高度变化，影响特定地区的太阳照射时长和照射角度。这种气候效应反映在时间上形成了四季，反映在空间上形成了五带。与此同时，太阳赤经的变化导致其相对于恒星、行星和月球的位置变化，从而影响恒星、行星和月亮的出没时刻和观测方位。

行星因地球及其自身的公转也具有明显的周年视运动，可划分为相对太阳和相对恒星的视运动，行星相对太阳的视运动也称为行星会合运动，决定了行星的出没时刻和观测方位。地内行星相对于太阳的视运动过程中，会向东逐渐通过上合、东大距、下合、西大距等会合位置；而地外行星相对于太阳的视运动中，会向西逐渐通过合、西方照、冲、东方照等会合位置。行星相对恒星大部分时间内向东顺行，但地内行星在下合、地外行星在冲前后会出现向西的逆行，行星公转周期越长，逆行时间越长。行星相对恒星的视运动是行星真正的周年视运动，木星相对恒星的周年视运动常用以划分十二次。

月亮因为月球公转也具有明显的周年视运动，同样可划分为相对太阳或恒星的视运动。

月亮相对太阳的视运动称为日月会合运动，决定了月球相位和出没时刻。日月会合运动时，月球逐渐通过朔、上弦、望和下弦等会合位置，从朔到望，日月角距离增大月相渐盈；从望到朔，日月角距离减小月相渐亏。与此同时，月球起落时刻逐日推迟约 50min。月球相对于恒星的视运动是月球真正的周年视运动，常用以划分二十八宿。

日月相冲或相合于黄白交点附近会发生日月食。日食种类包括日全食、日环食和日偏食。月食包括月全食、月偏食。日食食限大，但观食区域小，局限于食带范围内。月食食限小，但观食区域广，整个夜半球都可看到。沙罗周期是日月食的发生周期，是朔望月、交点月、交点年、近点月的最小公倍数。

日月对地球表面实际引力及平均引力的差可产生引潮力和潮汐现象，太阳潮与太阴潮的引潮力比值为 1 ∶ 2.2。通常潮汐呈现半太阴日和半朔望月的周期变化。每日有两次高潮和两次低潮，每月朔望发生潮差较大的大潮，上下弦日发生潮差较小的小潮。因为太阳赤纬、月球赤纬、天体距离等天文因素以及海盆形状、潮汐摩擦等地理因素，不同地区的潮汐也呈现出复杂性。

复　　习

一、名词解释

星空周年变化　夜半中星　昏中星　太阳回归运动　北至日　南至日　晨昏圈　昼弧　夜弧　民用晨昏蒙影　航海晨昏蒙影　天文晨昏蒙影　极昼　极夜　白夜　正午太阳高度　夜半太阳低度　行星会合运动　会合周期　上合　下合　东大距　西大距　合日　冲日　东方照　西方照　行星顺行　行星逆行　留　日月会合运动　朔望月　上弦　下弦　朔　望　本影　半影　伪本影　日食　月食　日全食　日环食　日偏食　月全食　月偏食　月环食　半影食　黄白夹角　日食限　月食限　食年　食季　交点月　沙罗周期　引潮力　太阴潮　太阳潮　大潮　小潮　全日潮　半日潮

二、思考题

1. 已知某地纬度为 30°N，某恒星赤纬为 0°，试推算该恒星出没当地地平的时长与方位。

2. 已知某地纬度为 20°N，某恒星赤纬为 40°，试推算该恒星在该地上下中天的高度及方位。

3. 已知太阳黄经与赤纬的换算公式为 $\sin\lambda=2.5\sin\delta$，试用软件计算二十四节气的太阳赤纬，观察一年中太阳赤纬的变化速度。

4. 假设太阳系某行星公转周期为 40 天，自转周期为 60 天，方向均自东向西，求该行星上的昼夜长度及太阳视运动的方向。

5. 推算赤道地区和 60°N 地区晨昏蒙影的持续时间。

6. 绘图说明北至日时地球南极点、南极圈、南回归线、赤道、北回归线、极圈、北极点的正午太阳高度和夜半太阳低度。

7. 试比较地球昼长和正午太阳高度的时空变化规律。

8. 假设地球偏心率为 0.5，黄赤夹角不变，地球上的季节如何变化？

9. 试比较地内行星和地外行星的会合运动的异同。

10. “月落乌啼霜满天，江枫渔火对愁眠。姑苏城外寒山寺，夜半钟声到客船”中的月相是什么?

11. 某地纬度为 25°N，月亮可能在天顶位置中天吗?

12. 已知某次日食过程经过了印度新德里和中国上海地区，印度新德里当地时间 8:00 发生了日食，请估算上海观测这次日食的时刻。

13. 假设太阳系某行星公转周期为 120 天，自转周期为 6 天，该行星唯一卫星公转周期为 30 天，运动方向均自西向东，求该行星昼夜周期、卫星的会合周期以及不同会合位置卫星相对于太阳的出没时刻。

第九章 观象授时

导 语

观象授时是天文学的基础应用。古往今来，人们通过跟踪各地太阳和恒星的周日视运动来计量时间，安排生产生活。随着区域交流的加强和科学技术的发展，人们迫切需要统一的高精度时间计量标准，从而建立了不同量时天体、不同参考运动、不同适用范围的时间计量系统。

第一节 时间概论

授时与编历是天文学的核心应用领域，两者均建立在准确的天象观测之上。前者主要解决一天内时刻的度量问题，参考的是天体周日视运动。后者主要解决一年内日期的安排问题，参考的是天体周年视运动。

一、时间本质

作为度量物质运动与物质本身的基本物理框架，时间的流逝通常与空间的延伸联系在一起。人类对于时空性质的认识分两种：牛顿的绝对时空观以及爱因斯坦的相对论时空观。

（一）牛顿的绝对时空观

牛顿的绝对时空观认为时间和空间的存在独立于物质的运动与物质本身。我国诗人李白的名句：“夫天地者，万物之逆旅也；光阴者，百代之过客也”是对绝对时空观的形象比喻。日常生活中人们感受到时间流逝不会因我们在走路、跑步还是乘坐交通工具有明显改变。空间的延伸也不会因为空间里的气体、液体或是固体物质有任何变化。绝对时空观符合人类生活场景下的主观体验。

（二）爱因斯坦的相对论时空观

1905 年，爱因斯坦提出了狭义相对论，认为时空的存在不独立于物质的运动，高速运动体系中的时空度量会出现“尺缩钟慢”现象（图 9-1）。1915 年，爱因斯坦进一步提出了广义相对论，发现时空的存在不仅不独立于物质的运动，甚至不独立于物质，高引力天体周边的时空度量同样存在类似现象。地球表面不同高度的时钟因为引力差异，走速不一样，海拔越高钟速越快，差值约为 1.09×10^{-16}s/m，即每升高 100m，时钟变快百万亿分之一秒，这个差值在卫星入轨与导弹发射等高速运动体系中需要加以考虑。

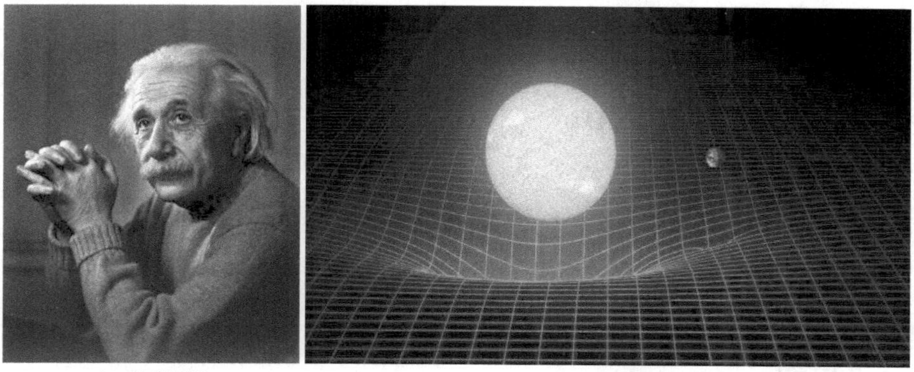

(a)爱因斯坦　　　　(b)扭曲时空

图 9-1　爱因斯坦及相对论时空观

二、时间计量

时间计量的内容包括时间间隔与时刻。时间计量工具从古代的日晷、沙漏，到近代的摆钟、机械钟、石英钟，再到现在的原子钟，计量精度从分钟提升至飞秒（10^{-15}s），在现代日常生活、卫星发射、测绘导航及空间通信等方面发挥了重要作用。时间作为基本物理量之一，需要相应的计量标准。长度和质量的计量标准是米原器和千克原器，时间的计量标准是物质的运动。客观世界的物质运动千差万别，人们通常选择天体运动作为全世界通用的时间计量标准，而且这些天体的运动必须具有周期性、稳定性与可测性。

中国古代时间计量

中国古代拥有完整的时间计量系统。时间计量单位包括常用的“时辰”与“刻”，相当于现在的 2 小时与 14.4 分钟。梵典《僧祇律》提到“一刹那者为一念，二十念为一瞬，二十瞬为一弹指，二十弹指为一罗预，二十罗预为一须臾，一日一夜有三十须臾”。按此计算，须臾、罗预、弹指、瞬和刹那分别相当于现代的 48 分钟、2.4 分钟、7.2 秒、0.36 秒和 0.018 秒。

时刻记录上，中国古代使用干支计时，夜间 23：00～凌晨 1：00 为子时，早上 5：00～7：00 为卯时，中午 11：00～13：00 称午时，黄昏 17:00～19:00 为酉时。同时也用五更计时，19：00～21：00 的戌时为一更，21：00～23：00 的亥时为二更，23：00～1：00 的子时为三更，凌晨 1：00～3：00 为四更，3：00～5：00 为五更。

第二节　时间计量系统的发展

时间计量系统是以特定运动为参考标准的时间服务系统。人类时间计量系统的发展过程就是不断寻找合适的参考运动的过程。迄今为止，时间计量系统的发展经历了四个阶段：参考地球自转的世界时、参考地球公转的历书时、参考原子能级跃迁的原子时（图 9-2）以及综合世界时与原子时的协调世界时。

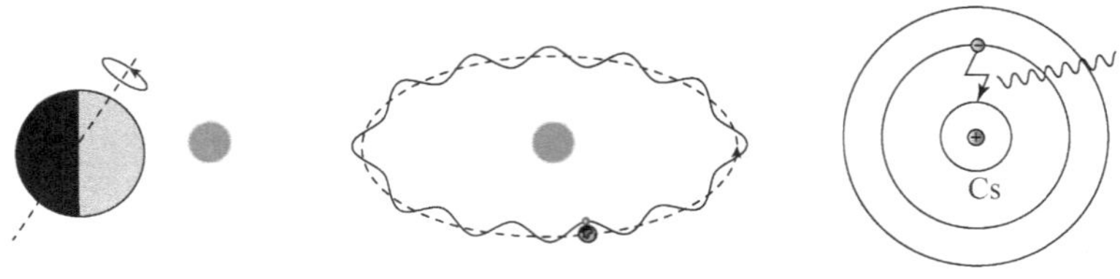

(a)世界时 (b)历书时 (c)原子时

图 9-2 时间计量系统的发展

一、世界时

世界时是 1960 年以前广泛采用的时间计量系统。参考运动是地球自转导致的不同天体的周日视运动。世界时的基本单位是**时秒**，是一个太阳日或恒星日的 $1/(24\times60\times60)$，即 1/86400。20 世纪 20 年代，石英钟的发明使人们发现地球自转周期因潮汐摩擦而变长，每世纪增加 2ms，而且还存在季节变化，春季慢，秋季快，波动幅度在 20 ～ 25ms。此外，地球内部物质运动也会引起地球自转速度的不规则变化。这些变化导致天体周日视运动的周期并不稳定，进而导致时秒的差异，人们戏称为“橡皮秒”。

二、历书时

从 1960 年起，全世界天文年历中的星历表不再采用世界时，而采用历书时。历书时是通过力学定律确定的均匀时间。现代天体力学已经精确掌握地球绕太阳公转的规律，即太阳周年视运动的规律，所以只要明确太阳位置的起算点与速度，就可以通过位置反向设计出均匀的时间计量系统。

历书时以 1900 年初太阳位置起算，**历书秒**通过回归年反算而来，即 1 历书秒等于 $1/(24\times60\times60\times365.2422)$，即 1/31556926 回归年，精度相对世界时提高了 10 倍。然而，太阳在黄道上运动缓慢，每秒走 0.04″，而且太阳亮度高，不易观测。月球每秒走 0.55″，是太阳的 13 倍，相对容易观测。所以实际历书时的测量是通过观测月亮运动间接确定的。历书时是一种理论时间，常用于编撰年历，世界上没有一个钟表是走历书时的。与此同时，历书时的参考周期回归年也不稳定，需要长期测量计算平均值，不适合作为民用计时系统。

三、原子时

20 世纪 50 年代，人们发现原子内部能级跃迁产生的电磁波频率相当稳定，并设计了高精度的计时仪器——原子钟。1967 年，第十三届国际度量衡大会决定采用原子时作为新的时间计量标准。

原子时的基本单位是原子秒，即**国际制秒**，为铯原子振荡 9192631770 次的时间，以 1958 年初作为起点。原子时比世界时和历书时的精度高出好几个量级。迄今为止，原子时时刻与时间间隔的测量都接近飞秒级别，即 10^{-15}s。

四、协调世界时

原子时虽然均匀，但却是纯粹的物理时。世界时秒长虽然不均匀，但具有天文意义。

世界时时刻对应天体在天空中的特定位置，对于人类日常生活和天文导航仍具有不可替代的作用。考虑两者各有所长，20 世纪 60 年代初，人们设置了协调世界时（图 9-3）。

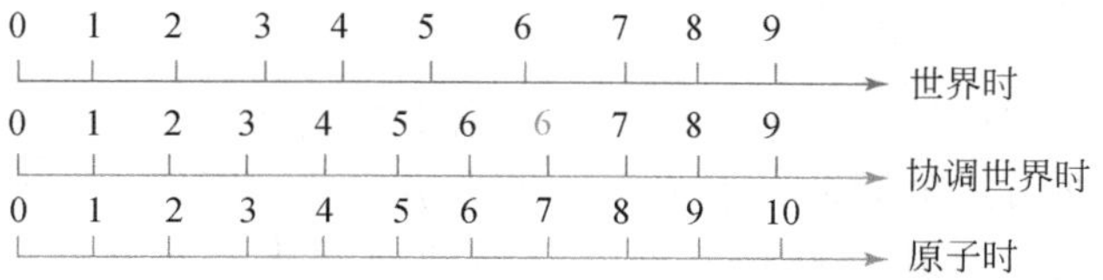

图 9-3 协调世界时的协调方法

协调世界时是以原子秒为秒长，时刻上与世界时相差不过 ± 0.9s 的世界时。当原子时时刻与世界时时刻相差超过 0.9 秒时，在其中插入 1s 或减去 1s，称“正闰秒”或“负闰秒”，力求与世界时时刻接近。通常每年对原子时进行一次或两次调整。调整时刻是每年 12 月 31 日或 6 月 30 日的最后 1 秒。从 1972 年起，因为地球自转速度的持续减慢，截至 2017 年底已经闰秒 27 次，且均为正闰秒。正闰秒发生的时刻，天文台的时钟会“原地踏步”1 秒，而我们周边未调整的时钟就会快一秒。如果不闰秒，约 5000 年后原子时将和世界时相差 1 小时。

第三节 世界时计量系统

世界时是以地球自转导致的天体周日视运动为参考运动的时间计量系统，也是最古老最直观的时间计量系统，现代的协调世界时在时刻上也力求接近世界时，以保证时刻的天文意义。常用世界时计量系统按照参考天体可划分为恒星时、视太阳时和平太阳时。要理解这三类时间计量系统的差别，首先要明确恒星与太阳视运动的差别。

一、不同参考天体周日视运动

（一）恒星与太阳

恒星与太阳的周日视运动均是地球自转导致的，恒星周日视运动周期是恒星日 23h56min，太阳每日向东约 4min 的赤经增量导致太阳日比恒星日长 4min。然而，太阳每日赤经增量并不均匀，总是在 4min 上下波动，导致太阳日长度也在 24 h 上下波动（图 9-4）。

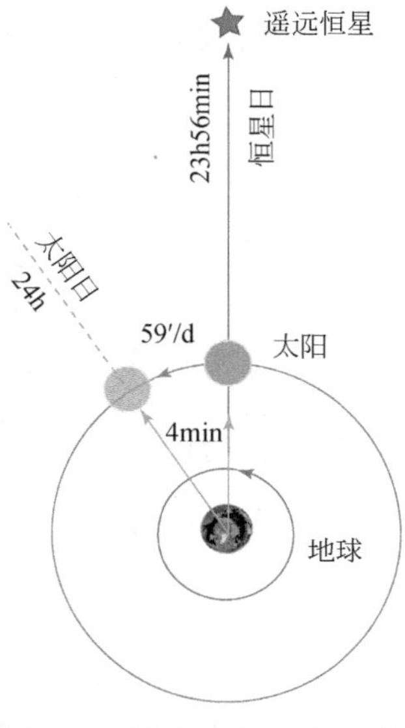

图 9-4 恒星日和太阳日的区别

（二）视太阳与平太阳

太阳日的季节变化导致以太阳为参考天体的世界时的秒长不均匀，增加了钟表计时的困难。为了方便日常观测与时间计量，人们区分了视太阳和平太阳的概念。

视太阳就是真实存在的太阳，也称为真太阳，可直接观测；平太阳是理论假想的太阳，只能间接推算。视太阳沿黄道不均匀运动，日赤经增量在 4min 上下波动，运动周期是视太阳日，在 24 h 上下波动。平太阳沿天赤道均匀运行，日赤经增量都是 4min，运动周期是平太阳日，即 24 h。

（三）视太阳日的影响因素

影响太阳日赤经增量及视太阳日长度的因素主要包括黄赤夹角和椭圆轨道。首先是黄赤夹角。太阳是在黄道上运动，但赤经沿天赤道度量，即使太阳在黄道上运动均匀，因为二至点附近黄道与赤道几乎平行，二分点附近黄道与赤道有一个黄赤夹角，二至点附近的日赤经增量仍要大于二分点。通常因为黄赤夹角而导致日赤经增量及视太阳日有 ±21s 的波动 [图 9-5（a）]。其次是地球公转的椭圆轨道。椭圆轨道导致地球近日点公转速度比远日点快，对应的日赤经增量也比远日点大，因为椭圆轨道导致的日赤经增量及视太阳日有 ±8s 的波动 [图 9-5（b）]。

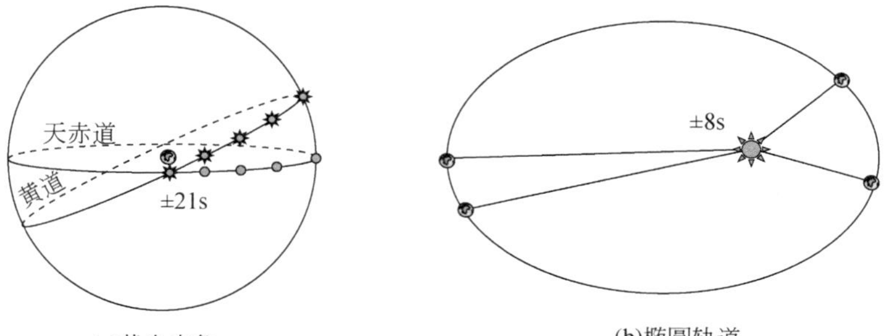

图 9-5　视太阳赤经增量及视太阳日的变化

当黄赤夹角和椭圆轨道两者因素叠加时，最多会造成视太阳日在 24h ± 30s 范围内出现季节性波动。通常二分短，二至长；春分高于秋分，冬至高于夏至（图 9-6）。因为春分和冬至相对于秋分和夏至更靠近近日点。

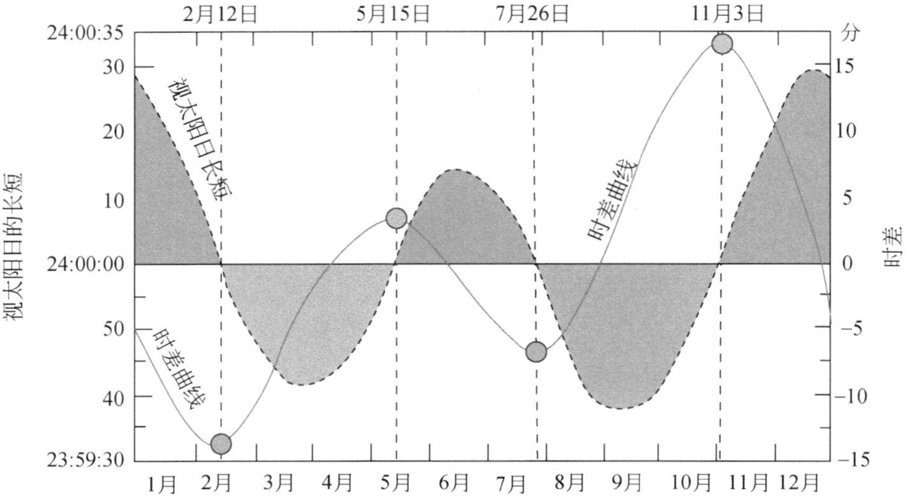

图 9-6　视太阳日与时差的变化图

二、不同参考天体的世界时

日常生活中，根据天文观测与民用计时需要，人们分别设置了不同参考天体的世界时，包括恒星时、视太阳时与平太阳时，分别参考春分点、视太阳和平太阳的周日视运动。其中，恒星时是天文时，主要解决夜间观星的问题。视太阳时和平太阳时是民用时，主要解决日常时间计量的问题。

（一）恒星时

夜间星空中有如此多的恒星，而且呈现出明显的季节变化。恒星时并没有以特定恒星为参考天体，而是选择了天球上相对固定的春分点，也就是赤道坐标系的原点为参考，来跟踪全天恒星的周日视运动。恒星时直接定义为春分点时角。零点就是春分点时角等于0h 的时刻。恒星时的基本单位为 1 恒星秒，即 1/86400 恒星日。然而，恒星时数值上等于中天恒星的赤经，所以可通过特定地区中天恒星的变化来测量恒星时，以“空间”换“时间”，常用于夜间星空推算。

（二）视太阳时

视太阳时即真太阳时，简称视时，参考运动是视太阳的周日视运动。因为太阳时角等于 0h 刚好为正午，若以太阳时角直接定义太阳时，人们可能需要在正午实现日期转换。所以，真太阳时定义为太阳时角加上 12 h，把真太阳时的零点调整到夜间，使人们在睡梦中完成日期的转换。视时的基本单位为 1 真太阳秒，即 1/86400 真太阳日。每日真太阳日秒随视太阳日长度变化而变化，但视太阳时可实测，是古代广泛使用的民用时，日晷（图 9-7）记录的就是视太阳时。

(a)地平式日晷　　(b)垂直式日晷　　(c)赤道式日晷

图 9-7　不同类型的日晷

（三）平太阳时

平太阳时，简称平时，参考运动是平太阳的周日视运动。平太阳时同样定义为平太阳时角加上 12h，零点是平太阳时角等于 12h，1 平太阳秒等于 1 /86400 平太阳日。因为平太阳日不变，平太阳秒也相对稳定。平太阳时的参考天体是假想的平太阳，不可实测，只能间接推算，但平太阳时流逝均匀，适合现代钟表计量，1834 年以后成为广泛采用的民用时。人们常说的格林尼治平时（Greenwich Mean Time，GMT）即现在广泛采用的平太阳时。

第四节 时间换算

迄今为止，我们学习了三种不同参考天体的世界时计量系统：恒星时、视太阳时和平太阳时。与此同时，地球不同地区因为区域交流的需要，可能选择代表性地区的午圈作为时间度量的始圈，从而产生了地方时、世界时和标准时等适用于不同地域范围的时间计量系统。日常生活中，我们周边钟表记录的是北京时间，即 120° 经线的地方平时，出国旅行可能涉及地方时、世界时与标准时的换算，跟踪太阳视运动可能需要平时和视时的换算，夜间推算星空分布可能需要平太阳时和恒星时的换算。

一、地方时、世界时、标准时的换算

以地球自转为参考运动的世界时计量系统，都是以天体时角作为参考。时角的度量从当地午圈开始，午圈是当地经线的无限延伸，这样不同经度地区就可能度量出不同的时间。

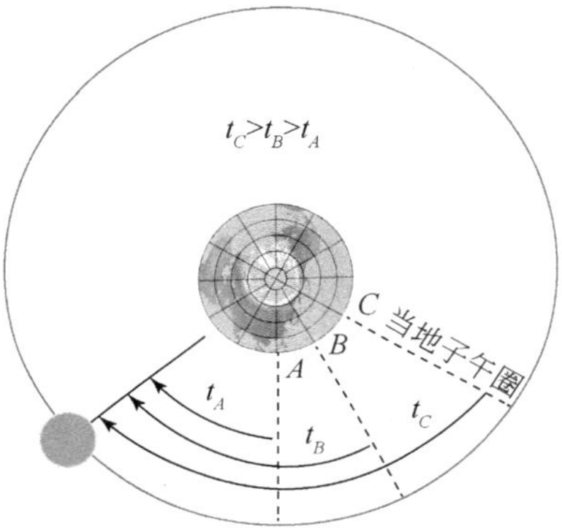

图 9-8　地理经度与地方时的向东增长

（一）地方时

地方时是严格以当地午圈为始圈，根据实时测量的天体时角所确定的时间系统。地方时按照参考天体的不同可分为地方恒星时、地方视时与地方平时。因为天体时角向西度量，所以地理经度越靠东，时角越大，地方时也越大（图 9-8）。地球 360° 的经度差，对应 24 h 的时差，经度每向东 1°，地方时增加 4min，向东 15°，地方时增加 1 h。古代社会人类区域交流有限，不同地区的计时系统通常以当地日晷测出的地方视时为准。

（二）世界时

随着大航海时代的到来，人们迫切需要共同的时间标准来进行贸易与通信。1851 年，英国天文学家艾里在格林尼治天文台建造了中星仪，并以此确定格林尼治子午线。当时来往大西洋超过三分之二的船只以格林尼治子午线为参考计量时间。1884 年，国际子午线大会上正式确定其为本初子午线，并以本初子午线的地方时作为世界时，当时法国代表在投票中弃权，1911 年之前法国仍以巴黎子午线作为经度起点。早期的世界时采用的是格林尼治视时，后改为格林尼治平时。世界时为地球提供了一个统一的时间，广泛应用于天象和气象预报中。

（三）标准时

1. 区时

世界时接近本初子午线附近的地方时，方便了大西洋两岸地区人们的贸易与通信，但其他地区采用地方时各自为政的局面仍未解决。与此同时，铁路、电报与电话的发展使计时系统的标准化迫在眉睫，编制穿越不同经线地区的长途列车时刻表更是成了铁路工程师的梦魇。1879 年，加拿大铁路工程师伏列明首次提出了“区时”的概念。

1884年，国际子午线大会以“区时”概念为基础，正式建立了统一世界的区时系统。区时系统规定，全球划分为24个时区。每个时区跨度15°，每个时区的中央经线是15的整数倍。每条中央经线东西两侧各7.5°范围内的区域，使用该中央经线的地方时作为标准时，即区时。具体而言，中央经线为0°的时区为零时区或中时区，是地球时刻永远居中的区域，中央经线为180°的时区为东西十二区，中央经线为15°E到165°E的区域为东一区到东十一区。中央经线为15°W到165°W的区域为西一区到西十一区。这样全球有了24个时区，相邻时区的区时相差1小时（图9-9）。1918年，我国中央观象台提出将全国划分为5个标准时区：长白标准时，即东九区时间（中央经线135°E）；中原标准时，即东八区时间（中央经线120°E）；陇蜀标准时，即东七区时间（中央经线105°E）；新藏标准时，即东六区时间（中央经线90°E）；昆仑标准时，即东五区时间（中央经线75°E）。1949年，中华人民共和国成立后，为了方便管理，使用了单一时区制，以东八区的北京时间为标准时。

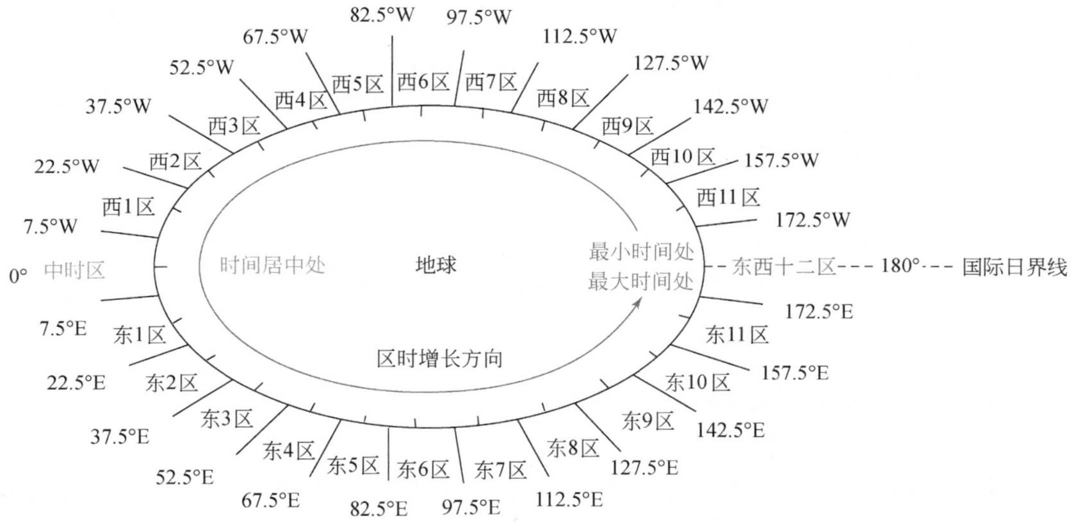

图9-9 时区与区时的划分

2. 国际日期变更线

1）国际日界线的位置

国际子午线会议划分时区的同时，也指定了国际日期变更线（图9-10）。国际日期变更线是人为规定的日期变更界限，位于180°经线附近，日界线以西的东十二区是地球时刻最大的地方，日界线以东的西十二区是地球时刻最小的地方，自西向东跨越日界线减1天，自东向西跨越日界线加1天。为避免给日界线附近的国家和地区带来困扰，国际日界线在白令海峡、阿留申群岛、斐济和汤加、新西兰拐了四道弯，保证日界线附近国家和地区尽量位于日界线一侧。

2）国际日界线和自然日界线的区别

地球除了国际日界线，还有自然日界线（图9-10）。前者是人为规定的日期转换界限，经度固定，都在180°附近，但地方时不定，日期西大东小。自然日界线是基于地方时的日期转换界限，经度不定，但地方时固定，都是零点，日期东大西小。国际日界线与自然

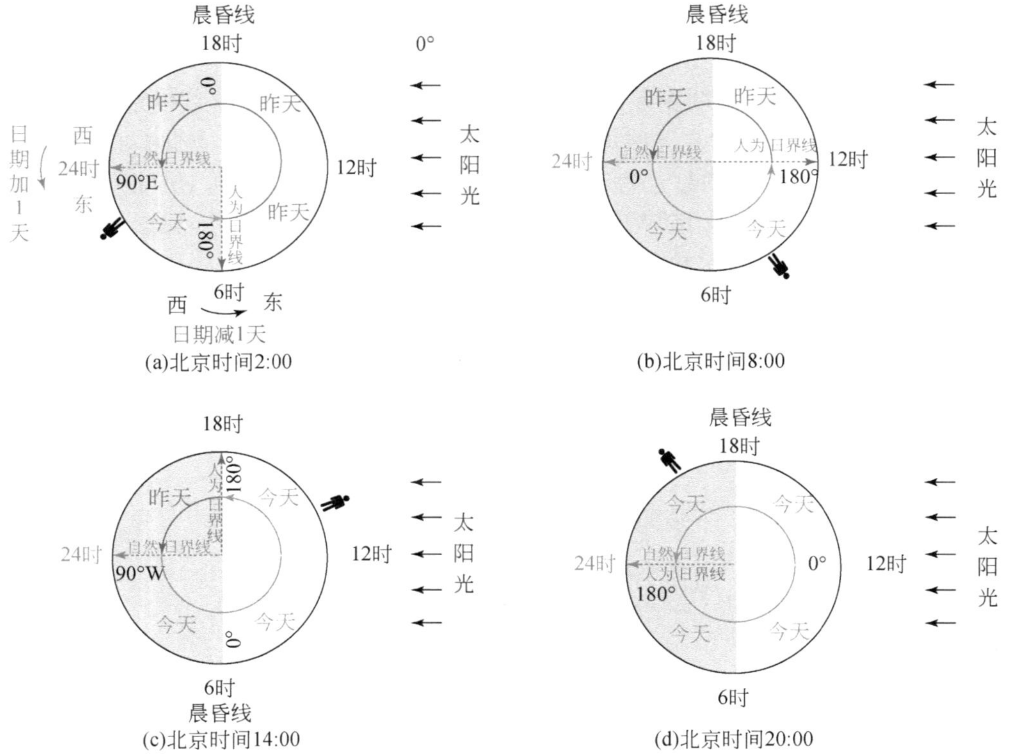

图 9-10　地球日期分布的变化（以日界限以西为参照）

日界线的性质刚好相反，相互约束。

3）国际日界线的意义

国际日界线的设立对于规范全球时间使用和方便时间换算具有重要意义，同时也解决了环球旅行中日期计量的困扰。

第一，国际日界线解决了地方时的相对性问题，使特定时刻的特定时区具有了唯一的日期和时刻组合，并以此相区分。例如，某地现在处于 12 月 15 日下午 3 点，那么全球也只有该时区处于该时刻。

第二，同一时刻全球各地日期通常会跨越两天，今天和昨天（或今天和明天），时刻跨度 24 h。若以国际日界线以西地区为参照，包括今天和昨天。从自然日界线向东度量至国际日界线的区域属于今天，而从国际日界线向东度量至自然日界线的区域属于昨天，零区时为 12 点时，全球同属一天，此时北京时间为 20 点。

第三，日界线的设立使地球表面的不同地区以不同日期和时刻相区分，这样在地球表面乘坐快速交通工具穿越时区时，可能出现时间停滞、超前甚至回转的假象，从而干扰生物钟，长途旅行时通常需要“倒时差”。

麦哲伦和福格先生的尴尬

日界线问题最早源于环球航行。1519 年，葡萄牙探险家麦哲伦开展了首次环球航行。1872 年，法国作家凡尔纳《80 天环游世界》一书中的主人公福格先生也实现了类似的环球航行。然而，当麦哲伦船队和福格先生返回出发点后，遭遇了不同的尴尬，向西环球航行的麦哲伦船队相对于出发地西班牙少经历了 1 个昼夜，而向东环球航行的福格相对于出发地的英国多经历了 1 个昼夜。

昼夜现象是地球自转导致的太阳周日视运动的表现形式。假设麦哲伦和福格的本土老乡在原地随地球自转向东 80 圈，他们会感受到了 80 个昼夜，但向西做环球航行的麦哲伦退行了 1 圈，所以只观测到了 79 个昼夜；向东环球航行的福格则多转了 1 圈，所以观测到了 81 个昼夜（图 9-11）。这样，向西追着太阳跑的麦哲伦感受到的每“天”略长，经历的昼夜变少，而向东迎着太阳跑的福格感受到的每“天”略短，经历的昼夜变多，但实际经历的时间都是 80 天。设定国际日界线以后，向东航行经过日界线日期会减少一天，向西航行经过日界线日期都增加一天，抵消了环球航行中可能产生的日期混乱问题，从而避免了麦哲伦和福格先生的尴尬。

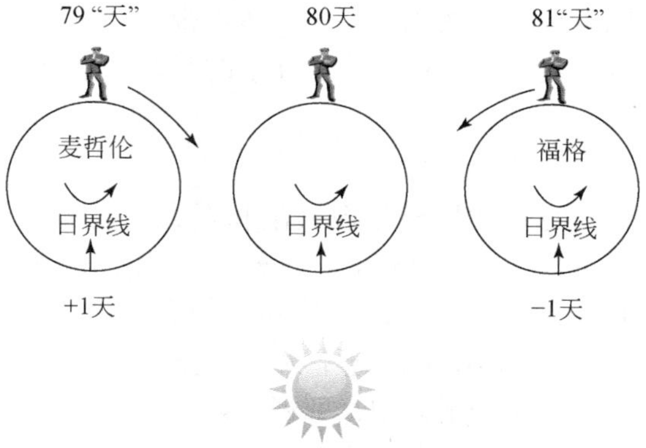

图 9-11　环球航行问题

3. 法定时

区时系统设立以后，世界各国并未全部采用理论时区的区时，而是根据自身情况进行了不同形式的调整，这种调整由各国立法机关或行政当局以法令形式制定和颁布，故称法定时。整体而言，法定时的制定通常遵循以下原则。

第一，适中原则。以区域适中的经度为全国的标准经度，当区域距离整数时区的中央经线较远时可采用非整数时区，如尼泊尔采用东 5.75 区的区时，印度采用东 5.5 区的区时。

第二，偏东原则。为了充分利用太阳照明，欧美国家多在夏半年采用其东邻时区的区时，即夏令时，又称日光节省时间（daylight saving time，DST）。通常从每年 3 月最后一个星期日开始，至 10 月最后一个星期日结束。全世界已有 110 个国家采用夏令时。我国曾在 1985 ～ 1991 年采用夏令时。

第三，统一原则。以我国为典型，新中国成立以后为方便不同地区民族、经济和文化的融合，将全国时间逐步统一为北京时间，即东八区的标准时。此外，地球南北极地区经线收敛，时区变化频繁。各国科考站通常使用自己国家的标准时，与其他国家科考站联系时则使用统一的世界时。

二、平太阳时和视太阳时的换算

日常生活中，我们使用的钟表时刻为平时，但推算天体位置时需要转换为视时。视时和平时之间存在一个时差，并随季节变化而变化。

（一）时差的定义

视时和平时的时差是以视太阳和平太阳为参考天体的两世界时计量系统的每日时刻差。因为视太阳时等于视太阳时角加上 12h，平太阳时等于平太阳时角加上 12h（相当于原点从上点变成下点），所以视时和平时的时刻差实际是视太阳时角和平太阳时角的差，该时差是不同量时天体导致的时差，注意与不同始圈的地方时时差相区分。

（二）时差的成因

时差的形成与视太阳和平太阳的赤经差异有关。沿黄道运行的视太阳向东日赤经增量不均匀，在 4min 上下变化；而沿天赤道运动的平太阳向东日赤经增量相对均匀，均为 4min，这样导致每天从同一始圈度量两者时角时会出现一个差值。天文学上，通常约定 12 月 24 日视太阳与平太阳赤经相等，视时等于平时。如果某段时间内视太阳的日赤经增量一直大于平太阳，即视太阳日一直大于平太阳日，那么视太阳将会在平太阳的东方，此时从当地午圈向西度量的视时就小于平时，时差为负。相反，如果某段时间内视太阳的日赤经增量一直小于平太阳，或者说视太阳日一直小于平太阳日，那么视太阳将会在平太阳的西方，向西度量的视时就大于平时，时差为正（图 9-12）。

图 9-12　时差的成因

（三）时差的变化

一年内视太阳日的长度是波动变化的，时差除了在 12 月 24 日为零以外，在 4 月 16 日、6 月 14 日、9 月 1 日也会达到三次零点。时差的极小值为 –14.4min，出现在 2 月中旬，缘于之前约 3 个月，视太阳日一直大于平太阳日；时差的最大值为 16.4min，出现在 11 月上旬，缘于之前约 3 个月，视太阳日一直小于平太阳日（图 9-6）。这些时差的极值点刚好对应于视太阳日等于平太阳日之时。

（四）时差的特点

时差是视时与平时的每日系统误差，具有明显日变化但无地域差异，注意与地方时时差相区别。与此同时，时差是一段时间内视太阳日偏离平太阳日程度的累积，视太阳日与平太阳日每日最多差半分钟左右，但时差最多可累积一刻钟左右。

时差的存在暗示通过现代民用时推测太阳或其他天体位置可能产生小幅误差，天文观测中通常需要转换为视时。

以重庆地方平时 12:00 观测太阳为例，重庆当地纬度约 30°N，位于北回归线以北，所以太阳上中天方位应在正南方。然而，重庆地方平时 12:00 时，只能说明平太阳在正南方，因为时差的原因，视太阳与平太阳的方位可能存在一定偏差。全年四个时差为零的日期，视太阳刚好在正南方。时差大于零时，视太阳在南偏西方向；时差小于零时，视太阳在南偏东方向。此外，沿黄道上运行的视太阳还有赤纬变化，所以正午视太阳高度也会发生变化。这种特定平时时刻太阳方位和高度的周年变化导致视太阳在天空中描绘出“8”字形的轨迹，成为天文摄影的重要题材（图 9-13）。

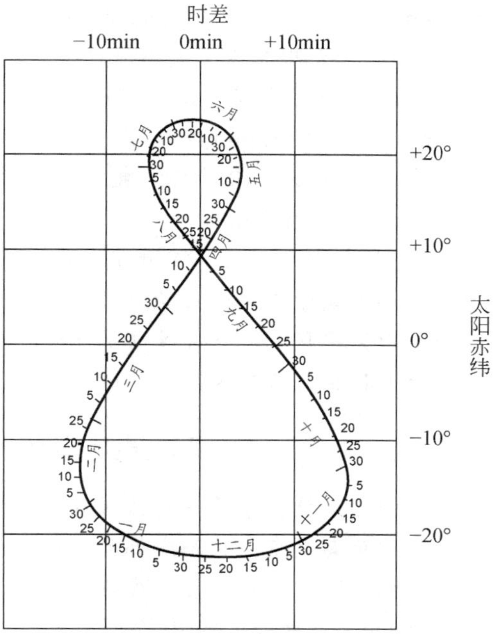

图 9-13 时差“8”字图

三、太阳时和恒星时的换算

平太阳时和恒星时的换算，可视为民用时和天文时之间的换算。平太阳时解决“地区何时”的问题，恒星时解决“天区何星”的问题，两者之间的换算可指导特定地区的即时星空推算。

恒星时定义为春分点时角，等于中天恒星赤经。具体计算时等于任意天体时角加上天体赤经，所以恒星时也等于太阳时角加上太阳赤经。太阳时角等于地方视时减去 12h。地方视时等于地方平时加上时差。由此可得到恒星时与地方平时的换算公式：

$$\begin{aligned}\text{恒星时} &= \text{春分点的时角} = \text{中天恒星赤经}\\ &= \text{天体时角} + \text{天体赤经}\\ &= \text{太阳时角} + \text{太阳赤经}\\ &= \text{地方视时} - 12h + \text{太阳赤经}\\ &= \text{地方平时} + \text{时差} - 12h + \text{太阳赤经}\end{aligned}$$

该换算公式中，地方平时反映的是中天恒星的周日变化，太阳赤经反映的是中天恒星的周年变化，时差反映了用钟表时刻去观测天体可能导致的差值。

例 1．试求重庆元旦日钟表时刻 20:00 时的星空分布

（1）求地方平时。重庆地方经度约 106°E，但重庆的钟表时刻显示的是北京时间，也就是 120°E 的地方平时。重庆相对北京偏西 14°，每 1° 差 4min，所以重庆的地方平时比北京时要小 14 × 4min =56min，即 20h– 56min = 19h4min。

（2）求地方视时。通过时差的年变化曲线，可以查得元旦日视时与平时的视差约

为 –4min。所以，重庆此时地方视时是 19h4min+(–4min)=19h。

（3）求太阳赤经。太阳赤经每日增加 4min，每月增加 2h。春分、夏至、秋分与冬至的太阳赤经分别为 0h、6h、12h、18h。元旦是冬至后 8 天，所以元旦的太阳赤经是 18h+8×4min，约 18h32min。

（4）求中天恒星赤经。把求得的地方视时和太阳赤经代入公式可求出恒星时，即中天恒星赤经为 1h32min。

（5）求中天星区、东升星区和西落星区。按照“后御熊琴”的星空划分方案，赤经为 1h32min 属于中央赤经为 0 h 的仙后星区范围，所以仙后星区为中天星区，东升星区的赤经比中天星区大，为中央赤经 6h 的御夫星区，西落星区的赤经比中天星区小，为中央赤经为 18h 的天琴星区。

例 2．重庆钟表时刻 12:00 太阳的中天方位

我们已经计算了重庆地方平时 12:00 太阳的中天方位，发现其由于视时和平时时差的原因，时而南偏东，时而南偏西。但重庆的钟表时刻实际是 120°E 经线的地方平时，而非重庆本地的地方平时，其中存在 56min 的时差，而这 56min 远大于视时和平时的最大时差（±15min），所以，重庆钟表时刻 12 点时，地方视时还不到 12 点，太阳还未上中天，中天方位都处在南偏东方向。

综上所述，日常恒星与太阳观测中，精度要求不高时，可用钟表时刻代替地方视时估算。但精度要求高时，距离北京较远的东部和西部地区要特别注意地方平时与北京时间之间的换算，以及平时与视时之间的换算，这样才能准确估算出中天恒星和太阳方位。

第五节　时间服务

时间服务是根据不同行业的时间计量需求，由国际和国家授时部门提供的不同类型、不同精度、不同时效性的测时、守时与授时服务。

一、测时

测时是通过测量天体坐标值反推时间。我国古代主要通过日晷跟踪日影变化来测定时间。我国唐代的赤道式日晷，在当时的日晷计时中最为准确，后经阿拉伯人和犹太人传入西方，17 世纪风行于欧洲。

现代测时技术把全天不同恒星按顺序进行编码，形成星空“大钟面”的“刻度”，指针是随地球自转的望远镜。早期测时仪器主要包括中星仪与等高仪等，以恒星通过特定方位和特定高度的时刻来校准时间，后因精度太低逐渐被淘汰，现代测时通常采用卫星激光及甚长基线干涉测量法。

二、守时

守时是通过守时工具把所测的时间持续下去，古代守时工具包括滴漏、沙漏和计时香

等。公元 11 世纪，北宋的苏颂建立了水运仪象台，实现了水动力推动的时钟和浑仪的完美结合。然而，水温和水质变化影响了水钟的准确性。公元 13 世纪，明初的詹希元发明了五轮沙漏，是一种以沙为动力的机械时钟。元代郭守敬领导制造的大明殿灯漏是世界上最早脱离天文仪器的独立自鸣钟。大明殿灯漏以水运仪象台为基础，去除了天象部分，保存了计时部分，并加装了报时装置，一刻撞钟、二刻击鼓、三刻摇铃、四刻敲锣，人们可根据乐器声响来判断时间。大明殿灯漏的结构和功能对西方计时工具制造产生了重大影响，促使了 50 年以后欧洲钟表的产生。

现代守时工具最早源于 1673 年荷兰天文学家惠更斯发明的机械摆钟，经过几百年的发展，到 20 世纪 20 年代，机械摆钟误差不到百分之一秒。30 年代，石英钟的出现把计时误差降低到万分之一秒。1955 年，英国人发明第一台原子钟以后，计时误差降低到了千万分之一秒到亿分之一秒。

三、授时

授时就是把测得的时间用各种手段传播出去。打更是中国流传最久的报时法，打更的人称为更夫，早期打更多用竹制或木制的梆子，后发展成为铜锣授时。随着城市规模的扩大，也设立了钟鼓楼，早晚敲钟击鼓授时，即“晨钟暮鼓”。火炮发明以后，有些衙门每日鸣放醒炮，黄昏鸣放定更炮，夜间放二更炮，提醒百姓晨起夜寝。

随着航海时代的到来，人们迫切需要在更大地域范围内确定标准时间。1833 年，英国格林尼治天文台建设了落球塔。落球塔上的球用直径数米的木料或金属制成，下午一点前五分钟升起，提醒航海者准备对时，下午一点整点落下。1884 年，上海外滩也建设了类似的报时塔。

20 世纪初，无线电的发展为无线授时提供了条件。1902 年，法国人率先在巴黎的埃菲尔铁塔上发播短波无线授时信号。20 世纪 60 年代以后，卫星授时也得到广泛应用。每个国家都有自己专门的授时部门，陕西天文台是我国的授时中心，每天不间断向外播发长波与短波无线信号，为广播、电视及网络提供标准时间与频率，同时为科研机构及相关部门提供精确的时间信号。

小　　结

观象授时是天文学的基础应用。时间计量的核心是寻找具有稳定性、周期性、可观测的参考运动。时间计量系统经历了以地球自转、地球公转与原子跃迁为参考运动的世界时、历书时与原子时。为协调不同部门对时间计量均匀性以及时刻天文意义的要求，人们又制定了以原子秒为秒长、时刻接近世界时的协调世界时。

世界时按照视太阳、平太阳、春分点的视运动可划分视时、平时与恒星时。视时是古代的民用时，可通过日晷测量，但因地球的椭圆轨道与黄赤夹角，视太阳日和视太阳秒存在波动。现代民用时为方便钟表计量，多采取平时，平太阳日和平太阳秒相对稳定。恒星时是天文时，单位为恒星秒，可用中天恒星推算，常用于反推夜间太阳时或星空推算。

地方时、世界时与区时是适用不同空间范围的时间计量系统，它们分别以当地子午线、本初子午线以及 15 整数倍经度的子午线延伸出去的午圈为始圈。地理经度向东增长 1°，地方时增长 4min。向东跨越一个时区，区时增长 1h。为避免地方时和区时向东的无限增长，沿 180° 经线地区设置了国际日界线，遵循日期向东穿越日界线减小 1 日的原则，保证全球时差控制在 24 小时以内。此外，不同国家和地区还根据自身情况颁布了法定时。

视时和平时的时差是视太阳长度一段时间内低于或高于平太阳日（24h）所致。视太阳日最多偏离平太阳日 30s 左右，视时和平时的时差可累积至 15min 左右。太阳时与恒星时的换算是民用时和天文时之间的换算，可用于特定日期特定钟表时刻的中天星区、东升星区和西落星区的推算，反过来也可以通过中天恒星解决夜间太阳时的授时问题。

复　习

一、名词解释

世界时计量系统　历书时　原子时　协调世界时　闰秒　真太阳　平太阳　视太阳日　平太阳日　视太阳时　平太阳时　时差　恒星时　地方时　世界时　区时　夏令时　自然日界线　国际日界线　测时　守时　授时

二、思考题

1. 简述时间计量系统的发展过程。
2. 简述协调世界时的制定背景及协调方法。
3. 为什么太阳时不直接定义成太阳时角？
4. 国际日期变更线为什么设在 180° 经线处，可以设在别处吗？
5. 北京时间何时，全球同属一日？
6. 试比较国际日界线和人为日界线在经度、地方时以及日期加减方式的差异。
7. 试比较秋分前后恒星时与太阳时的关系。
8. 若以“后御熊琴”的简易星空方案划分全天星区，试推算重庆冬至日钟表时刻 12 点的中天星区、东升星区与西落星区。
9. 试选取我国古代典型的计时工具并阐明其原理。
10. 试通过文献调研比较中西方古代授时方式的差异。

第十章 历法制定

导 语

历法是根据日月的周年视运动确定年月日关系的方法，是与“授时”并列的天文学的两大核心应用，对于人类日常生活、农业生产、历史记载具有重要意义。不同地区不同类型的历法是人类文明持续发展的保障，由历法衍生出的独特节日和民俗，也成为人类非物质文化遗产的重要组成部分。

第一节 历法概论

历法是根据天文周期来配置年月日关系的方法，是与“授时”并列的天文学的两大核心应用。前者参考天体周年视运动，后者参考天体周日视运动。

一、制历的目的

历法编撰的首要目的是服务于农业生产。我国是具有悠久历史的农业大国。农业生产的各个环节对气候高度敏感，通过合理的年月日配置，人们可以快速跟踪和预测气候的变化，合理安排农事。其次是历史记载。中国人强调以史为鉴，历朝历代都有著史的传统，完善的历法为我国悠久的历史提供了最好的索引。《史记》中提到，“王者易姓受命，必慎始初，改正朔，易服色，推本天元，顺承厥意”，意思是当皇帝登基时，总会很慎重，仔细确定好一年的首月，一个月的首日，改变穿衣的颜色，推算上天运行的初始位置，以顺乎天意。最后是日常生活，千百年来人们聚散离别、生老病死、节庆风俗无不与历法确定的日期有关。

二、制历的原则

历法编撰的首要问题是确定可以参考的天文周期。日常生活中可感受的天文周期包括昼夜变化周期——**太阳日**，月相变化周期——**朔望月**，气候变化周期——**回归年**（图 10-1）。太阳日是最小的周期，可以作为历法制定的基本单位。朔望月可以作为安排历月的参考，回归年可以作为安排历年的参考。

历月是特定历法中一月的天数。因为 1 朔望月 = 29.5306 日（太阳日），它不是日的整数倍，而历法又不可能安排一个非整数的日。实际编历时可设置大小月，小月 29 天，大月 30 天，使平均历月长度接近朔望月，从而保持历法日期对应的月相稳定。

历年是特定历法一年的天数。因为 1 回归年 = 365.2422 日，它也不是日的整数倍。实际编历时可设置平闰年，平年 365 天，闰年 366 天，使平均历年接近回归年，从而保持历

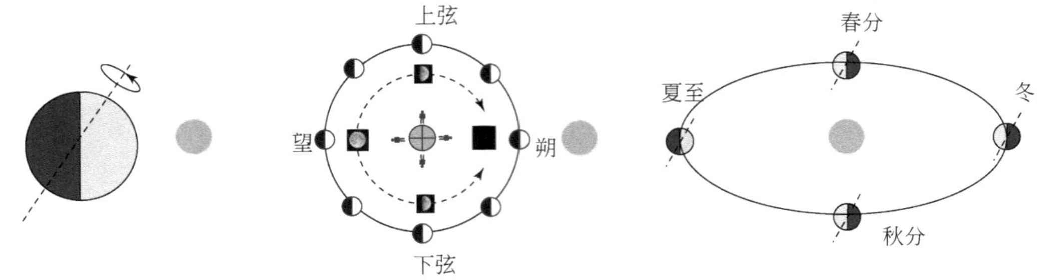

(a)昼夜周期——太阳日　(b)月相周期——朔望月　(c)气候周期——回归年

图 10-1　制历参考的基本天文周期

法日期对应的气候稳定。

因为 1 回归年 =12. 3683 朔望月，也不是朔望月的整数倍。实际历年和历月过程中只能有所侧重。通常把侧重于调整平均历月 = 朔望月，强调日期月相稳定的历法称为**阴历**；而把侧重于调整平均历年 = 回归年，强调日期气候稳定的历法称为**阳历**；而两者都有考虑的是**阴阳历**。

我国是一个多民族国家，多个历法同时并行，每个历法都有自己特色的节日。例如，元旦 1 月 1 日、国庆节 10 月 1 日、劳动节 5 月 1 日是阳历的节日；春节、端午节、中秋节则是阴阳历的节日；而回族、维吾尔族地区的开斋节、古尔邦节是阴历的节日。

第二节　阴　　历

一、制历原则

阴历是最为古老的历法，因为月相周期相对回归年周期更容易确定。阴历的制历原则侧重于调整平均历月 = 朔望月 =29.5306 日，不重视调整平均历年等于回归年，通常每年设置 12 个月，平均历年约等于朔望月 ×12=354.3672 日，比回归年要短近 11 天。所以阴历的日期有特定月相，无特定气候。

二、实例——回历

典型的阴历是回历，是我国回族、维吾尔族、哈萨克族等少数民族以及其他伊斯兰教国家和地区共同使用的历法。回历每年设 12 个历月，逢单为大月，逢双为小月，大月 30 日，小月 29 日，平均历月为 29.5 日，比朔望月短 0.0306 日。为了弥补这少的 0.0306 日，每 30 年中要安插 11 个闰年。每逢闰年，把当年的十二月由小月改为大月，那一年也从 354 天变成 355 天。通过这种安排，30 年里的 360 个月中，平均历月又增加了 11/360 日，即 0.03056 日，达到了 29.53056 日，十分接近 29.5306 日的朔望月。回历日期的月相十分准确，清真寺上的星月标志也暗示了伊斯兰教对于月亮观测的重视。

然而，回历的平均历年仅有 354.3672 日，与回归年 365.2422 日相差近 11 天，3 年就可能差 1 个月。如开斋节和古尔邦节，分别是回历的 10 月 1 日和 12 月 10 日，对应的阳历日期每年要提前 11 天左右，这使得穆斯林同胞过节时，平均 8 年左右向前移动一个季节，经过 33 年左右又回到类似的季节。

第三节　阳　　历

一、制历原则

阳历强调日期的气候意义，对于日常生活和农业生产有重要参考意义。阳历侧重于通过平闰年的安排使平均历年等于回归年，历月则是简单将历年划分为 12 个月，平均历月为 30.4369 日，每个月比朔望月要长约 1 天。所以阳历日期有稳定的气候，但月相不确定。

二、实例——公历

典型的阳历就是现行的公历，是欧美等基督教国家广泛使用的历法，起源于古埃及和古罗马。

（一）古埃及历

古埃及人把天狼星连续两次与太阳同时升起的时间作为一年，即天狼星年，并以此预测尼罗河的泛滥。早期确定的天狼星年为 365 天，与回归年有 0.2522 日的差距，不到 4 年就会差 1 天。这使得天狼星年的日期对应的气候游移不定。公元前 238 年，古埃及的最后一个王朝托勒密王朝规定，历年每 4 年，在第 4 年年末增加 1 天，并在这一天举行庆祝会。这样古埃及历的平均历年变为 365.25，即 365 又 1/4，又称为古四分历。

（二）儒略历

公元前 46 年，当儒略・恺撒第三次任罗马执政官时，指定埃及天文学家索西琴尼参照古埃及历法制定古罗马历法，即儒略历。儒略历与古四分历基本相同，每隔 3 年设 1 闰年，平年 365 天，闰年 366 天。儒略历以罗马执政官上任日作为元旦，每年划分为 12 个月，单数月为大月 31 天，双数月为小月 30 天，超出 1 日从 2 月扣去，闰年多出的 1 天也定在 2 月（2 月是古罗马的行刑月）。同时，儒略历中把七月以儒略（July）的名字命名。儒略历从罗马纪元 709 年，即公元前 45 年 1 月 1 日开始实行。

（三）奥古斯都历

儒略历实行的第二年，儒略・恺撒被刺身亡。罗马的僧侣们把儒略历的“隔 3 年设 1 闰年”理解成“3 年设 1 闰年”，公元前 45 ～ 公元前 9 年的 36 年间，多闰了 3 个闰年。所以，公元前 9 年到公元 3 年的 12 年间没有设置闰年，直到公元 4 年后又开始恢复隔 3 年设 1 闰年。与此同时，公元前 27 年，儒略·恺撒的继承人奥古斯都从 2 月减去一天加到 8 月，使 8 月变成大月，并以自己的名字 August 命名 8 月，对应地把 9 月、11 月改为小月，10 月、12 月改为大月，与现代公历一致。奥古斯都历本质上并未改变儒略历的闰制，所以与儒略历统称“旧历”。

（四）格里历

儒略历一直使用至16世纪，但在确定“复活节”日期时出现了新的问题。复活节是基督教国家仅次于“圣诞节”的重大节日，意在纪念耶稣复活。公元325年，古罗马帝国皇帝君士坦丁主持召开的尼西亚宗教会议规定，每年春分月圆后的第一个星期天为复活节。然而，天文春分的周期是回归年365.2422日，平均历年是365.25日，前者比后者要稍短，所以天文春分会逐年提前0.0078日，这个差值虽然很小，但累计1200年，也要差10天左右。公元325年的春分是在3月23日，但到了16世纪时，天文春分已经提前到了3月13日。公元1582年，罗马教皇格里高利十三世决定修历，修历包括两个内容，一是“纠错”。即把1582年10月5日直接改为10月15日（星期五），以弥补之前因为闰年过多，导致日期相对天象滞后的问题。二是“改正”，即修改闰制，把之前的4年设1闰年，也就是400年100闰，改为400年97闰。具体改动方法是维持被4整除的年份都是闰年的基础之上，世纪年只闰被400整除的世纪年。例如，1600年、1700年、1800年和1900年中，只有1600年置闰年，这样每400年里就少闰了3年，格里历的平均闰年变成了365又97/400日，也就是365.2422，比回归年仅差0.0003日（0.432分钟）。该历法一直使用至今，被称为“新历”。

20世纪初，格里历成为世界通行的历法，即公历。辛亥革命后的1912年，孙中山发布《改历改元通电》，我国开始采用公历，与农历并用。

第四节 阴 阳 历

一、制历原则

阴阳历是综合考虑日月周年视运动的历法。阴阳历的制历原则要求平均历月接近朔望月，平均历年接近回归年。所以阴阳历日期的月相和气候意义均较为稳定。

二、实例——农历

中国农历是典型的阴阳历，民间又称汉历、夏历、黄历、阴历，源自殷商时期，一直沿用至今。

农历每年设12个月，大月30天，小月29天，大小月的确定逐月推算，取决于当月朔望月的长度，所以农历的除夕有时是三十，有时却是廿九。这种逐月推算的方法可保证平均历月接近朔望月，但历年与回归年仍差约11天。当这个差值累计接近1个月时，农历在当年补闰月，该年为闰年。这样的话，农历平年只有354天左右；闰年则可达384天，从而使平均历年接近回归年。

农历闰制为19年7闰，因为19个回归年刚好接近235个朔望月长度。19年里每年安排12个月的话，可安排228个月，剩下7个月作为闰月。这种闰制使人们公历和农历的生日在19岁、38岁、57岁、76岁、95岁这些19的整数倍时，会十分接近甚至再次重合。我国春秋时代已确定了19年7闰的闰制，后期细化为600年211闰、391年144闰等闰制，广泛应用于东亚华人地区。

中国历史上一共产生过102部历法，推动了中国社会经济和文化的发展，如夏历、商历、周历、西汉太初历、隋唐大衍历和皇极历、元代授时历等，有的历法虽然没有正式使用过，但对天文、地理、数学、养生、医学等不同领域都有重要影响。然而，频繁的历法改动也暴露出官方对于天文基础理论重视不够，忙于“纠错”，疏于“改正”，明代主持编撰《崇祯历书》的徐光启认为：“改历一事，因差故改，必须究其所以差之故而改正之。前史改历之人，皆不其然，不过截前至后，通计所差度分，立一加减乘除，均派各岁之下，谓之改矣，实未究其所以然也”。

多民族历法及历法元年

我国是多民族国家，为了跟国际接轨，同时保留民族特色，不同民族在使用公历的同时，也使用本民族的历法。例如，汉族使用公历与农历，春节、中秋节、端午节都是农历的节日；回族、维吾尔族及哈萨克族等还使用回历，古尔邦节和开斋节都是回历的节日；藏族还使用藏历，藏历是阴阳合历，是藏族固有的物候历、印度引进的时轮历及汉族时宪历的综合，藏历的特色节日是藏历新年和雪顿节；彝族还使用彝历，彝历也是阳历，彝历把一年分 10 个月，每月 36 天，另有 5 天作为过年日，全年共 365 天，每 4 年置 1 闰日，加在过年日中，闰年为 366 天，彝族的典型节日是彝历新年与火把节。

不同历法的元年设定因为宗教文化背景差异也大不相同。东南亚国家使用的佛历元年是佛祖释迦牟尼逝世的年份，即公元前 543 年，日期同公历。公历元年是公元 525 年狄奥西尼推算的耶稣诞生年份。回历元年是从伊斯兰教祖穆罕默德避难入麦地那一天算起的，即公元 622 年。农历元年是公元前 2697 年黄帝统一中原地区的年份。我国使用公历的第 1 年是 1912 年，按照农历黄帝纪年是黄帝 4609 年。

第五节　中国农历

一、二十四节气

中国农历作为阴阳历，虽然同时实现了平均历年接近回归年，平均历月接近朔望月，但农历的平年约 354 天，闰年约 384 天，与 365.2422 天的回归年周期相去甚远，所以农历日期对应的气候并不精确，对于农事安排略显粗糙。二十四节气按照太阳周年视运动划分，可以认为是一种简化的阳历，对于农历置闰及农事安排都有重要参考价值。

（一）二十四节气的提出

二十四节气，最早源于《尚书·尧典》记载的“日中”、“宵中”、“日永”与“日短”，分别相当于春分、秋分、夏至与冬至。《吕氏春秋》又提出立春、立夏、立秋、立冬四个节气。到了西汉的《淮南子》，已经出现了与现代名称完全相同的二十四节气。为了更准确地记录气候变化，汉代著作《逸周书·时训解》中还出现了七十二候的划分，每个节气包括三候。每候以一个物候现象相应，称为**候应**。其中植物候应包括植物的幼芽萌动、开花、结实等；动物候应包括动物的始振、始鸣、交配、迁徙等；非生物候应包括始冻、解冻等。以立春开始的三候为例：“立春之日东风解冻，又五日蛰虫始振，又五日鱼上冰”。东风解冻为非生物候应，蛰虫始振和鱼上冰都是动物候应。

（二）二十四节气的测量

二十四节气早期是通过“土圭”直接测量正午日影，土圭实际为铜制或玉制的尺［图 10-2（a）］。当垂直的表竿被用于计时以后，“土圭”与“表竿”开始合二为一，形成圭表。古制圭表，表高一般为八尺（1 尺≈ 33.3cm），圭长一丈三尺（1 丈≈ 3m）。元代的郭守敬因精确制历的需要，在河南登封观象台建造了石圭［图 10-2（b）］，把表的高度增加到四丈，圭增加为十二丈。通过圭表，人们可以准确地计算回归年的长度，进而预测二十四节气的开始时间。明代万历年间邢云路在兰州建造了六丈高的圭表，精确测定了回归年周期，数值为 365.24219，与回归年差不到 1s。

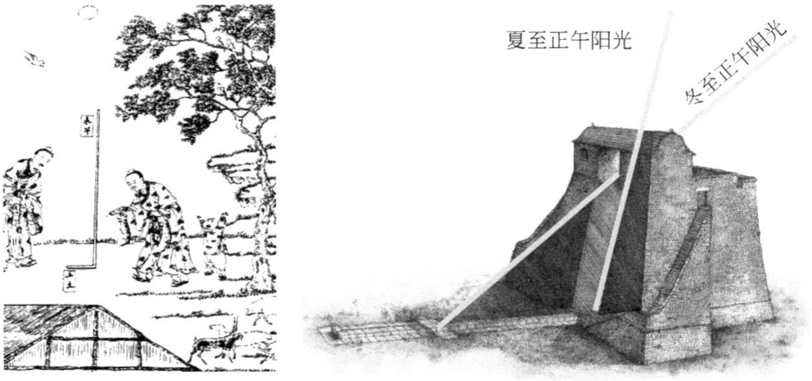

(a)土圭　　(b)石圭

图 10-2　二十四节气的测量

（三）二十四节气的划分

1. 划分标准

东汉时期，二十四节气按照时间平均划分（图 10-3），每节气均相隔 15.219 日，称“平气”，农历每月跨两气，第一气称为节气，第二气称为中气。例如，正月的节气是立春，中气是雨水。公元 6 世纪，北齐天文学家张子信发现了太阳视运动的不均匀性，认为“日

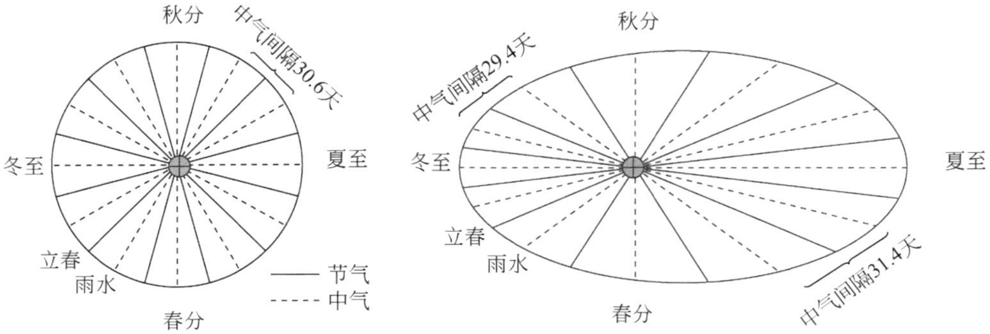

(a)平气法　　(b)定气法

图 10-3　二十四节气的划分

行在春分后迟，秋分后则速”。隋代的刘焯开始按太阳黄经划分节气，每15°设一气，节气间隔可能在14～16天内波动，称“定气”，定气对应的气候更稳定，对于准确安排农事有重要意义。然而，人们已经习惯了平气法，定气法直到清初《时宪历》中才开始采用。

2. 四季节气

二十四节气是农历确定季节和月序的重要参考。农历的一月、二月、三月为春季，跨立春、雨水、惊蛰、春分、清明、谷雨6个节气。四月、五月、六月为夏季，跨立夏、小满、芒种、夏至、小暑、大暑6个节气。七月、八月、九月为秋季，跨立秋、处暑、白露、秋分、寒露、霜降6个节气。十月、十一月、十二月为冬季，跨立冬、小雪、大雪、冬至、小寒、大寒6个节气。

3. 历法意义

二十四节气是一种简化的阳历，它与同为阳历的公历有很好的对应关系，为此人们编撰了节气歌。

春雨惊春清谷天，夏满芒夏暑相连，
秋处露秋寒霜降，冬雪雪冬小大寒。
每月两节不变更，最多相差一两天，
上半年来六廿一，下半年是八廿三。

此外，二十四节气按角度划分黄道的思想与西方黄道十二宫的划分相似，两者也有很好的对应关系。黄道十二宫中，每宫对应两个节气，每宫开始和结束是中气，中间是一个节气，即“中气为界，节气为中”（图10-4）。例如，白羊宫的开始和结束分别对应中气——春分和谷雨，中间是节气——清明。

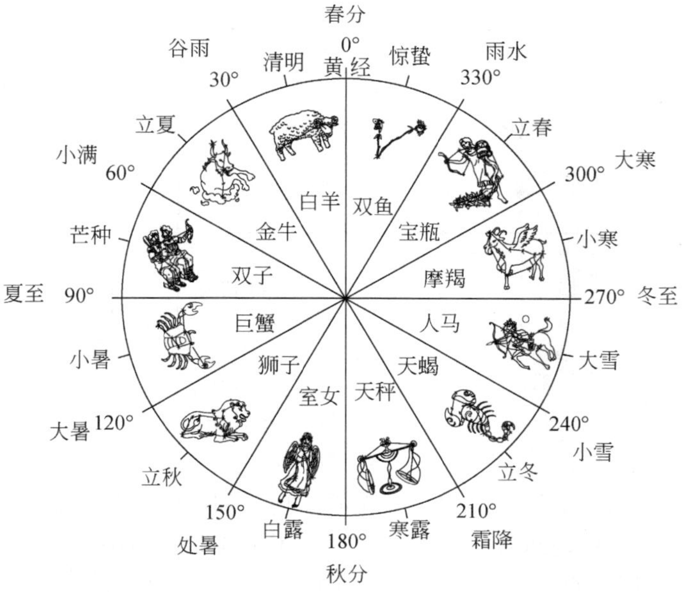

图10-4　二十四节气与黄道十二宫的关系

二十四节气为农历提供重要补充的同时，也逐渐融入人们的日常生活与节庆风俗中，成为中国传统文化的重要组成部分。我国现代节日制度中的清明节就是以二十四节气确定的节日。2016 年 11 月 30 日，中国的“二十四节气”列入世界非物质文化遗产。

无春之年

二十四节气的周期是回归年 365.2422 天，农历年的平年为 354 天，闰年为 384 天。在农历闰年中，可能存在年首年尾有两次立春，而接下来的一年中没有立春的现象。民间通常把该年称为“无春之年”。无春之年与中国农历的闰制相关，2 ～ 3 年就可能发生一次，并无任何不祥之兆。

二、日月序逐月推算

日月序逐月推算是中国农历的第二个特点，主要包括“以朔定日序”和“以气定月序”。前者主要解决一个月内日期安排顺序的问题；后者主要解决一年内月份安排顺序的问题。

（一）以“朔”定日序

农历通常以朔日作为月首，即初一，两个朔日之间的间隔天数作为月长。朔是日月相合的时刻，朔日则是指出现朔的当日。假如有一次朔出现在第 1 天上午，下一次朔出现在第 30 天下午，那么前月就是第 1 天到第 29 天，为小月。如果下一次朔出现第 31 天上午，那么前月就是第 1 天到第 30 天，为大月（图 10-5）。早期朔望月的长度通常以平均朔望月为参照推算，约 29.5 天，称为**平朔**，后期则以实际的朔望月长度为参照，称为**定朔**，在 29.2 ～ 29.7 天变化。

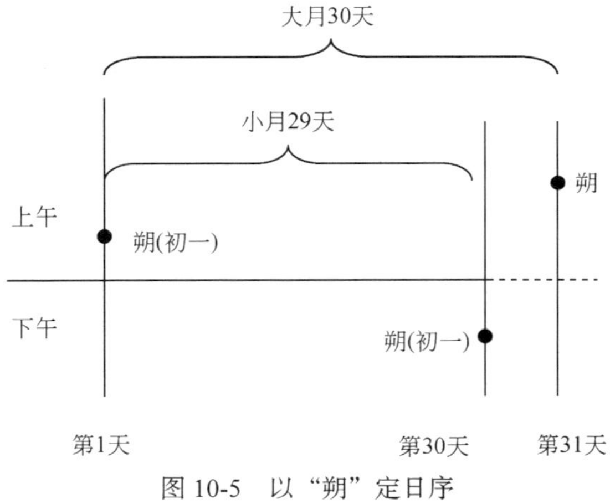

图 10-5　以“朔”定日序

值得注意的是，与“节气”类似，天文的“朔”和“望”是特定时刻，可能发生在一天中的任何时刻，朔望日是出现朔望的当日。采用平朔时，历法上的初一不一定是真正的朔日。定朔以后，朔日一定发生朔的当日，也就是初一，但望日因为朔望月长度变化，可能在农历十四到十七之间，多在十五与十六。与此同时，人们观测月亮的时候多在上半夜，人们夜间看到月亮圆度取决于观测时刻距离天文“望”的时间间隔，所以望日也未必是上半夜观测月亮最圆之日。1951 ～ 2050 年这 100 年时间里，“十五的月亮十五圆”出现 39 次，”十六圆”的情形有 48 次。

（二）以“气”定月序

1. 岁首建“寅”

月序的首要问题是确定正月。古代确定正月的过程又称“建正”。中国古代有干支纪月的方法，每年的12个月配备不同的地支，夏朝通常把春暖花开的“寅月”作为正月。商、周、秦则逐朝提前一个月，到秦朝时，大雪纷飞的“子月”成了正月。直到汉朝又开恢复岁首建“寅”，并一直延续到现在。

2. 以中气定月序

确定好正月以后，可通过两朔之间的中气确定月序。例如，两朔日间，通过圭表发现跨越了冬至这个中气，而冬至是十一月的中气，那么这个月就是十一月（图10-6）。

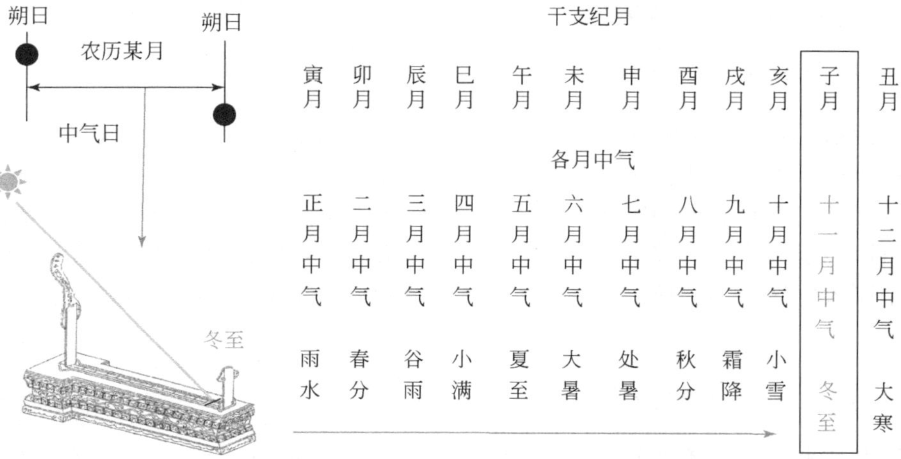

图10-6 以“气”定月序

3. 无中气为闰

太阳周年视运动过程中，两中气平均时间间隔为30.6天，由于太阳周年视运动的不均匀性，两中气间的实际间隔为29.4～31.5天。农历月长是29日或30日。当农历某月恰逢小月，而且相邻两中气间隔较长时，存在该月无中气的可能。汉《太初历》规定把此“无中气之月”作为上个月的闰月（图10-7），并以此作为标准来实现19年7闰的闰制。当然，使用定气以后也可能出现前月两中气，而紧接月份无中气的情况，清初作出补充规定此种情况不置闰月。

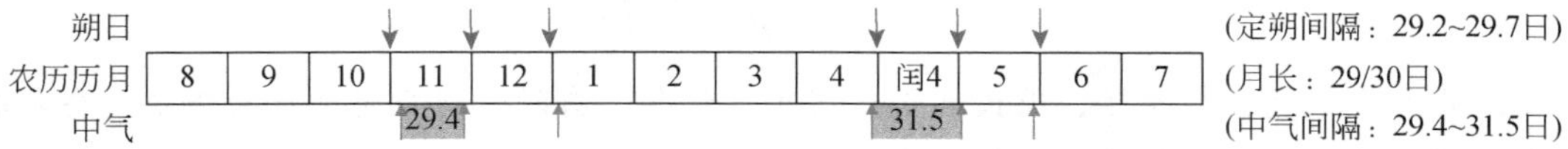

图10-7 无中气为闰

农历闰月的概率与中气间隔大小有关。地球远日点附近，公转速度慢，中气间隔可达31.5天，所以农历四、五、六月无中气的可能性较大，出现闰月的概率也较高。地球近日点附近，公转运动最快，中气间隔降至29.4天，农历十一月、十二月和正月无中气的可能性较小，出现闰月的概率也较低。

中国农历对“朔”与“气”的重视，展现了阴阳历的本质属性。然而，不同时代对“朔”与“气”的观测精度，也影响到了历法精度。春秋时代到唐初，通常参照平朔和平气；唐初到明末，通常采用定朔和平气；到清代以后，才开始全面采用定朔和定气。

三、干支纪法

干支纪法是中国农历的第三个重要特点。干支是天干、地支的合称。天干共十个：甲、乙、丙、丁、戊、己、庚、辛、壬、癸。地支共十二个：子、丑、寅、卯、辰、巳、午、未、申、酉、戌、亥。十天干和十二地支独自循环，按甲子、乙丑、丙寅…… 癸亥的顺序配对，构成60个干支序数。通过这60个干支记录年、月、日、时。这个纪时方法不受历法改进和朝代更替影响，就像一根线把历朝历代贯穿在一起，对我国历史资料的连续性起到了重要作用。

（一）干支纪法的构成

干支纪法的内容包括纪年、纪月、纪日和纪时，其中使用历史最为悠久的是干支纪日与干支纪年。干支纪日从春秋鲁隐公三年（公元前720年）持续使用至今，是世界使用时间最长的纪日法。汉章帝元和二年（公元85年），全国开始推行干支纪年，并持续使用至今。干支也可以用于纪月与纪时。每年有十二个月，五年一轮回；每天有十二个时辰，五天一轮回。中国人生日的年、月、日、时，通常需要四对干支来表达，这就是我们常说的“生辰八字”。

（二）干支纪法的应用

中国及亚洲国家常通过干支纪年的地支来确定自己的属相，分别为子鼠、丑牛、寅虎、卯兔、辰龙、巳蛇、午马、未羊、申猴、酉鸡、戌狗、亥猪。60年的干支纪年循环中具有相同地支的年份有5个，为了区分5个年份，人们又引入了五行。通常把与甲、乙配对的地支称为木；与丙、丁配对的地支称为火，与戊己配对的地支称为土，与庚辛配对的地支称为金，与壬癸配对的地支称为水。以猪年为例，乙亥年为木猪，丁亥年为火猪，己亥年为土猪，辛亥年为金猪，癸亥年为水猪。

然而，干支纪年的转换时刻以立春还是正月初一为始，一直存在争论。民俗学家认为干支纪年与农历年是两套计时系统，并把立春作为干支纪年的年首，区别于农历年的年首正月初一。直到2017年5月12日，为方便日常生活，国家发布了《中华人民共和国国家标准 - 农历的编算和颁行》，规定了干支纪年起于正月初一0点 。

公元与干支的转换

现代社会采用公元纪年，而民间仍盛行干支纪年，有时需把公元转化为干支。公元转干支通常分两步，首先把公元年份减去3，然后除以60，求余数，得到该年的干支序数，即干支在60干支循环中的序号。然后，将干支序数除以10，求余数，得到天干序数。同时，把干支序数除以12，求余数，得到地支序数。例如，求2006年的干支，首先可求得2006对应的干支序数为23，再分别求得天干序数为3，即丙；再求得地支序数为11，即戌。所以2006年的干支就是丙戌年。

四、特殊节令

中国农历除了二十四节气与干支纪时以外，人们在多年的生产生活实践中，还总结出了三伏和三九等特殊节令。

（一）三伏

三伏创立于春秋秦德公二年（公元前 676 年），至今已近 2700 年。通常夏至时，太阳辐射达到最高，但气温往往在夏至后一个月左右才达到峰值，这就是三伏。三伏包括初伏、中伏、末伏，取阴气在阳气的驱赶下藏匿起来之意。三伏的定义融合了二十四节气和干支纪日的内容。夏至开始的第三个庚日为初伏的开始，第四个庚日为中伏的开始，立秋以后的第一个庚日为末伏的开始。通常初伏和末伏都是 10 天，中伏可能为 10 天，可能为 20 天。中伏是 10 天还是 20 天完全取决于夏至与庚日的相对关系，与实际气候无关。

（二）三九

中国古人有入冬数九的习惯。从冬至日开始，每九天算一段。人们为此还编写了“数九歌”：

一九二九不出手，三九四九河上走，五九六九沿河望柳，七九开河，八九雁来，九九又一九，耕牛遍地走。

这是一首反映黄河流域冬季的“数九歌”。虽然不同地区“数九歌”中的物候有所不同，但普遍反映了“三九四九”，即公历的 1 月中下旬，是九九中最冷的时段。除了九九歌，人们还有从冬至日起绘制 “九九消寒图”的习惯。明代《帝京景物略》曾这样描述：“冬至日画素梅一支，为瓣八十有一，日染一瓣，瓣尽而九九毕，则春深矣”。古代学堂与文人雅士之间，则盛行九九句“亭前垂柳珍重待春風”，该句总共九字，每字九笔，每天写一笔，写完春风就真的到了。九九歌、九九图、九九句，反映了中国古人度过漫漫冬日的浪漫情怀（图 10-8）。

(a)九九消寒图

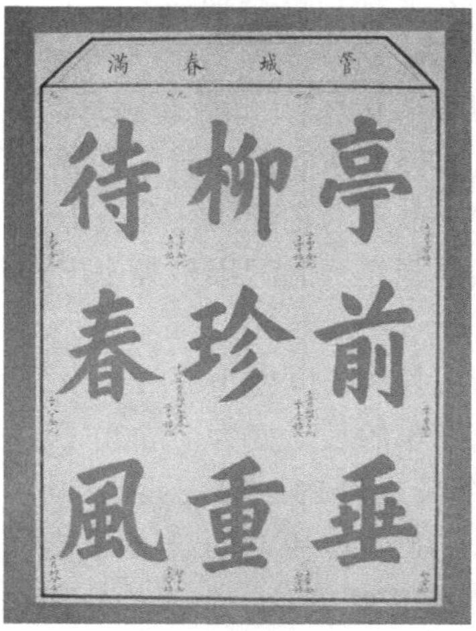

(b)九九句

图 10-8　九九消寒图与九九句

小　结

历法是根据天文周期来配置年月日关系的方法，也是与“授时”并列的天文学的两大核心应用。历法制定的目的是使日期具有特定月相或特定气候，从而更好地指导人们的生产生活。地球上可感受的天文周期包括昼夜变化周期（太阳日）、月相变化周期（朔望月）和气候变化周期（回归年）。这三个周期之间都不是整数倍的关系，实际制历中通常只能有所侧重。阴历通过安排大小月的方式调整平均历月接近朔望月，使日期对应的月相稳定。回历是典型的阴历。阳历通过安排平闰年的方式调整平均历年等于回归年，使日期对应的气候稳定。公历是典型的阳历。两者都考虑时则称为阴阳历，中国农历就是典型的阴阳历。

中国农历以朔日确定月首，以实际朔望月的长度确定月长，协调平均历月等于朔望月，同时按 19 年 7 闰的闰制，协调平均历年与回归年。二十四节气具有简化阳历的性质，为农历月序安排和置闰方法提供了重要参考。

复　习

一、名词解释

历月　历年　大月　小月　平年　闰年　闰月　回归年　朔望月　阴历　阳历　阴阳历　儒略历　格里历　回历　农历　节气　中气　二十四节气　七十二候　平朔　定朔　平气　定气　天干　地支　三伏　三九

二、思考题

1. 历法的种类及制历的原则。

2. 回历的开斋节是 10 月 1 日，假设某年开斋节刚好在天文秋分前后，试问需经多少年，开斋节可移至春分前后？

3. 阳历的发展经过哪些阶段？为什么需要改历？新历使用多长时间可能出现寒暑颠倒？

4. 公历的某年 9 月 15 日恰逢满月，次年 9 月 15 日呢？

5. 为什么在俄罗斯庆祝“十月革命”在 11 月 7 日，庆祝圣诞节在 1 月 7 日？

6. 中国农历某年的正月初一在公历 2 月 6 日，次年的正月初一可能是公历的几号？

7. 为什么中国农历的闰年多集中出现在四、五、六月，而在十一月、十二月与一月几乎不出现？

8. 如果朔望月的长度变为 29.25 日，回历需要作何调整？

9. 如果回归年的长度变为 365.20 日，公历需要作何调整？

10. 如果朔望月为 29.25 日，回归年为 365.25 日，农历需要作何调整？

11. 试推算 1894 年和 1911 年的干支。

12. 试推算“戊戌变法”的发生年代。

13. 按照阴阳历的制历原则为火星制定一部历法。

参考文献

蔡森，麦克米伦 . 2016. 今日天文 . 高健 , 詹想 , 译 . 北京：机械工业出版社
陈久金 , 等 . 2008. 中国天文学史大系 . 中国古代天文学家 . 北京：中国科学技术出版社
陈久金 . 2004. 星象解码 . 北京：群言出版社
陈美东 . 2008. 中国古代天文学思想 . 北京：中国科学技术出版社
陈平章 . 1986. 星空观测原理与方法 . 重庆：重庆出版社
陈载璋 , 胡中为 , 尹素英 . 1983. 天文学导论 (上册). 北京：科学出版社
杜升云 , 崔振华 , 苗永宽 , 等 . 2008. 中国古代天文学的转轨与近代天文学 . 北京：中国科学技术出版社
方成 , 丁明德 , 陈鹏飞 . 2008. 太阳活动区物理 . 南京：南京大学出版社
弗拉马里翁 . 2013. 大众天文学 . 李珩 , 译 . 桂林：广西师范大学出版社
伏古勒尔 . 2002. 天文学简史 . 李珩 , 译 . 桂林：广西师范大学出版社
胡中为 . 2015. 婵娟之谜——月球的起源与演化 . 北京：科学出版社
胡中为 , 严家荣 . 2003. 星空观测指南 . 南京：南京大学出版社
黄克谅 , 胡中为 , 陈载璋 . 1983. 天文学导论 (下册). 北京：科学出版社
霍伊尔，纳里卡 . 2005. 物理天文学前沿 . 何香涛 , 赵君亮 , 译 . 长沙：湖南科学技术出版社
焦维新 . 2003. 空间天气学 . 北京：气象出版社
金祖孟 . 2016. 地球概论 . 2 版 . 北京：高等教育出版社
金祖孟 , 陈自悟 . 1997. 地球概论 . 3 版 . 北京：高等教育出版社
李广宇 . 2015. 天体测量和天体力学基础 . 北京：科学出版社
李宗伟 , 肖兴华 . 2000. 天体物理学 . 北京：高等教育出版社
里德帕斯 . 2012. 诺顿星图手册 . 长沙：湖南科学技术出版社
刘步林 . 1979. 数学在天文学中的应用 . 北京：科学出版社
刘德良 , 沈修志 , 陈江峰 , 等 . 2009. 地球与类地行星构造地质学 . 合肥：中国科学技术大学出版社
苏宜 . 2005. 天文学新概论 . 3 版 . 武汉：华中科技大学出版社
唐汉良 . 1980. 日月食计算 . 南京：江苏科学技术出版社
汪洁 . 2017. 星空的琴弦：天文学史话 . 北京：北京时代华文书局
吴守贤 , 全和均 . 2008. 中国古代天体测量学及天文仪器 . 北京：中国科学技术出版社
肖龙 . 2013. 行星地质学 . 北京：地质出版社
徐刚 . 王燕平 . 2016. 星空帝国——中国古代星宿揭秘 . 北京：人民邮电出版社
余明 . 2014. 地球概论 . 北京：科学出版社
詹想 . 2014. 跟我一起去追星：星空摄影指南 . 北京：同心出版社
庄威凤 . 2009. 中国古代天象记录的研究与应用 . 北京：中国科学技术出版社
Tennyson J. 2006. 天体光谱学：天体光谱学的原子分子物理学导论 . 上海：复旦大学出版社

附　　录

附录一　球面三角基础

一、球面三角的基本概念

（1）角度: 过球心的大圆对应的圆心角。一圆周所对的圆心角为360°。度等于60角分，1角分等于60角秒，即

$$1° = 60' \quad 1' = 60''$$

（2）弧度: 长度和半径相等的圆弧所对的圆心角，称为1弧度(rad)。1圆周弧度为2π（rad），弧度和度的关系如下：

$$2\pi\,(\text{rad}) = 360°$$

$$1\,(\text{rad}) = \frac{360}{2\pi} = 57.3° = 3438' = 206265''$$

当角度很小时，角度的正弦或正切常可以近似地用它所对的弧来表示。

$$\sin\theta'' \approx \tan\theta'' \approx \theta'' = \frac{\theta}{206265} = \theta \sin 1''$$

平方度：**球面角度面积单位，与半径无关。** 角度制中1°相当于弧度制中的π/180，所以1平方度 = $(\pi/180)^2$，全天的角度面积有4π，所以就有$4\pi/(\pi/180)^2$个平方度，约等于41252.96平方度。

（3）球面上的圆: 通过球心的平面截球面所得是一个圆，称为大圆；不通过球心的平面截球面也是一个圆，称为小圆。

（4）球面角: 两个大圆弧相交所成的角，称为球面角。它们的交点称为球面角的顶点。大圆弧本身称为球面角的边。

（5）球面三角形: 球面上三个大圆弧所围成的图形称为球面三角形。这三个大圆弧称为球面三角形的边，通常用小写拉丁字母 a、b、c 表示；这三个大圆弧所构成的角称为球面三角形的角，通常用大写拉丁字母 A、B、C 表示，合称球面三角形的六个元素（附图1）。

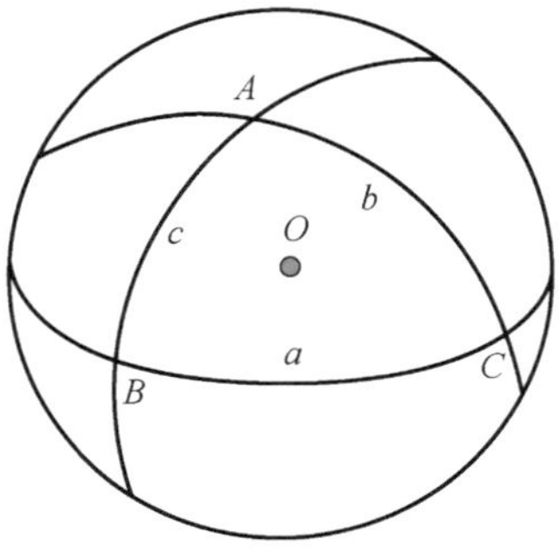

附图1　球面三角形

二、球面三角形的基本性质

（1）球面三角形两边之和大于第三边。

（2）球面三角形三边之和大于0°而小于360°。

（3）球面三角形三角之和大于180°而小于540°。

（4）球面三角形的两边相等，两边的对角也相等。

三、球面三角形的基本公式

1. 球面余弦公式

取球面三角形 ABC，将各顶点与球心 O 连接，可得一球心三面角 $O\text{-}ABC$（附图 2）。过顶点 A 作 b、c 边的切线，分别交 OC、OB 的延长线于 N、M，由此得到两个平面直角三角形（$\triangle OAM$、$\triangle OAN$）和两个平面普通三角形（$\triangle OMN$、$\triangle AMN$）。

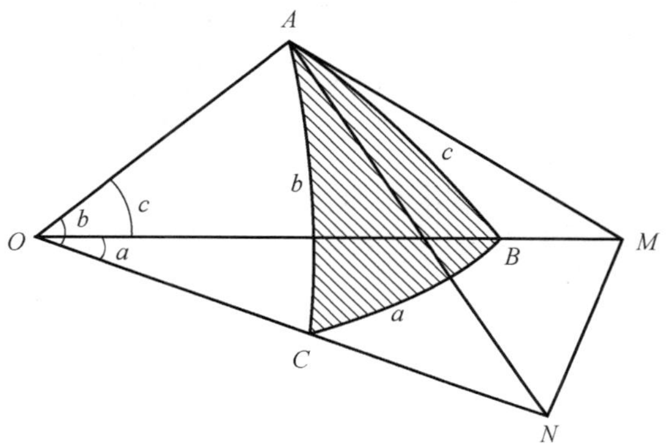

附图 2　球面余弦公式

在平面三角形 OMN 中，应用平面三角的余弦定理，得

$$MN^2=OM^2+ON^2-2OM\cdot ON\cdot\cos a.$$

同理，在平面三角形 AMN 中，得

$$MN^2=AM^2+AN^2-2AM\cdot ON\cdot\cos a.$$

因此，

$$OM^2+\mathrm{ON}^2-2OM\cdot ON\cdot\cos a = AM^2+AN^2-2AM\cdot AN\cdot\cos A$$

$$2OM\cdot ON\cdot\cos a = (ON^2-AN^2)+(OM^2-AM^2)+2AM\cdot AN\cdot\cos A$$

$$= OA^2+OA^2+2AM\cdot AN\cdot\cos A$$

即

$$\cos a = \frac{OA}{ON}\frac{OA}{OM}+\frac{AN}{ON}\frac{AM}{OM}\cos A$$

因

$$\frac{OA}{ON}=\cos b,\ \frac{OA}{OM}=\cos c,\ \frac{AN}{ON}=\sin b,\ \frac{AM}{OM}=\sin c$$

代入上式，便得

$$\cos a=\cos b\cos c+\sin b\sin c\cos A$$

即球面三角形任意边的余弦等于其他两边余弦的乘积加上这两边的正弦及其夹角余弦的连乘积。

2. 球面正弦公式

取球面三角形 ABC，将各顶点与球心 O 连接，可得一球心三面角 $O\text{-}ABC$（附图 3）。过 C 点作 OAB 平面的垂线交此平面于 D（附图 3），再从 D 向 OA、OB 引垂线 DE、

DF。连接 CE 和 CF；由此得四个平面三角形（$\triangle OEC$、$\triangle OFC$、$\triangle CDE$、$\triangle CDF$）。因 CD 垂直于平面 OAB，$DE \perp OA$，所以 $OA \perp CE$；同理 $OB \perp CF$，因此，四个平面三角形（$\triangle OEC$、$\triangle OFC$、$\triangle CDE$、$\triangle CDF$）都是直角三角形，并且有 $\angle CED=A$，$\angle CFD=B$。

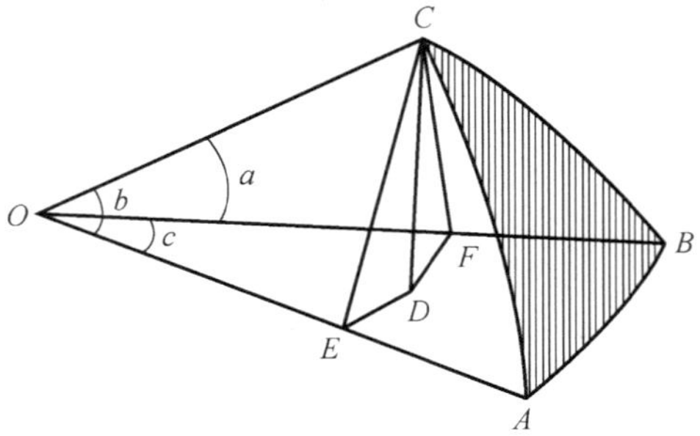

附图 3　球面正弦公式

从附图 3 可得

$$\sin a=\frac{CF}{OC},\quad \sin A=\frac{CD}{CE}$$

$$\sin b=\frac{CE}{OC},\quad \sin B=\frac{CD}{CF}$$

$$\frac{\sin a}{\sin A}=\frac{CE}{OC}\cdot\frac{CF}{CD}$$

$$\frac{\sin b}{\sin B}=\frac{CE}{OC}\cdot\frac{CF}{CD}$$

所以，$\dfrac{\sin a}{\sin A}=\dfrac{\sin b}{\sin B}$

同理可得

$$\frac{\sin a}{\sin A}=\frac{\sin b}{\sin B}=\frac{\sin c}{\sin C}$$

即**球面三角形各边的正弦和对角的正弦成正比**。

附录二 天文常用数据

1. 中国主要城市经纬度

纬度排序	城市名	纬度	经度	经度排序	城市名	经度	纬度
1	哈尔滨	45°45′N	126°41′E	1	哈尔滨	126°41′E	45°45′N
2	长春	43°52′N	125°19′E	2	长春	125°19′E	43°52′N
3	乌鲁木齐	43°48′N	87°36′E	3	沈阳	123°24′E	41°50′N
4	沈阳	41°50′N	123°24′E	4	台北	121°31′E	25°03′N
5	呼和浩特	40°49′N	111°48′E	5	上海	121°29′E	31°14′N
6	北京	39°54′N	116°28′E	6	杭州	120°09′E	30°14′N
7	天津	39°09′N	117°11′E	7	福州	119°18′E	26°05′N
8	银川	38°20′N	106°16′E	8	南京	118°50′E	32°02′N
9	石家庄	38°02′N	114°28′E	9	合肥	117°18′E	31°51′N
10	太原	37°52′N	112°34′E	10	天津	117°11′E	39°09′N
11	西宁	36°38′N	101°45′E	11	济南	117°00′E	36°38′N
12	济南	36°38′N	117°00′E	12	北京	116°28′E	39°54′N
13	兰州	36°03′N	103°49′E	13	南昌	115°52′E	28°41′N
14	郑州	34°48′N	113°42′E	14	石家庄	114°28′E	38°02′N
15	西安	34°16′N	108°54′E	15	武汉	114°21′E	30°37′N
16	南京	32°02′N	118°50′E	16	香港	114°10′E	22°18′N
17	合肥	31°51′N	117°18′E	17	郑州	113°42′E	34°48′N
18	上海	31°14′N	121°29′E	18	广州	113°15′E	23°08′N
19	成都	30°39′N	104°05′E	19	长沙	113°00′E	28°11′N
20	武汉	30°37′N	114°21′E	20	太原	112°34′E	37°52′N
21	杭州	30°14′N	120°09′E	21	呼和浩特	111°48′E	40°49′N
22	拉萨	29°40′N	91°10′E	22	海口	110°20′E	20°02′N
23	重庆	29°32′N	106°32′E	23	西安	108°54′E	34°16′N
24	南昌	28°41′N	115°52′E	24	南宁	108°20′E	22°48′N
25	长沙	28°11′N	113°00′E	25	贵阳	106°42′E	26°35′N
26	贵阳	26°35′N	106°42′E	26	重庆	106°32′E	29°32′N
27	福州	26°05′N	119°18′E	27	银川	106°16′E	38°20′N
28	台北	25°03′N	121°31′E	28	成都	104°05′E	30°39′N
29	昆明	25°00′N	102°41′E	29	兰州	103°49′E	36°03′N
30	广州	23°08′N	113°15′E	30	昆明	102°41′E	25°00′N
31	南宁	22°48′N	108°20′E	31	西宁	101°45′E	36°38′N
32	香港	22°18′N	114°10′E	32	拉萨	91°10′E	29°40′N
33	海口	20°02′N	110°20′E	33	乌鲁木齐	87°36′E	43°48′N

2. 世界主要城市经纬度

序号	城市中文名	所属国家	纬度	经度	序号	城市中文名	所属国家	纬度	经度
1	阿尔及尔	阿尔及利亚	36°42′N	3°13′E	31	伊斯兰堡	巴基斯坦	33°4′N	73°08′E
2	阿拉木图	哈萨克斯坦	43°19′N	76°55′E	32	伊斯坦布尔	土耳其	41°02′N	28°58′E
3	安曼	约旦	31°57′N	35°56′E	33	吉隆坡	马来西亚	3°08′N	101°42′E
4	阿姆斯特丹	荷兰	52°21′N	4°52′E	34	马德里	西班牙	40°26′N	3°42′W
5	安卡拉	土耳其	40°02′N	32°54′E	35	墨西哥城	墨西哥	19°28′N	99°09′W
6	雅典	希腊	38°02′N	23°44′E	36	莫斯科	俄罗斯	55°45′N	37°37′E
7	奥克兰	新西兰	36°55′S	174°45′E	37	新德里	印度	28°37′N	77°13′E
8	巴格达	伊拉克	33°14′N	44°22′E	38	巴拿马	巴拿马	8°57′N	79°3′W
9	斯里巴加湾港	文莱	4°56′N	114°58′E	39	巴黎	法国	48°51′N	2°2′E
10	曼谷	泰国	13°5′N	100°29′E	40	金边	柬埔寨	11°35′N	104°55′E
11	北京	中国	39°54′N	116°28′E	41	釜山	韩国	35°05′N	129°02′E
12	贝鲁特	黎巴嫩	33°52′N	35°3′E	42	平壤	朝鲜	39°N	125°47′E
13	柏林	德国	52°31′N	13°2′E	43	基多	厄瓜多尔	0°14′S	78°3′W
14	布鲁塞尔	比利时	50°51′N	4°21′E	44	雷克雅未克	冰岛	64°09′N	21°58′W
15	布加勒斯特	罗马尼亚	44°23′N	26°1′E	45	里约热内卢	巴西	22°54′S	43°15′W
16	布达佩斯	匈牙利	47°26′N	19°15′E	46	利雅得	沙特阿拉伯	24°39′N	46°44′E
17	布宜诺斯艾利斯	阿根廷	34°2′S	58°3′W	47	罗马	意大利	41°52′N	12°37′E
18	开罗	埃及	30°N	31°17′E	48	新加坡	新加坡	1°22′N	103°45′E
19	堪培拉	澳大利亚	35°18′S	149°08′E	49	索非亚	保加利亚	42°43′N	23°2′E
20	开普敦	南非	33°55′S	18°27′E	50	苏瓦	斐济	18°08′S	178°25′E
21	卡萨布兰卡	摩洛哥	33°36′N	7°37′W	51	悉尼	澳大利亚	33°55′S	151°17′E
22	科伦坡	斯里兰卡	6°55′N	79°52′E	52	塔什干	乌兹别克斯坦	41°16′N	69°13′E
23	哥本哈根	丹麦	55°43′N	12°34′E	53	特拉维夫	以色列	32°05′N	34°46′E
24	多哈	卡塔尔	25°15′N	51°34′E	54	东京	日本	35°41′N	139°44′E
25	迪拜	阿联酋	25°13′N	55°17′E	55	乌兰巴托	蒙古国	47°55′N	106°53′E
26	杜尚别	塔吉克斯坦	38°38′N	68°51′E	56	梵蒂冈城	梵蒂冈	41°54′N	12°27′E
27	日内瓦	瑞士	46°14′N	6°04′E	57	维也纳	奥地利	48°13′N	16°22′E
28	河内	越南	21°01′N	105°53′E	58	万象	老挝	18°01′N	102°48′E
29	哈瓦那	古巴	23°08′N	82°23′W	59	华沙	波兰	52°15′N	21°E
30	赫尔辛基	芬兰	60°1′N	24°53′E	60	华盛顿	美国	38°53′N	77°02′W

3. 常用天文符号表

天体符号表

天体名	英文名	符号
太阳	Sun	☼或 ⊙
水星	Mercury	☿
金星	Venus	♀
地球	Earth	⊕
火星	Mars	♂
木星	Jupiter	♃
土星	Saturn	♄
天王星	Uranus	♅
海王星	Neptune	♆
冥王星	Pluto	♇
月球	Moon	☽

十二星座符号表

星座名	英文名	符号
白羊座	Aries	♈
金牛座	Taurus	♉
双子座	Gemini	♊
巨蟹座	Cancer	♋
狮子座	Leo	♌
室女座	Virgo	♍
天秤座	Libra	♎
天蝎座	Scorpio	♏
人马座	Sagittarius	♐
摩羯座	Capricorn	♑
宝瓶座	Aquarius	♒
双鱼座	Pisces	♓

希腊字母表

顺序	大写	小写	读法
1	A	α	阿尔法
2	B	β	贝塔
3	Γ	γ	伽马
4	Δ	δ	德尔塔

续表

顺序	大写	小写	读法
5	Ε	ε	艾普西隆
6	Ζ	ζ	泽塔
7	Η	η	伊塔
8	Θ	θ	西塔
9	Ι	ι	约塔
10	Κ	κ	卡帕
11	Λ	λ	拉姆达
12	Μ	μ	缪
13	Ν	ν	纽
14	Ξ	ξ	克西
15	Ο	ο	奥密克戎
16	Π	π	派
17	Ρ	ρ	柔
18	Σ	σ	西格马
19	Τ	τ	陶
20	Υ	υ	宇普西隆
21	Φ	φ	斐
22	Χ	χ	希
23	Ψ	ψ	普西
24	Ω	ω	奥米伽

4. 星座表

序号	汉语名	拉丁名	缩写	中心赤经	中心赤纬	面积 [1]	星数 [2]
1	仙女座	Andromeda	And	0h40min	+ 38°	722	100
2	唧筒座	Antlia	Ant	10h0min	– 35°	239	20
3	天燕座	Apus	Aps	16h0min	– 76°	206	20
4	宝瓶座	Aquarius	Aqr	22h20min	– 13°	980	90
5	天鹰座	Aquila	Aql	19h30min	+ 2°	652	70
6	天坛座	Ara	Ara	17h10min	– 55°	237	30
7	白羊座	Aries	Ari	2h30min	+ 20°	441	50
8	御夫座	Auriga	Aur	6h0min	+ 42°	657	90
9	牧夫座	Bootes	Boo	14h35min	+ 30°	907	90
10	雕具座	Caelum	Cae	4h50min	– 38°	125	10
11	鹿豹座	Camelopardalis	Cam	5h40min	+ 70°	757	50

续表

序号	汉语名	拉丁名	缩写	中心赤经	中心赤纬	面积[1]	星数[2]
12	巨蟹座	Cancer	Cnc	8h30min	+ 20°	506	60
13	猎犬座	Canes Venatici	CVn	13h0min	+ 40°	465	30
14	大犬座	Canis Major	CMa	6h40min	–22°	380	80
15	小犬座	Canis Minor	CMi	7h30min	+ 6°	183	20
16	摩羯座	Capricornus	Cap	21h0min	– 20°	414	50
17	船底座	Carina	Car	8h40min	– 62°	494	110
18	仙后座	Cassiopeia	Cas	1h0min	+ 60°	598	90
19	半人马座	Centaurus	Cen	13h20min	– 47°	1060	150
20	仙王座	Cepheus	Cep	22h0min	+ 70°	588	60
21	鲸鱼座	Cetus	Cet	1h45min	– 12°	1231	100
22	蝘蜓座	Chamaeleon	Cha	10h40min	– 78°	132	20
23	圆规座	Circinus	Cir	14h50min	– 63°	93	20
24	天鸽座	Columba	Col	5h40min	–34°	270	40
25	后发座	Coma Berenices	Com	12h40min	+ 23°	386	53
26	南冕座	Corona Austrilis	CrA	18h30min	– 41°	128	25
27	北冕座	Corona Borealis	CrB	15h40min	+32°	179	20
28	乌鸦座	Corvus	Crv	12h20min	– 18°	184	15
29	巨爵座	Crater	Crt	11h20min	– 15°	282	20
30	南十字座	Crux	Cru	12h20min	– 60°	68	30
31	天鹅座	Cygnus	Cyg	20h30min	+ 43°	804	150
32	海豚座	Delphinus	Del	20h35min	+ 12°	189	30
33	箭鱼座	Dorado	Dor	5h0min	– 60°	179	20
34	天龙座	Draco	Dra	17h0min	+ 60°	1083	80
35	小马座	Equuleus	Equ	21h10min	+ 6°	72	10
36	波江座	Eridanus	Eri	3h50min	– 30°	1138	100
37	天炉座	Fornax	For	2h45min	– 33°	398	35
38	双子座	Gemini	Gem	7h0min	+ 22°	514	70
39	天鹤座	Grus	Gru	22h20min	– 47°	366	30
40	武仙座	Hercules	Her	17h10min	+ 27°	1225	140
41	时钟座	Horologium	Hor	3h20min	– 52°	249	20
42	长蛇座	Hydra	Hya	10h30min	– 20°	1303	20

续表

序号	汉语名	拉丁名	缩写	中心赤经	中心赤纬	面积[1]	星数[2]
43	水蛇座	Hydrus	Hyi	2h40min	– 72°	243	20
44	印地安座	Indus	Ind	21h20min	– 58°	294	20
45	蝎虎座	Lacerta	Lac	22h25min	+ 43°	201	35
46	狮子座	Leo	Leo	10h30min	+ 15°	947	70
47	小狮座	Leo Minor	LMi	10h20min	+ 33°	232	20
48	天兔座	Lepus	Lep	5h25min	– 20°	290	40
49	天秤座	Libra	Lib	15h10min	– 14°	538	50
50	豺狼座	Lupus	Lup	15h0min	– 40°	334	70
51	天猫座	Lynx	Lyn	7h50min	+ 45°	545	60
52	天琴座	Lyra	Lyr	18h45min	+ 36°	286	45
53	山案座	Mensa	Men	5h40min	–77°	153	15
54	显微镜座	Microseopium	Mic	20h50min	– 37°	210	20
55	麒麟座	Monoceros	Mon	7h0min	– 3°	483	85
56	苍蝇座	Musca	Mus	12h30min	– 70°	138	30
57	矩尺座	Norma	Nor	16h0min	– 50°	165	20
58	南极座	Octans	Oct	21h0min	– 87°	291	35
59	蛇夫座	Ophiuchus	Oph	17h10min	– 8°	948	100
60	猎户座	Orion	Ori	5h25min	+ 3°	594	120
61	孔雀座	Pavo	Pav	19h10min	– 65°	378	45
62	飞马座	Pegasus	Peg	22h30min	+ 17°	1121	100
63	英仙座	Perseus	Per	3h20min	+ 42°	615	90
64	凤凰座	Phoenix	Phe	1h0min	– 48°	469	40
65	绘架座	Pictor	Pic	5h30min	– 52°	247	30
66	双鱼座	Pisces	Psc	0h20min	+ 10°	889	75
67	南鱼座	Piscis Austrinus	PsA	22h10min	– 32°	245	25
68	船尾座	Puppis	Pup	7h40min	– 32°	673	140
69	罗盘座	Pyxis	Pyx	8h50min	– 28°	221	25
70	网罟座	Reticulum	Ret	3h50min	– 63°	114	15
71	天箭座	Sagitta	Sge	19h40min	+ 18°	80	20
72	人马座	Sagittarius	Sgr	19h0min	– 25°	867	115
73	天蝎座	Scorpius	Sco	16h45min	– 26°	497	100

续表

序号	汉语名	拉丁名	缩写	中心赤经	中心赤纬	面积[1]	星数[2]
74	玉夫座	Sculptor	Scl	0h30min	– 35°	475	30
75	盾牌座	Scutum	Sct	18h40min	– 10°	109	20
76	巨蛇座	Serpens	Ser	17h0min	+ 1°	637	60
77	六分仪座	Sextans	Sex	10h10min	– 1°	314	25
78	金牛座	Taurus	Tau	4h30min	+ 18°	797	125
79	望远镜座	Telescopium	Tel	19h0min	– 52°	252	30
80	三角座	Triangulum	Tri	2h0min	+ 32°	132	15
81	南三角座	Triangulum Australe	TrA	15h40min	– 65°	110	20
82	杜鹃座	Tucana	Tuc	23h45min	– 68°	295	25
83	大熊座	Ursa Major	UMa	11h0min	+ 58°	1280	125
84	小熊座	Ursa Minor	UMi	15h40min	+ 78°	256	20
85	船帆座	Vela	Vel	9h30min	– 45°	500	110
86	室女座	Virgo	Vir	13h20min	– 2°	1294	95
87	飞鱼座	Volans	Vol	7h40min	– 69°	141	20
88	狐狸座	Vulpecula	Vul	20h10min	+ 25°	268	45

[1] 单位为平方度
[2] 亮于 6 等星的星数

5. 亮星表

排名	中文名	英文名	所属星座	距离 / 光年	视星等
1	天狼	Sirius	大犬座	8.6	–1.46
2	老人	Canopus	船底座	310 ± 20	–0.72
3	南门二	Rigil Kentaurus	半人马座	4.37	–0.27
4	大角	Arcturus	牧夫座	36.71	–0.04 (var)*
5	织女星	Vega	天琴座	25.27	0.03
6	五车二	Capella	御夫座	42.2 ± 0.5	0.08
7	参宿七	Rigel	猎户座	800 ± 50	0.12
8	南河三	Procyon	小犬座	11.4 ± 0.03	0.38
9	水委一	Achernar	波江座	139 ± 3	0.46
10	参宿四	Betelgeuse	猎户座	643 ± 146	0.58 (var)
11	马腹一	Hadar	半人马座	530 ± 50	0.61
12	河鼓二	Altair	天鹰座	16.77 ± 0.08	0.77

续表

排名	中文名	英文名	所属星座	距离 / 光年	视星等
13	毕宿五	Aldebaran	金牛座	65.1	0.85 (var)
14	心宿二	Antares	天蝎座	550	0.96
15	角宿一	Spica	室女座	260 ± 20	0.97
16	北河三	Pollux	双子座	33.72	1.14
17	北落师门	Fomalhaut	南鱼座	25 ± 0.1	1.16
18	十字架三	Becrux，Mimosa	南十字座	350 ± 20	1.25
19	天津四	Deneb	天鹅座	1400	1.25
20	南门二 -B	—	半人马座	4.35	1.33
21	轩辕十四	Regulus	狮子座	77 ± 1	1.35
22	十字架二 -1	Acrux-1	十字架座	320 ± 20	1.4
23	弧矢七	Adhara	大犬座	430 ± 30	1.5
24	十字架一	Gacrux	十字架座	88 ± 2	1.63
25	尾宿八	Shaula	天蝎座	700	1.63
26	参宿五	Bellatrix	猎户座	240 ± 20	1.64
27	五车五	Elnath	金牛座	131 ± 5	1.65
28	南船五	Miaplacidus	船底座	111 ± 2	1.68
29	参宿二	Alnilam	猎户座	1300	1.7
30	鹤一	Alnair	天鹤座	101 ± 3	1.74
31	玉衡（北斗五）	Alioth	大熊座	81 ± 1	1.77
32	天枢（北斗一）	Dubhe	大熊座	124 ± 2	1.79
33	天船三	Mirfak	英仙座	590	1.8
34	天社一	Suhail，Regor	船帆座	800	1.82
35	箕宿三	Kaus Australis	人马座	145 ± 7	1.85
36	弧矢一	Wezen	大犬座	1800	1.86
37	海石一	Avior	船底座	630 ± 60	1.86
38	摇光（北斗七）	Alkaid，Benetnasch	大熊座	101 ± 2	1.86
39	尾宿五	Sargas，Girtab	天蝎座	300	1.87
40	五车三	Menkalinan	御夫座	87.1	1.896
41	三角形三	Atria	南三角座	420 ± 30	1.91
42	井宿三	Almesian	双子座	105	1.93
43	孔雀十一	Peacock	孔雀座	183 ± 7	1.94

续表

排名	中文名	英文名	所属星座	距离 / 光年	视星等
44	天社三	—	船帆座	79.7 ± 0.7	1.95
45	军市一	Murzim	大犬座	500	1.98
46	星宿一	Alphard	长蛇座	177 ± 8	1.98
47	北河二	Castor	双子座	49.8 ± 0.8	1.99
48	蒭藁增二	Mira	鲸鱼座	420	2.0 (var)
49	娄宿三	Hamal	白羊座	66 ± 1	2.0 (var)
50	北冕座 T	—	北冕座	2000	2.0 (var)

* var：变星

6. 梅西耶星表

编号	赤经	赤纬	视径 / (′)	光度	星座	注释
M1	5h34.5min	+22°01'	36 × 34	8.4	金牛座	蟹状星云
M2	21h33.5min	–0°49'	13	6.5	宝瓶座	球状星团
M3	13h42.5min	+28°23'	16	6.4	猎犬座	球状星团
M4	16h23.6min	–26°32'	26	5.9	天蝎座	球状星团
M5	15h18.6min	+2°05'	17	5.8	巨蛇座	球状星团
M6	17h40.1min	–32°13'	15	4.2	天蝎座	疏散星团 / 蝴蝶星团
M7	17h53.9min	–34°49'	80	3.3	天蝎座	疏散星团
M8	18h3.8min	–24°23'	90 × 40	5.8	人马座	弥漫星云 / 礁湖星云
M9	17h19.2min	–18°31'	9	7.9	蛇夫座	球状星团
M10	16h57.1min	–4°06'	15	6.6	蛇夫座	球状星团
M11	18h51.1min	–6°16'	14	5.8	盾牌座	疏散星团 / 野鸭星团
M12	16h47.2min	–1°57'	15	6.6	蛇夫座	球状星团
M13	16h41.7min	+36°28'	17	5.9	武仙座	球状星团
M14	17h37.6min	–3°15'	12	7.6	蛇夫座	球状星团
M15	21h30.0min	+12°10'	12	5.4	飞马座	球状星团
M16	18h18.8min	–13°47'	35	6	巨蛇座	天鹰星云及伴生星团
M17	18h20.8min	–16°11'	46 × 37	7	人马座	弥漫星云 / 马蹄星云
M18	18h19.9min	–17°08'	9	6.9	人马座	疏散星团
M19	17h2.6min	–26°16'	14	7.2	蛇夫座	球状星团
M20	18h2.3min	–23°02'	29 × 27	6.3	人马座	三叶星云

续表

编号	赤经	赤纬	视径 / (′)	光度	星座	注释
M21	18h4.6min	–22°30'	13	5.9	人马座	疏散星团
M22	18h36.4min	–23°54'	24	5.1	人马座	球状星团
M23	17h56.8min	–19°01'	27	5.5	人马座	疏散星团
M24	18h18.4min	–18°25'	90	4.5	人马座	疏散星团
M25	18h31.6min	–19°15'	32	4.6	人马座	疏散星团
M26	18h45.2min	–9°24'	15	8	盾牌座	疏散星团
M27	19h59.6min	+22°43'	8 × 4	8.1	狐狸座	行星状星云 / 哑铃星云
M28	18h24.5min	–24°52'	11	6.9	人马座	球状星团
M29	20h23.9min	+38°32'	7	6.6	天鹅座	疏散星团
M30	21h40.4min	–23°11'	11	7.5	摩羯座	球状星团
M31	0h42.7min	+41°16'	178 × 63	3.4	仙女座	仙女座大星云
M32	0h42.7min	+40°52'	8 × 6	8.2	仙女座	星系
M33	1h33.9min	+30°39'	62 × 39	5.7	三角座	三角星系
M34	2h42.0min	+42°47'	35	5.2	英仙座	疏散星团
M35	6h8.9min	+24°20'	28	5.1	双子座	疏散星团
M36	5h36.1min	+34°08'	12	6	御夫座	疏散星团
M37	5h52.4min	–32°33'	24	5.6	御夫座	疏散星团
M38	5h28.7min	+35°50'	21	6.4	御夫座	疏散星团
M39	21h32.2min	+48°26'	32	4.6	天鹅座	疏散星团
M40	12h22.4min	+58°05'	—	8	大熊座	双星
M41	6h47.0min	–20°44'	38	4.5	大犬座	疏散星团
M42	5h35.4min	–5°27'	66 × 60	4	猎户座	最亮的星云
M43	5h35.6min	–5°16'	20 × 15	9	猎户座	弥漫星云
M44	8h40.1min	+19°59'	95	3.1	巨蟹座	疏散星团 / 鬼星团 / 蜂巢星团
M45	3h47.0min	+24°07'	110	1.2	金牛座	昴星团
M46	7h41.8min	–14°49'	27	6.1	船尾座	疏散星团
M47	7h36.6min	–14°30'	30	4.4	船尾座	疏散星团
M48	8h13.8min	–5°48'	54	5.8	长蛇座	疏散星团
M49	12h29.8min	+8°00'	9 × 7	8.4	室女座	星系
M50	7h3.2min	+8°20'	16	5.9	麒麟座	疏散星团
M51	13h29.9min	+47°12'	11 × 8	8.1	猎犬座	涡状星系

续表

编号	赤经	赤纬	视径 / (′)	光度	星座	注释
M52	23h24.2min	+61°35`	13	6.9	仙后座	疏散星团
M53	13h12.9min	+18°10'	13	7.7	后发座	球状星团
M54	18h55.1min	–30°29'	9	7.7	人马座	球状星团
M55	19h40.0min	–30°58'	19	7	人马座	球状星团
M56	19h16.6min	+30°11'	7	8.2	天琴座	球状星团
M57	18h53.6min	+33°02'	2.5	9	天琴座	行星状星云 / 环状星云
M58	12h37.7min	+11°49'	5 × 4	9.8	室女座	星系 / 棒旋星系
M59	12h42.0min	+11°39'	5 × 3	9.8	室女座	星系
M60	12h43.7min	+11°33'	7 × 6	8.8	室女座	星系
M61	12h21.9min	+4°28'	6 × 6	6.6	室女座	星系
M62	17h1.2min	+30°07'	14	8.8	蛇夫座	球状星团
M63	13h15.8min	+42°02'	12 × 8	8.6	猎犬座	星系
M64	12h56.7min	+21°41'	9 × 5	8.5	后发座	星系 / 黑眼星系
M65	11h18.9min	+13°05'	10 × 3	9.3	狮子座	星系
M66	11h20.2min	+12°59'	9 × 4	9	狮子座	星系
M67	8h50.4min	+11°49'	30	6.9	巨蟹座	疏散星团
M68	12h39.5min	+26°45'	12	8.2	长蛇座	球状星团
M69	18h31.4min	–32°21'	4	7.7	人马座	球状星团
M70	18h43.2min	–32°18'	8	8.1	人马座	球状星团
M71	19h53.9min	+18°47'	7	8.3	天箭座	球状星团
M72	20h53.5min	–12°32'	6	9.4	宝瓶座	球状星团
M73	20h59.0min	–12°38'	3	8.9	宝瓶座	疏散星团
M74	1h36.7min	+15°47'	10 × 10	9.2	双鱼座	星系
M75	20h6.1min	–21°55'	6	8.6	人马座	球状星团
M76	1h42.4min	+51°34'	1	12.2	英仙座	行星状星云 / 小哑铃星云
M77	2h42.7min	–0°01'	7 × 6	8.8	鲸鱼座	星系 / 赛弗特星系
M78	5h46.7min	+0°03'	8 × 6	—	猎户座	弥散星团
M79	5h24.5min	+24°33'	9	8	天兔座	球状星团
M80	16h17.1min	+22°59'	9	7.2	天蝎座	球状星团
M81	9h55.6min	+69°04'	26 × 14	6.9	大熊座	星系

续表

编号	赤经	赤纬	视径 / (′)	光度	星座	注释
M82	9h55.8min	+69°41'	11 × 5	8.4	大熊座	星系
M83	13h37.0min	–18°52'	11 × 10	8	长蛇座	星系
M84	12h25.1min	+12°53'	5 × 4	9.3	室女座	星系
M85	12h25.4min	+18°11'	7 × 5	9.2	后发座	星系 / 透镜状星系
M86	12h26.2min	+12°57'	7 × 6	9.2	室女座	星系
M87	12h30.8min	+12°24'	7 × 7	8.6	室女座	星系
M88	12h32.0min	+14°25'	7 × 4	9.5	后发座	星系
M89	12h35.7min	+12°33'	4 × 4	9.8	室女座	星系
M90	12h36.8min	+13°10'	10 × 5	9.5	室女座	星系
M91	12h35.4min	+14°30'	5 × 4	10.2	后发座	星系
M92	17h17.1min	+43°08'	11	6.5	武仙座	球状星团
M93	7h44.6min	+23°52'	22	6.2	船尾座	疏散星团
M94	12h50.9min	+41°07'	11 × 9	8.2	猎犬座	星系
M95	10h44.0min	+11°42'	7 × 5	9.7	狮子座	星系
M96	10h46.8min	+11°49'	7 × 5	9.2	狮子座	星系
M97	11h14.8min	+55°01'	3	12	大熊座	行星状星云
M98	12h13.8min	+14°54'	10 × 3	10.1	后发座	星系
M99	12h18.8min	+14°25'	5 × 5	9.8	后发座	星系
M100	12h22.9min	+15°49'	7 × 6	9.4	后发座	星系
M101	14h3.2min	+54°21'	27 × 26	7.7	大熊座	星系
M102	15h6.5min	+55°46'	5 × 2	10	天龙座	星系
M103	1h33.2min	+60°42'	6	7.4	仙后座	疏散星团
M104	12h40.0min	–11°37'	8 × 4	8.3	室女座	星系 / 草帽星系
M105	10h47.8min	+12°35'	5 × 4	9.3	狮子座	星系
M106	12h19.0min	+47°18'	18 × 8	8.3	猎犬座	星系
M107	16h32.5min	–13°03'	10	8.1	蛇夫座	球状星团
M108	11h11.5min	+55°40'	8 × 3	10.1	大熊座	星系
M109	11h57.6min	+53°23'	8 × 5	9.8	大熊座	星系
M110	0h40.4min	+41°41'	17 × 10	8	仙女座	星系

7. 太阳、地球、月球参数

太阳基本数据	地球基本数据	月球基本数据
太阳质量　1.9891×10^{33}g	地球质量　5.97×10^{27}g	月球质量　7.35×10^{25}g
太阳半径　696300km	地球半径　6371km	月球半径　1738km
太阳体积　1.412×10^{18}km^3	地球体积　1.08×10^{12k}m^3	月球体积　2.20×10^{10}km^3
太阳表面积　6.087×10^{12}km^2	地球平均密度　5.52g/cm^3	月球平均密度　3.34g/cm^3
太阳平均密度　1.409g/cm^3	地球表面积　5.11×10^8km^2	月球表面积　3.79×10^7km^2
太阳表面重力加速度　274m/s^2	地球表面重力加速度　9.8m/s^2	月球表面重力加速度　1.62m/s^2
太阳表面逃逸速度　618km/s	地球表面逃逸速度　11.2km/s	月球表面逃逸速度　2.38km/s
太阳表面磁场　$1 \times 10^{-4} \sim 3 \times 10^{-4}$T	地球表面磁场强度　$1 \sim 5 \times 10^{-5}$T	月球表面磁场强度　$1 \sim 5 \times 10^{-9}$T
太阳表面大气压　3×10^{16}Pa	地球磁北极　76°N, 101°W	月球表面大气压　1.3×10^{-10}Pa
太阳表面温度　5770K	地球南磁极　66°S, 140°E	月球反照率　9%
太阳中心温度　1.5×10^7K	地球表面大气压　1.01×10^5Pa	月球表面温度：−183 ～ 127℃
太阳自转周期　25.1 ～ 35.0d	地球反照率　36.7%	月球满月视星等　−13
光谱型　G_2V	周年光行差常数　20.49552"	月地平均距离　384400km
目视星等　−26.74 等	黄赤交角 23°26′	近地点平均距离　363300km
绝对星等　4.83 等	黄经总岁差　50.29" /a	远地点平均距离　405500km
太阳活动周期　11.04a	地球轨道偏心率　0.016722	黄道与白道交角　5°9′
日地平均距离　1.4960×10^{11}m	平均公转速度　29.79km/s	轨道偏心率　0.0549
日地最远距离　1.5210×10^{11}m	赤道自转速度　466m/s	赤道面与黄道面交角　1°32′
日地最近距离　1.4710×10^{11}m	地球年龄 ～ 46 亿 a	赤道面与白道面交角　6°41′
太阳常数　1367 ± 7W/m^2		月球平均公转速度　1km/s
太阳年龄 ～ 50 亿 a		月球年龄 ～ 45 亿 a

8. 行星表

行星轨道参数

行星	与太阳距离 / 天文单位	与太阳距离 /10^8km	轨道偏心率	自转周期	自转方向	公转周期	公转方向	会合周期	公转速度 /(km/s)	赤道与轨道交角	轨道与黄道夹角	升交点黄经	近日点黄经
水星	0.39	0.579	0.206	59d	向东	87.97d	向东	116d	47.90	<28°	7°	47.9°	76.8°
金星	0.72	1.082	0.007	243d	向西	224.7d	向东	586d	35.00	3°	3.4°	76.3°	131°
地球	1.00	1.496	0.017	23h56min4s	向东	365.24d	向东	—	29.80	23°26′	0°	0°	102.3°
火星	1.52	2.279	0.093	24h37min23s	向东	686.93d	向东	780d	24.10	23°59′	1.9°	49.2°	335.3°

续表

行星	与太阳距离 / 天文单位	与太阳距离 /10^8km	轨道偏心率	自转周期	自转方向	公转周期	公转方向	会合周期	公转速度 /(km/s)	赤道与轨道交角	轨道与黄道夹角	升交点黄经	近日点黄经
木星	5.20	7.784	0.048	9h50min30s	向东	11.8565a	向东	399d	13.10	3°05′	1.3°	100°	13.7°
土星	9.54	14.267	0.054	10h14min	向东	29.448a	向东	378d	9.60	26°44′	2.5°	113.3°	92.3°
天王星	19.18	28.710	0.047	11h	向西	84.02a	向东	370d	6.80	82°5′	0.8°	73.8°	170°
海王星	30.06	44.983	0.009	16h	向东	164.79a	向东	367d	5.40	28°48′	1.8°	131.3°	44.3°

行星物理参数

行星	赤道半径 /km	扁率	体积（地球=1）	重量（地球=1）	密度（水=1）	赤道重力加速度 /(m/s^2)	表面逃逸速度 /(m/s)	卫星数目	大气成分	表面温度 /℃	最大视直径 /（″）	反照率	最亮视星等
水星	2440	0	0.054	0.06	5.43	3.7	4.3	0	无	–173 ～ 427	11	0.06	–1.9 等
金星	6052	0	0.88	0.82	5.24	8.9	10.4	0	二氧化碳、酸	420 ～ 485	61	0.85	–4.4 等
地球	6378	0.003	1	1.00	5.52	9.8	11.2	1	氮、氧	–88 ～ 58	—	0.40	—
火星	3397	0.009	0.15	0.11	3.94	3.7	5	2	二氧化碳、氩	–87 ～ –5	18	0.15	–2.8 等
木星	71492	0.06	1316	317.82	1.33	20.9	59.6	63	氢、氦	–148	47	0.58	–2.8 等
土星	60268	0.1	763.6	95.16	0.70	10.4	35.6	56	氢、氦	–178	43（环）	0.57	+0.4 等
天王星	25559	0.06	63.1	14.37	1.30	8.4	0.646	27	氢、氦	–216	4	0.80	+5.6 等
海王星	24764	0.02	57.7	17.15	1.76	10.7	0.658	13	氢、氦、甲烷	–214	0	0.71	+7.9 等

9. 太阳系矮行星、小行星及卫星表

矮行星表

中文名	国际名	位置	轨道半径 /AU	公转周期 /a	轨道倾角	轨道偏心率	直径 /km	相对月球直径	质量 /10^{21}kg	密度 /(g/cm^3)	自转周期 /d	表面温度 /K	卫星数
谷神星	Ceres	小行星带	2.77	4.6	10.59°	0.079	946	0.27	0.94	2.17	0.38	167	0
冥王星	Pluto	柯伊伯带	39.48	248.09	17.14°	0.249	2380 ± 0.4	0.68	13.05	1.87	16.39	44	5
妊神星	Haumea	柯伊伯带	43.13	283.28	28.22°	0.195	1240+69	0.36	4.01 ± 0.04	2.6 ～ 3.3	0.16	32 ± 3	2
鸟神星	Makemake	柯伊伯带	45.79	309.9	28.96°	0.159	1430 ± 14	0.41	4	1.4 ～ 2.0	0.32	～ 30	1
阋神星	Eris	黄道离散带	67.67	557	44.19°	0.442	2326 ± 12	0.67	16.7	2.5	～ 1	～ 42	1

小行星表

中文名	国际名	位置	轨道半径 /AU	公转周期 /a	轨道倾角	偏心率	直径 /km	相对月球直径	质量 /10^{18} kg	密度 /(g/cm^3)	自转周期 /h	自转倾角	表面温度 /K
灶神星	Vesta	小行星带	2.36	3.63	7.1°	0.089	573 × 557 × 446	0.15	260	3.44 ± 0.12	5.34	29°	85 ～ 270 K
智神星	Pallas	小行星带	2.77	4.62	34.8°	0.231	580 × 555 × 500	0.16	210	2.71 ± 0.11	7.81	～ 80°	164 K
健神星	Hygiea	小行星带	3.14	5.56	3.8°	0.117	530 × 407 × 370	0.12	87	2.76 ± 1.2	27.6	～ 60°	164 K

卫星表

卫星编号	卫星国际名	中文译名	距行星距离 / km	相当月球体积	相当月球质量	密度 / (g/cm^3)	赤道加速度 /(m/s^2)	逃逸速度 / (km/s)	自转周期 /d	公转周期 /d	公转速度 /(km/s)	偏心率	表面温度 / K
地球卫星	Moon	月球	384399	1.000	1.000	3.35	1.622	2.38	27.3	27.3	1.0	0.0549	220
木卫一	Io	艾奥	421600	1.150	1.217	3.53	1.796	2.56	1.8	1.8	17.3	0.0041	130
木卫二	Europa	欧罗巴	670900	0.723	0.653	3.01	1.314	2.03	3.6	3.6	13.7	0.009	102
木卫三	Ganymede	加尼米德	1070400	3.455	2.017	1.94	1.428	2.74	7.2	7.2	10.9	0.0013	110
木卫四	Callisto	卡里斯托	1882700	2.682	1.464	1.83	1.235	2.44	16.7	16.7	8.2	0.0074	134
土卫一	Mimas	美马斯	185520	0.002	0.001	1.15	0.064	0.16	0.9	0.9	14.3	0.0202	64
土卫二	Enceladus	恩克拉多斯	237948	0.003	0.001	1.61	0.111	0.24	1.4	1.4	12.6	0.0047	75
土卫三	Tethys	特提斯	294619	0.086	0.008	0.98	0.145	0.39	1.9	1.9	11.4	0.02	64
土卫四	Dione	狄俄涅	377396	0.034	0.015	1.48	0.231	0.51	2.7	2.7	10.0	0.002	87
土卫五	Rhea	雷亚	527108	0.086	0.031	1.23	0.264	0.64	4.5	4.5	8.5	0.001	76
土卫六	Titan	泰坦	1221850	3.273	1.831	1.88	1.352	4.00	15.9	15.9	5.6	0.0292	94

10. 流星雨表

序号	流星雨名	可见日期	最盛日	ZHR	辐射点赤经	辐射点赤纬	母体	周期 /a	行迹特征
1	象限仪座流星雨	1 月 1 ～ 6 日	1 月 3 日	100.0	15h30min	50°	小行星 2003 EH1	5	中速，蓝色
2	南冕座流星雨	3 月 14 ～ 18 日	3 月 16 日	5.0	14h24min	–48°	不明		
3	天琴座流星雨	4 月 19 ～ 25 日	4 月 22 日	10.0	18h10min	32°	C/1861 Thatcher 彗星	415	迅速，明亮
4	宝瓶座 η 流星群	5 月 1 ～ 10 日	5 月 6 日	35.0	22h23min	–1°	1P/Halley	76	快，长
5	蛇夫座流星雨	6 月 17 ～ 26 日	6 月 20 日	5	17h23min	–20°	不明		

续表

序号	流星雨名	可见日期	最盛日	ZHR	辐射点赤经	辐射点赤纬	母体	周期/a	行迹特征
6	摩羯座流星雨	7 月 10 日～8 月 15 日	7 月 25 日	5	21h3min	–15°	不明		很慢，黄色
7	宝瓶座 δ 流星雨	7 月 15 日～8 月 15 日	7 月 29 日	10	22h39min	–17°	1P/Halley	76	
8	南鱼座流星雨	7 月 15 日～8 月 20 日	7 月 31 日	5	22h43min	–30°	不明		
9	摩羯座 α 流星雨	7 月 15 日～8 月 25 日	8 月 2 日	5	20h39min	–10°	45P/honda-Mrkos-Pajdusakova 彗星	5.25	慢，亮黄色
10	宝瓶座 ι 流星雨	7 月 15 日～8 月 25 日	8 月 6 日	8	22h15min	–15°	1P/Halley	76	双辐射源，暗
11	英仙座流星雨	7 月 23 日～8 月 20 日	8 月 12 日	80	3h8min	58°	109P/Swift-Tuttle 彗星	133	快，长短结合
12	天龙座流星雨	10 月 6 ～ 10 日	10 月 8 日	<5	17h25min	57°	21P/Giacobini-Zinner	6.6	近日点附近
13	猎户座流星雨	10 月 16 ～ 27 日	10 月 20 ～ 22 日	25	6h27min	15°	1P/Halley	76	极快而长
14	金牛座流星雨	10 月 20 ～ 11 月 30 日	11 月 3 日	10	3h47min	14°	2P/Encke	3.3	双辐射源，慢
15	狮子座流星雨	11 月 15 ～ 25 日	11 月 17 日	15	10h11min	22°	55P/Tempel-Tuttle	33	亮，长
16	仙女座流星雨	11 月 17 ～ 23 日	11 月 20 日	3	1h42min	43°	比拉彗星	6.7	接近瓦解
16	双子座流星雨	12 月 7 ～ 25 日	12 月 13 日	100	7h28min	32°	小行星（3200）Phaethon	1.4	中速，蓝色
17	小熊座流星雨	12 月 17 ～ 25 日	12 月 22 日	10	14h27min	78°	8P/Tuttle	14.4	微弱

11. 太阳赤道、黄道坐标及时差

日期	节气	黄纬 /（°）	黄经 /（°）	赤纬 /（°）	赤经 /h	时差 /min
1 月 1 日		0	280	–23.1	18.7	–3.0
1 月 6 日	小寒	0	285	–22.6	19.1	–6.0
1 月 10 日		0	290	–21.9	19.4	–7.0
1 月 15 日		0	295	–21.1	19.8	–9.0
1 月 20 日	大寒	0	300	–20.1	20.1	–11.0
1 月 25 日		0	305	–19.0	20.5	–12.0
1 月 30 日		0	310	–17.7	20.8	–13.0
2 月 4 日	立春	0	315	–16.3	21.2	–14.0
2 月 9 日		0	320	–14.8	21.5	–14.0
2 月 14 日		0	325	–13.2	21.8	–14.0
2 月 19 日	雨水	0	330	–11.5	22.1	–14.0
2 月 24 日		0	335	–9.7	22.5	–13.0

续表

日期	节气	黄纬 / (°)	黄经 / (°)	赤纬 / (°)	赤经 /h	时差 /min
3 月 1 日		0	340	–7.8	22.8	–12.0
3 月 6 日	惊蛰	0	345	–5.9	23.1	–11.0
3 月 11 日		0	350	–4.0	23.4	–10.0
3 月 16 日		0	355	–2.0	23.7	–9.0
3 月 21 日	春分	0	0	0.0	0.0	–7.0
3 月 26 日		0	5	2.0	0.3	–6.0
3 月 31 日		0	10	4.0	0.6	–4.0
4 月 5 日	清明	0	15	5.9	0.9	–3.0
4 月 10 日		0	20	7.8	1.2	–1.0
4 月 15 日		0	25	9.7	1.5	0.0
4 月 20 日	谷雨	0	30	11.5	1.9	1.0
4 月 25 日		0	35	13.2	2.2	2.0
5 月 1 日		0	40	14.8	2.5	3.0
5 月 6 日	立夏	0	45	16.3	2.8	3.0
5 月 11 日		0	50	17.7	3.2	4.0
5 月 16 日		0	55	19.0	3.5	4.0
5 月 21 日	小满	0	60	20.1	3.9	3.0
5 月 26 日		0	65	21.1	4.2	3.0
6 月 1 日		0	70	21.9	4.6	2.0
6 月 6 日	芒种	0	75	22.6	4.9	1.0
6 月 11 日		0	80	23.1	5.3	1.0
6 月 16 日		0	85	23.3	5.6	–1.0
6 月 22 日	夏至	0	90	23.4	6.0	–2.0
6 月 27 日		0	95	23.3	6.4	–3.0
7 月 2 日		0	100	23.1	6.7	–4.0
7 月 7 日	小暑	0	105	22.6	7.1	–5.0
7 月 13 日		0	110	21.9	7.4	–6.0
7 月 18 日		0	115	21.1	7.8	–6.0
7 月 23 日	大暑	0	120	20.1	8.1	–6.0
7 月 28 日		0	125	19.0	8.5	–6.0
8 月 2 日		0	130	17.7	8.8	–6.0

续表

日期	节气	黄纬 / (°)	黄经 / (°)	赤纬 / (°)	赤经 /h	时差 /min
8 月 8 日	立秋	0	135	16.3	9.2	–6.0
8 月 13 日		0	140	14.8	9.5	–5.0
8 月 18 日		0	145	13.2	9.8	–4.0
8 月 23 日	处暑	0	150	11.5	10.1	–3.0
8 月 28 日		0	155	9.7	10.5	–1.0
9 月 3 日		0	160	7.8	10.8	0.0
9 月 8 日	白露	0	165	5.9	11.1	2.0
9 月 13 日		0	170	4.0	11.4	4.0
9 月 18 日		0	175	2.0	11.7	6.0
9 月 23 日	秋分	0	180	0.0	12.0	7.0
9 月 28 日		0	185	–2.0	12.3	9.0
10 月 3 日		0	190	–4.0	12.6	11.0
10 月 8 日	寒露	0	195	–5.9	12.9	12.0
10 月 14 日		0	200	–7.8	13.2	14.0
10 月 19 日		0	205	–9.7	13.5	15.0
10 月 24 日	霜降	0	210	–11.5	13.9	16.0
10 月 29 日		0	215	–13.2	14.2	16.0
11 月 3 日		0	220	–14.8	14.5	16.0
11 月 8 日	立冬	0	225	–16.3	14.8	16.0
11 月 13 日		0	230	–17.7	15.2	16.0
11 月 18 日		0	235	–19.0	15.5	15.0
11 月 22 日	小雪	0	240	–20.1	15.9	14.0
11 月 27 日		0	245	–21.1	16.2	13.0
12 月 2 日		0	250	–21.9	16.6	11.0
12 月 7 日	大雪	0	255	–22.6	16.9	9.0
12 月 12 日		0	260	–23.1	17.3	7.0
12 月 17 日		0	265	–23.3	17.6	4.0
12 月 22 日	冬至	0	270	–23.4	18.0	2.0
12 月 27 日		0	275	–23.3	18.4	–1.0

12. 全球理论昼长表

日期	节气	太阳黄经/(°)	太阳赤纬/(°)	90°S	80°S	70°S	60°S	50°S	40°S	30°S	20°S	10°S	0°	10°N	20°N	30°N	40°N	50°N	60°N	70°N	80°N	90°N
1月6日	小寒	285	–22.6	极昼	极昼	极昼	18.1	16.0	14.7	13.9	13.2	12.6	12.0	11.4	10.8	10.1	9.3	8.0	5.9	极夜	极夜	极夜
1月20日	大寒	300	–20.1	极昼	极昼	极昼	17.3	15.5	14.4	13.6	13.0	12.5	12.0	11.5	11.0	10.4	9.6	8.5	6.7	极夜	极夜	极夜
2月4日	立春	315	–16.3	极昼	极昼	19.1	16.1	14.7	13.9	13.3	12.8	12.4	12.0	11.6	11.2	10.7	10.1	9.3	7.9	4.9	极夜	极夜
2月19日	雨水	330	–11.5	极昼	极昼	16.5	14.7	13.9	13.3	12.9	12.6	12.3	12.0	11.7	11.4	11.1	10.7	10.1	9.3	7.5	极夜	极夜
3月6日	惊蛰	345	–5.9	极昼	16.8	14.2	13.4	12.9	12.7	12.5	12.3	12.1	12.0	11.9	11.7	11.5	11.3	11.1	10.6	9.8	7.2	极夜
3月21日	春分	0	0.0	12.0	12.0	12.0	12.0	12.0	12.0	12.0	12.0	12.0	12.0	12.0	12.0	12.0	12.0	12.0	12.0	12.0	12.0	12.0
4月5日	清明	15	5.9	极夜	7.2	9.8	10.6	11.1	11.3	11.5	11.7	11.9	12.0	12.1	12.3	12.5	12.7	12.9	13.4	14.2	16.8	极昼
4月20日	谷雨	30	11.5	极夜	极夜	7.5	9.3	10.1	10.7	11.1	11.4	11.7	12.0	12.3	12.6	12.9	13.3	13.9	14.7	16.5	极昼	极昼
5月6日	立夏	45	16.3	极夜	极夜	4.9	7.9	9.3	10.1	10.7	11.2	11.6	12.0	12.4	12.8	13.3	13.9	14.7	16.1	19.1	极昼	极昼
5月21日	小满	60	20.1	极夜	极夜	极夜	6.7	8.5	9.6	10.4	11.0	11.5	12.0	12.5	13.0	13.6	14.4	15.5	17.3	极昼	极昼	极昼
6月6日	芒种	75	22.6	极夜	极夜	极夜	5.9	8.0	9.3	10.1	10.8	11.4	12.0	12.6	13.2	13.9	14.7	16.0	18.1	极昼	极昼	极昼
6月22日	夏至	90	23.4	极夜	极夜	极夜	5.5	7.9	9.2	10.1	10.8	11.4	12.0	12.6	13.2	13.9	14.8	16.1	18.5	极昼	极昼	极昼
7月7日	小暑	105	22.6	极夜	极夜	极夜	5.9	8.0	9.3	10.1	10.8	11.4	12.0	12.6	13.2	13.9	14.7	16.0	18.1	极昼	极昼	极昼
7月23日	大暑	120	20.1	极夜	极夜	极夜	6.7	8.5	9.6	10.4	11.0	11.5	12.0	12.5	13.0	13.6	14.4	15.5	17.3	极昼	极昼	极昼
8月8日	立秋	135	16.3	极夜	极夜	4.9	7.9	9.3	10.1	10.7	11.2	11.6	12.0	12.4	12.8	13.3	13.9	14.7	16.1	19.1	极昼	极昼
8月23日	处暑	150	11.5	极夜	极夜	7.5	9.3	10.1	10.7	11.1	11.4	11.7	12.0	12.3	12.6	12.9	13.3	13.9	14.7	16.5	极昼	极昼
9月8日	白露	165	5.9	极夜	7.2	9.8	10.6	11.1	11.3	11.5	11.7	11.9	12.0	12.1	12.3	12.5	12.7	12.9	13.4	14.2	16.8	极昼
9月23日	秋分	180	0.0	12.0	12.0	12.0	12.0	12.0	12.0	12.0	12.0	12.0	12.0	12.0	12.0	12.0	12.0	12.0	12.0	12.0	12.0	12.0
10月8日	寒露	195	–5.9	极昼	16.8	14.2	13.4	12.9	12.7	12.5	12.3	12.1	12.0	11.9	11.7	11.5	11.3	11.1	10.6	9.8	7.2	极夜
10月24日	霜降	210	–11.5	极昼	极昼	16.5	14.7	13.9	13.3	12.9	12.6	12.3	12.0	11.7	11.4	11.1	10.7	10.1	9.3	7.5	极夜	极夜
11月8日	立冬	225	–16.3	极昼	极昼	19.1	16.1	14.7	13.9	13.3	12.8	12.4	12.0	11.6	11.2	10.7	10.1	9.3	7.9	4.9	极夜	极夜
11月22日	小雪	240	–20.1	极昼	极昼	极昼	17.3	15.5	14.4	13.6	13.0	12.5	12.0	11.5	11.0	10.4	9.6	8.5	6.7	极夜	极夜	极夜
12月7日	大雪	255	–22.6	极昼	极昼	极昼	18.1	16.0	14.7	13.9	13.2	12.6	12.0	11.4	10.8	10.1	9.3	8.0	5.9	极夜	极夜	极夜
12月22日	冬至	270	–23.4	极昼	极昼	极昼	18.5	16.1	14.8	13.9	13.2	12.6	12.0	11.4	10.8	10.1	9.2	7.9	5.5	极夜	极夜	极夜

* 昼长单位为 h，极昼为 24h，极夜为 0h

13. 全球太阳出没幅角

日期	节气	太阳黄经/(°)	太阳赤纬/(°)	90°S	80°S	70°S	60°S	50°S	40°S	30°S	20°S	10°S	0°	10°N	20°N	30°N	40°N	50°N	60°N	70°N	80°N	90°N
1月6日	小寒	285	-22.6	任意	-49.9	-66.1	-45.2	-35.1	-29.5	-26.1	-24.0	-22.9	-22.6	-22.9	-24.0	-26.1	-29.5	-35.1	-45.2	-66.1	-49.9	任意
1月20日	大寒	300	-20.1	任意	-64.0	-58.9	-40.3	-31.3	-26.3	-23.3	-21.4	-20.5	-20.1	-20.5	-21.4	-23.3	-26.3	-31.3	-40.3	-58.9	-64.0	任意
2月4日	立春	315	-16.3	任意	-85.9	-47.8	-32.7	-25.4	-21.3	-18.9	-17.4	-16.6	-16.3	-16.6	-17.4	-18.9	-21.3	-25.4	-32.7	-47.8	-85.9	任意
2月19日	雨水	330	-11.5	任意	-66.1	-33.5	-22.9	-17.8	-15.0	-13.2	-12.2	-11.6	-11.5	-11.6	-12.2	-13.2	-15.0	-17.8	-22.9	-33.5	-66.1	任意
3月6日	惊蛰	345	-5.9	任意	-34.0	-17.3	-11.8	-9.2	-7.7	-6.8	-6.3	-6.0	-5.9	-6.0	-6.3	-6.8	-7.7	-9.2	-11.8	-17.3	-34.0	任意
3月21日	春分	0	0.0	任意	0.0	0.0	0.0	0.0	0.0	0.0	0.0	0.0	0.0	0.0	0.0	0.0	0.0	0.0	0.0	0.0	0.0	任意
4月5日	清明	15	5.9	任意	34.0	17.3	11.8	9.2	7.7	6.8	6.3	6.0	5.9	6.0	6.3	6.8	7.7	9.2	11.8	17.3	34.0	任意
4月20日	谷雨	30	11.5	任意	66.1	33.5	22.9	17.8	15.0	13.2	12.2	11.6	11.5	11.6	12.2	13.2	15.0	17.8	22.9	33.5	66.1	任意
5月6日	立夏	45	16.3	任意	85.9	47.8	32.7	25.4	21.3	18.9	17.4	16.6	16.3	16.6	17.4	18.9	21.3	25.4	32.7	47.8	85.9	任意
5月21日	小满	60	20.1	任意	64.0	58.9	40.3	31.3	26.3	23.3	21.4	20.5	20.1	20.5	21.4	23.3	26.3	31.3	40.3	58.9	64.0	任意
6月6日	芒种	75	22.6	任意	49.9	66.1	45.2	35.1	29.5	26.1	24.0	22.9	22.6	22.9	24.0	26.1	29.5	35.1	45.2	66.1	49.9	任意
6月22日	夏至	90	23.4	任意	45.0	68.5	46.9	36.5	30.6	27.1	24.9	23.8	23.4	23.8	24.9	27.1	30.6	36.5	46.9	68.5	45.0	任意
7月7日	小暑	105	22.6	任意	49.9	66.1	45.2	35.1	29.5	26.1	24.0	22.9	22.6	22.9	24.0	26.1	29.5	35.1	45.2	66.1	49.9	任意
7月23日	大暑	120	20.1	任意	64.0	58.9	40.3	31.3	26.3	23.3	21.4	20.5	20.1	20.5	21.4	23.3	26.3	31.3	40.3	58.9	64.0	任意
8月8日	立秋	135	16.3	任意	85.9	47.8	32.7	25.4	21.3	18.9	17.4	16.6	16.3	16.6	17.4	18.9	21.3	25.4	32.7	47.8	85.9	任意
8月23日	处暑	150	11.5	任意	66.1	33.5	22.9	17.8	15.0	13.2	12.2	11.6	11.5	11.6	12.2	13.2	15.0	17.8	22.9	33.5	66.1	任意
9月8日	白露	165	5.9	任意	34.0	17.3	11.8	9.2	7.7	6.8	6.3	6.0	5.9	6.0	6.3	6.8	7.7	9.2	11.8	17.3	34.0	任意
9月23日	秋分	180	0.0	任意	0.0	0.0	0.0	0.0	0.0	0.0	0.0	0.0	0.0	0.0	0.0	0.0	0.0	0.0	0.0	0.0	0.0	任意
10月8日	寒露	195	-5.9	任意	-34.0	-17.3	-11.8	-9.2	-7.7	-6.8	-6.3	-6.0	-5.9	-6.0	-6.3	-6.8	-7.7	-9.2	-11.8	-17.3	-34.0	任意
10月24日	霜降	210	-11.5	任意	-66.1	-33.5	-22.9	-17.8	-15.0	-13.2	-12.2	-11.6	-11.5	-11.6	-12.2	-13.2	-15.0	-17.8	-22.9	-33.5	-66.1	任意
11月8日	立冬	225	-16.3	任意	-85.9	-47.8	-32.7	-25.4	-21.3	-18.9	-17.4	-16.6	-16.3	-16.6	-17.4	-18.9	-21.3	-25.4	-32.7	-47.8	-85.9	任意
11月22日	小雪	240	-20.1	任意	-64.0	-58.9	-40.3	-31.3	-26.3	-23.3	-21.4	-20.5	-20.1	-20.5	-21.4	-23.3	-26.3	-31.3	-40.3	-58.9	-64.0	任意
12月7日	大雪	255	-22.6	任意	-49.9	-66.1	-45.2	-35.1	-29.5	-26.1	-24.0	-22.9	-22.6	-22.9	-24.0	-26.1	-29.5	-35.1	-45.2	-66.1	-49.9	任意
12月22日	冬至	270	-23.4	任意	-45.0	-68.5	-46.9	-36.5	-30.6	-27.1	-24.9	-23.8	-23.4	-23.8	-24.9	-27.1	-30.6	-36.5	-46.9	-68.5	-45.0	任意

* 幅角为太阳出没偏离东西点的角度，偏北为正，偏南为负，极点方位值为任意

14. 全球正午太阳高度表

日期	节气	太阳黄经/(°)	太阳赤纬/(°)	90°S	80°S	70°S	60°S	50°S	40°S	30°S	20°S	10°S	0°	10°N	20°N	30°N	40°N	50°N	60°N	70°N	80°N	90°N
1月6日	小寒	285	−22.6	22.6	32.6	42.6	52.6	62.6	72.6	82.6	87.4	77.4	67.4	57.4	47.4	37.4	27.4	17.4	7.4	−2.6	−12.6	−22.6
1月20日	大寒	300	−20.1	20.1	30.1	40.1	50.1	60.1	70.1	80.1	89.9	79.9	69.9	59.9	49.9	39.9	29.9	19.9	9.9	−0.1	−10.1	−20.1
2月4日	立春	315	−16.3	16.3	26.3	36.3	46.3	56.3	66.3	76.3	86.3	83.7	73.7	63.7	53.7	43.7	33.7	23.7	13.7	3.7	−6.3	−16.3
2月19日	雨水	330	−11.5	11.5	21.5	31.5	41.5	51.5	61.5	71.5	81.5	88.5	78.5	68.5	58.5	48.5	38.5	28.5	18.5	8.5	−1.5	−11.5
3月6日	惊蛰	345	−5.9	5.9	15.9	25.9	35.9	45.9	55.9	65.9	75.9	85.9	84.1	74.1	64.1	54.1	44.1	34.1	24.1	14.1	4.1	−5.9
3月21日	春分	0	0.0	0.0	10.0	20.0	30.0	40.0	50.0	60.0	70.0	80.0	90.0	80.0	70.0	60.0	50.0	40.0	30.0	20.0	10.0	0.0
4月5日	清明	15	5.9	−5.9	4.1	14.1	24.1	34.1	44.1	54.1	64.1	74.1	84.1	85.9	75.9	65.9	55.9	45.9	35.9	25.9	15.9	5.9
4月20日	谷雨	30	11.5	−11.5	−1.5	8.5	18.5	28.5	38.5	48.5	58.5	68.5	78.5	88.5	81.5	71.5	61.5	51.5	41.5	31.5	21.5	11.5
5月6日	立夏	45	16.3	−16.3	−6.3	3.7	13.7	23.7	33.7	43.7	53.7	63.7	73.7	83.7	86.3	76.3	66.3	56.3	46.3	36.3	26.3	16.3
5月21日	小满	60	20.1	−20.1	−10.1	−0.1	9.9	19.9	29.9	39.9	49.9	59.9	69.9	79.9	89.9	80.1	70.1	60.1	50.1	40.1	30.1	20.1
6月6日	芒种	75	22.6	−22.6	−12.6	−2.6	7.4	17.4	27.4	37.4	47.4	57.4	67.4	77.4	87.4	82.6	72.6	62.6	52.6	42.6	32.6	22.6
6月22日	夏至	90	23.4	−23.4	−13.4	−3.4	6.6	16.6	26.6	36.6	46.6	56.6	66.6	76.6	86.6	83.4	73.4	63.4	53.4	43.4	33.4	23.4
7月7日	小暑	105	22.6	−22.6	−12.6	−2.6	7.4	17.4	27.4	37.4	47.4	57.4	67.4	77.4	87.4	82.6	72.6	62.6	52.6	42.6	32.6	22.6
7月23日	大暑	120	20.1	−20.1	−10.1	−0.1	9.9	19.9	29.9	39.9	49.9	59.9	69.9	79.9	89.9	80.1	70.1	60.1	50.1	40.1	30.1	20.1
8月8日	立秋	135	16.3	−16.3	−6.3	3.7	13.7	23.7	33.7	43.7	53.7	63.7	73.7	83.7	86.3	76.3	66.3	56.3	46.3	36.3	26.3	16.3
8月23日	处暑	150	11.5	−11.5	−1.5	8.5	18.5	28.5	38.5	48.5	58.5	68.5	78.5	88.5	81.5	71.5	61.5	51.5	41.5	31.5	21.5	11.5
9月8日	白露	165	5.9	−5.9	4.1	14.1	24.1	34.1	44.1	54.1	64.1	74.1	84.1	85.9	75.9	65.9	55.9	45.9	35.9	25.9	15.9	5.9
9月23日	秋分	180	0.0	0.0	10.0	20.0	30.0	40.0	50.0	60.0	70.0	80.0	90.0	80.0	70.0	60.0	50.0	40.0	30.0	20.0	10.0	0.0
10月8日	寒露	195	−5.9	5.9	15.9	25.9	35.9	45.9	55.9	65.9	75.9	85.9	84.1	74.1	64.1	54.1	44.1	34.1	24.1	14.1	4.1	−5.9
10月24日	霜降	210	−11.5	11.5	21.5	31.5	41.5	51.5	61.5	71.5	81.5	88.5	78.5	68.5	58.5	48.5	38.5	28.5	18.5	8.5	−1.5	−11.5
11月8日	立冬	225	−16.3	16.3	26.3	36.3	46.3	56.3	66.3	76.3	86.3	83.7	73.7	63.7	53.7	43.7	33.7	23.7	13.7	3.7	−6.3	−16.3
11月22日	小雪	240	−20.1	20.1	30.1	40.1	50.1	60.1	70.1	80.1	89.9	79.9	69.9	59.9	49.9	39.9	29.9	19.9	9.9	−0.1	−10.1	−20.1
12月7日	大雪	255	−22.6	22.6	32.6	42.6	52.6	62.6	72.6	82.6	87.4	77.4	67.4	57.4	47.4	37.4	27.4	17.4	7.4	−2.6	−12.6	−22.6
12月22日	冬至	270	−23.4	23.4	33.4	43.4	53.4	63.4	73.4	83.4	86.6	76.6	66.6	56.6	46.6	36.6	26.6	16.6	6.6	−3.4	−13.4	−23.4

* 正午太阳高度单位为°，地平之上为正，地平之下为负

15. 干支纪法

十天干与十二地支

天干	甲	乙	丙	丁	戊	己	庚	辛	壬	癸		
地支	子	丑	寅	卯	辰	巳	午	未	申	酉	戌	亥

六十干支序数表

序数	1	2	3	4	5	6	7	8	9	10	11	12
干支	甲子	乙丑	丙寅	丁卯	戊辰	己巳	庚午	辛未	壬申	癸酉	甲戌	乙亥
序数	13	14	15	16	17	18	19	20	21	22	23	24
干支	丙子	丁丑	戊寅	己卯	庚辰	辛巳	壬午	癸未	甲申	乙酉	丙戌	丁亥
序数	25	26	27	28	29	30	31	32	33	34	35	36
干支	戊子	己丑	庚寅	辛卯	壬辰	癸巳	甲午	乙未	丙申	丁酉	戊戌	己亥
序数	37	38	39	40	41	42	43	44	45	46	47	48
干支	庚子	辛丑	壬寅	癸卯	甲辰	乙巳	丙午	丁未	戊申	己酉	庚戌	辛亥
序数	49	50	51	52	53	54	55	56	57	58	59	60
干支	壬子	癸丑	甲寅	乙卯	丙辰	丁巳	戊午	己未	庚申	辛酉	壬戌	癸亥

年干和月干的对应关系

年干	月干											
	寅月	卯月	辰月	巳月	午月	未月	申月	酉月	戌月	亥月	子月	丑月
	一月	二月	三月	四月	五月	六月	七月	八月	九月	十月	十一月	十二月
甲或己	丙	丁	戊	己	庚	辛	壬	癸	甲	乙	丙	丁
乙或庚	戊	己	庚	辛	壬	癸	甲	乙	丙	丁	戊	己
丙或辛	庚	辛	壬	癸	甲	乙	丙	丁	戊	己	庚	辛
丁或壬	壬	癸	甲	乙	丙	丁	戊	己	庚	辛	壬	癸
戊或癸	甲	乙	丙	丁	戊	己	庚	辛	壬	癸	甲	乙

日干和时干的对应关系

日干	时干											
	子时	丑时	寅时	卯时	辰时	巳时	午时	未时	申时	酉时	戌时	亥时
	23～1点	1～3点	3～5点	5～7点	7～9点	9～11点	11～13点	13～15点	15～17点	17～19点	19～21点	21～23点
甲或己	甲	乙	丙	丁	戊	己	庚	辛	壬	癸	甲	乙
乙或庚	丙	丁	戊	己	庚	辛	壬	癸	甲	乙	丙	丁
丙或辛	戊	己	庚	辛	壬	癸	甲	乙	丙	丁	戊	己
丁或壬	庚	辛	壬	癸	甲	乙	丙	丁	戊	己	庚	辛
戊或癸	壬	癸	甲	乙	丙	丁	戊	己	庚	辛	壬	癸